W0253649

Springers Angewandte Informatik

Herausgegeben von Helmut Schauer

Lokale Computernetze – LAN

Technologische Grundlagen,
Architektur,
Übersicht und Anwendungsbereiche

Karl Heinz Kellermayr

Springer-Verlag Wien New York

Dipl.-Ing. Dr. techn. Karl Heinz Kellermayr
Institut für Systemwissenschaften
Johannes Kepler Universität Linz
Österreich

Mit 116 Abbildungen

CIP-Kurztitelaufnahme der Deutschen Bibliothek

Kellermayr, Karl Heinz:
Lokale Computernetze – LAN : technolog. Grundlagen, Architektur, Übersicht u. Anwendungsbereiche / Karl Heinz Kellermayr. — Wien ; New York : Springer, 1986.
(Springers Angewandte Informatik)
ISBN-13: 978-3-211-81964-7 e-ISNB-13: 978-3-7091-8885-9
DOI: 10.1007/978-3-7091-8885-9

ISSN 0178-0069
ISBN-13: 978-3-211-81964-7

Vorwort

Gegenwärtig ist ein starker Trend zu Informationsverbundsystemen zu beobachten, die einen von Hardwaretechnologie, Betriebssystemen und herstellerspezifischen Architektureigenschaften unabhängigen Informationsaustausch über genormte Protokolle und Schnittstellen ermöglichen.

Lokale Computernetze (LANs - Local Area Networks) verdienen in diesem Zusammenhang eine große Beachtung. Ihre rasante Entwicklung und die große Vielfalt vorhandener Alternativen bringen Probleme der Auswahl und der Optimierung mit sich. Bei ihrer Behandlung, bei ihrem Studium ergeben sich jedoch auch noch andere, grundsätzliche Schwierigkeiten aufgrund ihres interdisziplinären Charakters. Lokale Computernetze sind nicht eindeutig der Kommunikationstechnik, der Informatik, der Elektronik, der Organisationstechnik oder der Automatisierungstechnik zuzuordnen. Jedoch: für alle diese Gebiete besitzen sie eine große Bedeutung, und Entwicklungen in nahezu allen diesen Bereichen prägen umgekehrt ihre Evolution. Um die Technologie der lokalen Computernetze und deren praktische Bedeutung für potentielle Anwendungsbereiche adäquat darzustellen, reicht es nicht, sich auf die Fülle relevanter Details zu konzentrieren. Vielmehr ist ein systemtechnischer, ein strukturierter Top-down-Zugang angebracht, ja erforderlich.

Das vorliegende Buch will zu einem gerade rechten Zeitpunkt den interessierten Lesern einen derartigen Zugang anbieten. Der Zeitpunkt erscheint mir deshalb als günstig, da die erste Euphorie um verschiedene inkompatible Herstellerkonzepte und illusionistische Idealvorstellungen nahezu verflogen ist. Auch potentielle Anwender machen sich bereits ernsthafte Gedanken über Implementierungen. Die namhaften Normungs- und Standardisierungsgremien haben überdies bereits sehr vielbeachtete Referenzmodelle sowie Standards und Standardentwürfe erarbeitet. Große Anwender dieser Technologie wie General Motors und Boeing haben richtungsweisende Multi-Vendor-Projekte eingeleitet, sodaß zukunftssichere Konzepte erahnbar und somit planbar sind. Die Vielfalt technologischer Varianten und Komponenten möge nicht als das Primäre gelten, sie sollen vielmehr an Hand systemtechnischer Strukturmodelle (ISO 7-Schichtenmodell, IEEE Referenzmodelle) den Stand der Technik darbieten und die Ordnung technologischer Alternativen anwendungsbezogen erleichtern.

Dem Springer-Verlag in Wien und Herrn Professor Dr. Helmut Schauer möchte ich danken, daß sie mir die Möglichkeit boten, meine Erfahrungen und Erkenntnisse als Buch dem interessierten Leserkreis näherzubringen.

Bei der Vorbereitung dieses Buches waren mir die Diskussionen mit zahlreichen Fachkollegen sehr wertvoll. Ein Simulationsprojekt zur Leistungsbewertung lokaler Computernetze für die Firma Siemens (München-Perlach) hat meine Auseinandersetzung mit dem Thema intensiviert. Für wichtige Ratschläge und hilfreiche Kritik danke ich insbesondere Herrn Professor Dr. Franz Pichler. Frau Erika Draxler danke ich für die engagierte und mühevolle Reinschrift und den Studenten Franz Zellinger, Helmuth Waldl und Friedrich Stallinger für Korrekturlesen. Die Druckvorlage zu diesem Buch wurde auf einem Siemens Bürosystem 5800 camera-ready erstellt. Dieses System wurde aus Mitteln einer Forschungskooperation des Institutes für Systemwissenschaften (Universität Linz) mit der Firma Siemens AG (ZTI-München-Perlach) angekauft.

Vor allem gilt mein besonderer Dank noch meinem Bruder und meiner Frau für die mühsame Arbeit des Korrekturlesens und die vielen daraus entstandenen wertvollen Anregungen.

Abschließend bleibt mir noch der Wunsch, mit diesem Werk den geschätzten Lesern für die Lösung ihrer Probleme eine wertvolle und hilfreiche Unterstützung anzubieten. Möge dieses Buch eine breit gestreute Beschäftigung mit lokalen Computernetzen unterstützen und durch die gebotene Information die fachliche Auseinandersetzung befruchten.

Linz, im September 1986 Karl Heinz Kellermayr

Inhalt

1. Zielsetzung und Aufbau des Buches

Seit einigen Jahren spielen lokale Computernetze (LANs , Local Area Networks) eine immer größere Rolle bei der Fortentwicklung leistungsfähiger, integrierter, dezentral organisierter Informationssysteme in räumlich zusammenhängenden Gebäudekomplexen. Vor allem die Kostendegression für Mikroelektronik-Komponenten hat dazu geführt, daß sich Groß- und Kleinrechner, Mikroprozessorsysteme, Personal Computer sowie intelligente mikroprozessorgesteuerte Geräte in noch ständig wachsender Zahl im Haus-, Büro-, Produktions- und Datenverarbeitungsbereich der verschiedensten Institutionen und Betriebe angesammelt haben. Vielfach entstand der Wunsch und die Notwendigkeit, besonders solche Geräte, die in einem Gebäude oder zusammenhängenden Gebäudekomplex installiert sind, zum Austausch von Informationen und zur gemeinsamen Nutzung verschiedener Ressourcen (Laserdrucker, Spezialprozessoren, Datenbanken usw.) miteinander zu verbinden. Zur Deckung des damit verbundenen Kommunikationsbedarfs im örtlichen Bereich sind lokale Computernetze (mit hohen Übertragungsraten und dezentralen Übertragungssteuermechanismen) besonders gut geeignet. Ihre Ausdehnung ist auf wenige Kilometer beschränkt. Die kurzen Übertragungszeiten ermöglichen in verschiedenen Bereichen eine enorme Steigerung des Leistungsverhaltens, in anderen führen sie zu gänzlich neuen Anwendungen.

Neben heute als klassisch zu bezeichnenden Telefonnebenstellenanlagen dehnen sich in den letzten Jahren Herstellernetze aus dem Computerbereich für die distribuierte Datenverarbeitung, die Automatisierungstechnik, die Haustechnik und die Büroautomation in verschiedenen Betrieben und Institutionen mit beachtlicher Dynamik aus. Die große Bedeutung, die der innerbetrieblichen Informationsverarbeitung und Kommunikation zukommt, die rasante technologische Entwicklung auf diesen Gebieten und nicht zuletzt das große damit verbundene Marktpotential hat die Entwicklung einer großen Vielfalt von Systemen für die innerbetriebliche Kommunikation gefördert. Diese beschränken sich heute noch vorwiegend auf spezifische Dienste (Fernsprechen, Fernschreiben, Datenverarbeitung) sowie auf geschlossene Systeme, d.h. auf Anwendungen innerhalb geschlossener organisatorischer Einheiten sowie auf weitgehend herstellerspezifische Systemfamilien und Architekturen.

Besonders Probleme bei der Errichtung neuer Bürohäuser und Produktionsstätten sowie die Einführung neuer Systeme für die Text-, Bild- und Datenverarbeitung gaben Anlaß zur Suche nach langfristigen Konzepten für die Kommunikation im lokalen Bereich. Homogene Herstellernetze und moderne digitale Telefonnebenstellenanlagen (Private Branche Exchange-PBX) kann man als klassische Lösungsansätze betrachten. Heterogene lokale Computernetze sind die Alternative. Erste Entwicklungen wurden Mitte der 70-er Jahre eingeleitet, und bereits zu Beginn der 80-er Jahre war der Siegeszug der Technologie der lokalen Computernetze absehbar. LANs sind daher ein sehr interessantes und aktuelles, aber auch vielschichtiges Thema der Computer- und Kommunikationstechnik. Diesem kann man sich auf sehr verschiedenen Wegen nähern, viele verschiedene Aspekte können und müssen betrachtet werden. Als Ergebnis von Untersuchungen findet man in den meisten Fällen (in der Regel unvollständige) Listen, Tabellen und Graphiken, gefüllt mit mehr oder weniger zufällig ausgewählten technischen Daten über derzeit verfügbare bzw. in Entwicklung befindliche Systeme.

Eine große Fülle verschiedener LANs existiert. Mehr als 150 sind weltweit bekannt und ständig kommen trotz erfolgreicher Standardisierungsbestrebungen neue hinzu. Für eine Anwendung ist es heute möglich, je nach dem vorliegenden funktionellen, quantitativen und qualitativen Anforderungsprofil aus einer Vielzahl von Netzprodukten zu wählen. Eine Übersicht, eine Gegenüberstellung der wesentlichen Merkmale, Leistungs- und Qualitätskriterien ist daher durchaus wichtig, jedoch nicht ausreichend. Solides Grundwissen über die Thematik ist für deren optimalen Einsatz ebenso notwendig.

Mit der stürmischen Entwicklung der LAN-Technologie, die

gekennzeichnet ist durch eine immer enger werdende Kombination (Ganzhorn 1979) der beiden Bereiche Computertechnik (Informationsverarbeitung) und Kommunikationstechnik (Informationsübermittlung), hat die Erarbeitung einer methodischen Lehre dieser für viele Gebiete so wichtigen Basistechnologie nicht Schritt gehalten. In Ermangelung einer solchen Lehre sind die bisherigen LAN-Experten weitgehend als Autodidakten anzusehen, die sich ihr „Know-How" teils durch das Studium weitgehend produktbezogener Veröffentlichungen aus Fachzeitschriften und Firmenschriften, teils durch eigene Erfahrung erworben haben. Eine große Fülle von zum Teil ausgezeichneten Fachbüchern (Hopper 1986, Gee 1982, Cheong 1985, Höring 1985, Kauffels 1986), Zeitschriftenartikeln (Kafka 1985, Warren 1985, Boell 1982, Göhring 1985) und Firmenschriften ist verfügbar. Sie alle, sofern sie die Breite des Themas erfassen wollen, haben mit der Vielfalt anwendungs- und technologiespezifischer Aspekte sowie mit der Dynamik von Innovationen auf diesem Gebiet zu kämpfen und bewältigen diese in der Regel durch Spezialisierung. Spezialisierung ist sicherlich erforderlich, aber nicht hinreichend. Die Vielfalt und Komplexität der technischen Entwicklung bereitet Probleme, die durch bloße weitergehende Spezialisierung eben nicht bewältigt werden können. Es besteht der Bedarf, das Ganze zu erfassen. Die Auswahl eines problemoptimalen Systems erfordert einen ganzheitlichen systemtechnischen Top-down Problemlösungsansatz. Forderungen nach solchen Problemlösungsansätzen im Bereich der Informationstechnik werden unter anderem von den Professoren Karl Ganzhorn (Ganzhorn 1979) und Heinz Zemanek (Zemanek 1979, Zemanek 1985) seit längerer Zeit aufgestellt.

Dieses Buch bemüht sich um so einen ganzheitlich orientierten systemtechnischen Ansatz. Vollständigkeit in der Auflistung von Spezialaspekten wird nicht angestrebt. Im Vordergrund der Betrachtung steht vielmehr die weitgehend didaktische Bemühung, die Systematik und die invarianten Prinzipien der LAN-Technologie darzustellen. Zentrale Bedeutung nimmt der Begriff der Systemarchitektur ein. Systemarchitektur-Modelle sind leistungsfähige Brückenglieder zwischen technologischer und anwendungsbezogener Vielfalt.

Sowohl LAN-Anwendungsaspekte als auch Technologieaspekte werden behandelt. Die technologischen LAN-Alternativen werden in Anlehnung an das ISO-Referenzmodell und an die IEEE-Architektur- und Implementierungs-Referenzmodelle präsentiert.

Ziel des Buches ist, ein solides Fundament an systemorientiertem LAN-Grundwissen und technologischen Grundlagen zu vermitteln, die es einem Systemarchitekten ermöglichen, sich einen Überblick über alternative Entwurfsmöglichkeiten zu verschaffen. Es soll aber auch den professionellen Benützern oder Betreibern von internen Kommunikationsnetzen sowie Studenten der Fachrichtung Informatik, Elektronik und Nachrichtentechnik eine brauchbare Einführung und eine kompakte Übersicht über wesentliche technologische Komponenten, funktionelle Wirkungsweisen, architektonische Gestaltungsprinzipien und typische Anwendungsbereiche lokaler Computernetze vermitteln. Der Leser wird in die Lage versetzt, existierende lokale Netze auf ihre Eignung für die Lösung vorgegebener Aufgabenstellungen hin zu beurteilen und die Anforderungen an ein projektiertes lokales Netz präzise zu definieren.

In Kapitel 2 wird auf die Bedeutung und mögliche Einsatzfelder lokaler Computernetze eingegangen. Bei der Einführung in die wesentlichen Begriffe und in die Klassifizierungskriterien wird in Kapitel 3 ein historischer Weg gewählt. Wissen um die historische Entwicklung ermöglicht ein besseres Verständnis des gegenwärtigen Standes der Technik und kann auch verantwortliches Entscheiden erleichtern. Kapitel 4 behandelt die Architektur von Computernetzen. Es wird der von der ISO beschrittene Weg der Modellierung von Computernetzen durch ein hierarchisches Mehrebenensystem dargelegt. Das 7-Schichtenmodell für die offene Systemvernetzung sowie die für lokale Computernetze bedeutungsvollen IEEE 802 Architektur- und Implementierungs-Referenzmodelle werden ausführlich behandelt.

Übermittlungstechnischen Aspekte bei lokalen Computernetzen werden in Kapitel 5 ausführlich behandelt. Im ISO 7-Schichtenmodell werden diese Aspekte durch die unteren drei Ebenen abgedeckt. Anhand dieser Ebenen läßt sich sehr deutlich der Vorteil einer klaren Gliederung der komplexen Kommunikationsaufgaben in hierarchische Schichten verdeutlichen: Physikalische Übertragungsformen, Netzzugriffsverfahren und Datenflußsteuermechanismen können unabhängig voneinander behandelt und somit nahezu beliebig miteinander kombiniert werden. Die

Grundlage dieser technologischen Vielfalt wird in diesem Kapitel behandelt.

In Kapitel 6 werden schließlich einige konkret verfügbare LANs vorgestellt. Bei deren Auswahl wurde auf typische Vertreter alternativer Systemklassen Rücksicht genommen. Die Reihenfolge der Behandlung orientiert sich an Verwandtschaften unter technischen Aspekten, bringt aber auf keinen Fall irgend eine Wertung oder Bevorzugung zum Ausdruck. Nebenstellenanlagen, die klassische bewährte Alternative zu LANs aus der Fernsprechtechnik, werden in Kapitel 7 in bezug auf ihre Struktur, technologischen Grundlagen, Anwendungsmögichkeiten und Entwicklungstendenzen besprochen.

Mit der steigenden Verbreitung von Personal Computern an Arbeitsplätzen wird bei vielen Anwendern die Notwendigkeit immer größer, diese miteinander zu vernetzen. Auf wichtige Gesichtspunkte, die hierbei zu beachten sind, wird in Kapitel 8 eingegangen. PCs haben eine wichtige Rolle bei der Einführung und Entwickung lokaler Netze gespielt. In der weiteren Entwicklung der Informationstechnik wird die gegenseitige Beeinflussung von PCs und lokalen Netzen interessante Perspektiven eröffnen.

In Kapitel 9 werden die wesentlichen LAN-Entwurfskriterien und Leistungsbewertungsaspekte aus übermittlungstechnischer Sicht behandelt. Das Leistungsverhalten verschiedener LAN-Konzepte wird einander gegenübergestellt.

Als wichtige Anwendungsbereiche von LANs werden in den Kapiteln 10 bzw. 11 die Büroautomation und die Automatisierungstechnik in der Verfahrens-, Produktions- und Haustechnik behandelt. Auf die Bedeutung von LANs für die (distribuierte) Datenverarbeitung wird in diesem Buch nicht eingegangen.

Als Abschluß erfolgt in Kapitel 12 ein Überblick über die für die Normung und Standardisierung bei lokalen Computernetzen tätigen Institutionen und Gremien. Es wird auch auf die bedeutungsvollen Multi-Vendor- LAN Projekte TOP (Technical Office Protocols), MAP (Manufacturing Automation Protocols) und CNMA (Communications Network for Manufacturing Applications) eingegangen, die von zentraler Bedeutung für die Bewältigung der Datenflüsse im „Büro und der Fabrik der Zukunft" sind.

2. Bedeutung und Einsatzbereiche lokaler Computernetze

Die Entwicklung der Computer- und der Kommunikationstechnik bringt einen äußerst gravierenden Einfluß auf Institutionen und Unternehmen jeder Art, auf deren Organisation und natürlich auch auf deren Mitarbeiter und Partner. Es ist bereits die Rede davon, daß wir es nach einer

- **Agrargesellschaft** und der darauffolgenden
- **Industriegesellschaft** nun mit einer
- **Informationsgesellschaft**

zu tun haben oder aber uns auf dem Wege dorthin befinden (Bruckmann 1986, Klir 1985). Information wird als neuer Produktionsfaktor erkannt: Wer sich Ziele setzen und diese Ziele erreichen will, braucht Information über sich und seine Umwelt, über Ursachen, Wirkungen und kausale Verknüpfungen. In ähnlicher Weise wie Kapital und Energie ist Information selbst jedoch nur ein Rohstoff: erst die organisatorischen und technischen Systeme, mit denen wir die Information gewinnen, übermitteln, speichern, verarbeiten und darbieten können, machen aus diesem Rohstoff einen Produktionsfaktor.

Die Produktion, Verarbeitung und Verteilung von Information nimmt in Industriegesellschaften also immer mehr den Charakter eines eigenständigen Produktionsfaktors neben Arbeit und Kapital an. Dementsprechend nimmt ihre Bedeutung zu, und die Informationstechnik ist daher aufs engste mit wirtschaftlichen und gesellschaftlichen Entwicklungen verbunden. Die Weiterentwicklung ganzer Volkswirtschaften, aber auch der Geschäftserfolg von Firmen hängen immer mehr davon ab, wie umfangreich, schnell und zuverlässig Information beschafft, verknüpft, verarbeitet und weitergereicht werden kann. Das erfordert in steigendem Maße die Nutzung moderner Computer- und Kommunikationstechniken für die Übertragung, Speicherung und Verarbeitung von Informationen in Form von Sprache, Text, Daten, Graphiken und Bildern. Computer- und Kommunikationstechnik sind die wesentlichen Kernbereiche der Informationstechnik. Im Gegensatz zu den Energie- und Leistungstechniken, die vor allem die Unterstützung und Verstärkung der menschlichen Muskelkraft bezwecken, unterstützen die Systeme der Informationstechnik die menschlichen Sinnesorgane.

Einer der wesentlichen Trends im Bereiche der Informationstechnik ist die Konvergenz von Computer- und Kommunikationstechnik. Für leistungsfähige Kommunikation werden immer mehr Computer eingesetzt und für eine effiziente und problemangepaßte Datenverarbeitung (Informationsverarbeitung) ist in vielen Bereichen Dezentralisierung und damit verbundene Kommunikation unerläßlich. Einem enormen Ausbau der Kommunikationsdienste (Telefon, Telex) und der elektronischen Datenverarbeitung im privaten und kommerziellen Bereich während der letzten Jahrzehnte folgt nun ein qualitativer Trend zu mehr Benutzerkomfort und steigender Leistungsfähigkeit. Zu den bekannten Diensten treten neue „integrierte", die in der Lage sind, das bekannte Repertoire der Datenverarbeitung und der Sprach-, Text-, Graphik-, Bild- und Datenkommunikation zu vereinheitlichen und leistungsfähiger zu gestalten.

Informationsverarbeitung an unterschiedlichen Stellen in Institutionen und Betrieben erfordert zwingend ein gut funktionierendes Übermittlungssystem, das Information als Ware bewegt. Hierfür sind leistungsfähige Kommunikationsnetze erforderlich. Insbesondere lokalen Computernetzen (LANs-Local Area Networks) kommt hierbei eine große Bedeutung zu. Information muß rasch, sicher und wirtschaftlich zwischen Kommunikationspartnern ausgetauscht werden, mißbräuchlicher Zugriff soll ausgeschlossen werden können.

Eine generelle Einteilung der Informationstechnik (und somit auch der LAN-Technik) kann durch das Einsatzgebiet vorgenommen werden. Moderne Informationstechnologien sind in Betrieben von zentraler Bedeutung: für den Produktionsbereich (Automatisierung der Fertigung), für den Bürobereich (Textverarbeitung, Teletex, Kopieren, u.a.m.), aber auch für den Datenverarbeitungsbereich und für die Haustechnik (Gebäudeautomation).

Die primäre Aufgabe des **Bürobereiches** ist es, Informationen beliebiger Form und Herkunft zu verarbeiten, zu verteilen, zu speichern und zu verwalten. Zur Abwicklung dieser Aufgaben ist technische Unterstützung im Bereiche der Sprach-, Text-, Daten-, Graphik- und Bildkommunikation erforderlich. Im **Produktionsbereiches** müssen zur effektiven Steuerung des Produktionsprozesses umfangreiche Daten (Meßwerte, Sollwerte und andere mehr) erfaßt, verarbeitet, ausgetauscht und gespeichert werden. In der **Haustechnik** gewinnt die Überwachung und Steuerung von Heizungs-, Beleuchtungs- und Klimaanlagen, Aufzügen, Feuermeldern sowie Sanitär- und Türanlagen ständig an Bedeutung. Der **Datenverarbeitungsbereich** ist in Mittel- und Großbetrieben zu einem bedeutungsvollen Unternehmensbereich geworden und stellt häufig auch eine Unterstützung der Informationsverarbeitung im Büro- und Produktionsbereich dar. Zur Abwicklung der Unterstützung ist umfangreiche Datenkommunikation erforderlich. In allen Bereichen ist es sehr wesentlich, Rechnerleistung effizient, flexibel und wirtschaftlich dort bereitzustellen, wo sie gebraucht wird: am Arbeitsplatz.

Der Datenverarbeitungsbereich ist gekennzeichnet durch eine enorme Verbesserung des Preis-Leistungsverhältnisses der relevanten Systeme. Im Bürobereich und im Produktionsbereich ermöglicht der Einsatz moderner Informationstechnologien enorme Produktivitätssteigerungen. Insbesondere im Bürobereich sind verschiedene Arbeiten, gemessen an der Möglichkeit, noch nicht genügend organisatorisch und technisch miteinander verbunden. In einer Studie der Firma Siemens (Schulte 1983) wurde festgestellt, daß die Produktivität in der Fertigung zwischen 1870 und 1980 um mehr als 2000 Prozent zunahm. Im Bürobereich hingegen ergab sich nach derselben Studie erst ab 1950 eine merkbare Produktivitätssteigerung. 1990 soll sie gegenüber 1870 500 Prozent betragen. Das soll als Folge der Büroautomation mit Systemen, die computerunterstützt Datentechnik, Textverarbeitung, Nachrichtentechnik, Sprach- und Bildverarbeitung vernetzen, erreicht werden. Diese vernetzten Informationssysteme können Bürotätigkeiten sehr umfassend unterstützen und effektiv gestalten. Sie ermöglichen die Integration von Funktionen einer Reihe von Geräten, die sich schon bisher im Büro befanden: Schreibmaschine, Textverarbeitungssysteme, Telefon, Anrufbeantworter, Personalrufanlage, EDV-Terminals, Kopiergeräte, Karteien und Ablagen, Endgeräte verschiedener Postdienste wie Telex, Teletex und Bildschirmtext, EDV-Anlagen etc. Die bisherige mangelnde Integration dieser Geräte führte zu einer Entkopplung von Bearbeitungsvorgängen durch eine arbeitsteilige Spezialisierung. So ergaben sich ein großer manueller Kommunikationsaufwand und zusätzliche redundante fehleranfällige Umsetzungsvorgänge, die in der Natur der meist nur eine Funktion unterstützenden Geräte liegen. Der Integration von Geräten und Funktionen setzen inkompatible Schnittstellen Grenzen.

Ziele der Einführung leistungsfähiger Informationstechnologien in allen Bereichen von Betrieben und Institutionen gibt es viele. Zu den wesentlichsten gehört sicher die Rationalisierung der jeweiligen Arbeitsabläufe, um Kosten zu verringern, die Leistungen zu verbessern bzw. zu erweitern sowie Durchlaufzeiten und die Flexibilität zu verbessern. Ein wesentliches Ziel sollte auch die humane Gestaltung der Arbeitsplätze sein. Leider werden unter den Schlagwörtern der Prozeß-, Produktions- und Büroautomation häufig Maßnahmen getroffen, die den genannten Zielen eher zuwiderlaufen. So werden Geräte und Systeme angeschafft, die gerade modern sind und von denen man weiß, daß sie sehr leistungsfähig sind. Ob sie für die konkret vorgesehene Aufgabenstellung auch optimal sind, wird vielfach zu wenig geprüft. Aufwendige Reorganisationen werden durchgeführt und ähnliches mehr, ohne daß sich irgendein positiver Effekt einstellt. Im Gegenteil, die Arbeitsabläufe werden vervielfacht bzw. verkompliziert. Im Bürobereich wächst die Informationsflut, es wird mehr kopiert, sortiert, abgelegt usw.. Notwendig ist es nicht in erster Linie einzelne Abläufe zu "verbessern", sondern den Betrieb als ganzes (als System) zu betrachten und zu analysieren: Welche Leistungen, Ziele, Ergebnisse werden erwartet, welches Personal, welche Geräte, welche Ressourcen stehen zur Verfügung. Erst nach so grundlegenden Betrachtungen kann die Ist-Situation mit einer Soll-Situation (Wunschsituation) zum Zwecke einer Schwachstellenanalyse gegenübergestellt werden. Daraus lassen sich organisatorische Maßnahmen sowie Geräte- und Dienstleistungs-anschaffungen ableiten.

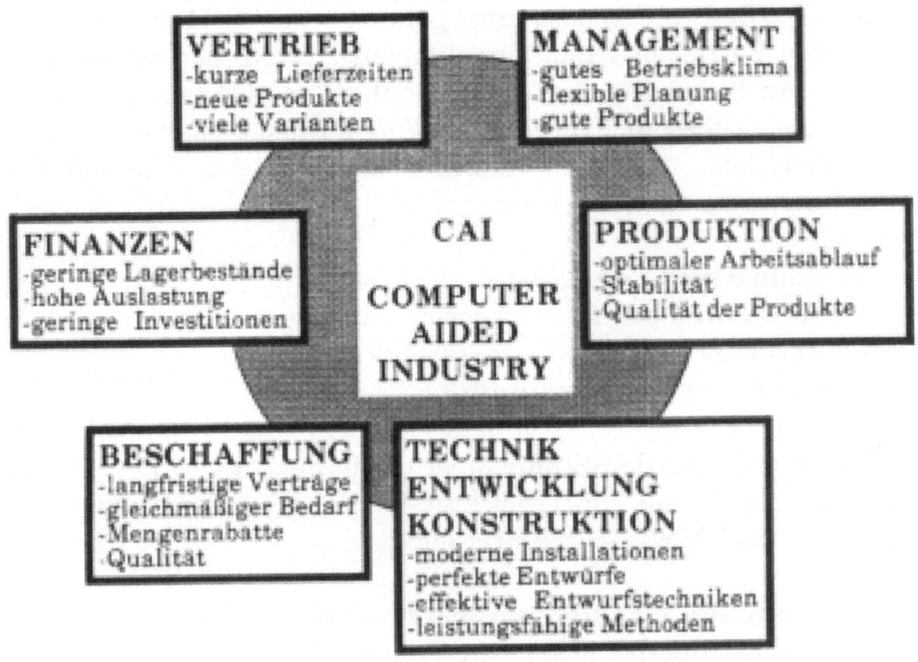

Abb. 2.1. Computer Aided Industry

Computerunterstütztes Entwerfen und Konstruieren (CAD) sowie computerunterstütztes Fertigen (CAM) sind Technologien, deren Einsatz vor allem für Fertigungsbetriebe zunehmend an Bedeutung gewinnt. Büroautomation, CAD, CAM, Management Informationssysteme und betriebliche Informationssysteme sind jedoch nicht das Ende von Automatisierungsbemühungen für Betriebe, vielmehr stellen sie einen wesentlichen Meilenstein am Wege zum Computer Integrated Manufacturing (CIM) bzw. zur Computer Aided Industry (CAI) dar. CIM umfaßt die produkt-orientierten Kernaufgaben eines Industrieunternehmens wie Konstruktion, Entwicklung und Produktionsplanung. Darüber hinaus sind die kaufmännisch dispositiven Aufgabengebiete, wie

Vertrieb, Beschaffung, Finanz- und Rechnungswesen sowie Personal und Sozialwesen, natürlich nach wie vor erforderlich. Die Gesamtheit der Aufgabengebiete eines Industrieunternehmens wird nun von einigen Computerherstellern und Softwarehäusern unter dem Begriff CAI zusammengeführt, wobei CIM und die bisher in vielen Betrieben schon eingeführten Dienste der betrieblichen Datenverarbeitung integrale Bestandteile von CAI sind (Abb. 2.1). Die wesentlichen Zielvorgaben für den Einsatz moderner Informationstechnik in all den verschiedenen Bereichen lassen sich in vier Punkte zusammenfassen:

- **Reduzierung der Kosten**
- **Steigerung der Leistungsfähigkeit**
- **Verbesserung der Zuverlässigkeit**
- **Sicherung der Kontinuität.**

In einer Booz-Allen-Studie, über die in der Juli 1985 - Ausgabe der Zeitschrift A3 Volt berichtet wurde, wird der Erwartungshorizont für CIM wie folgt umrissen:

- **Produktionskosten um 30-70% senken**
- **Auslastung der Maschinen bis zu 70% steigern**
- **Durchlaufzeiten in Fertigung bis zu 90% senken**
- **Lagerhaltung und gebundenes Kapital bis zu 80% verringern**
- **Liefertreue, Anpassung an Markt und Produktqualität erheblich verbessern**

Die Konzeptionen von Computer Integrated Manufacturing und Computer Aided Industrie können nur durch den verstärkten Einsatz von Rechnern und intelligenten Steuerungen in allen Betriebs- und Produktionsbereichen verwirklicht werden. Während gegenwärtig im Produktionsbereich noch weitgehend „starre" Fertigungs- und Montagelinien vorherrschen, ist das Ziel der „Fabrik der Zukunft", Automatisierungseinrichtungen, Leitsysteme und flexiblen Fertigungszellen zu vernetzen. Die Leistungsfähigkeit solcher moderner Produktionssysteme hängt wesentlich von der Effizienz des Informationsflusses zwischen den einzelnen Fertigungszellen sowie den betroffenen Management-,

Leit-, Instandhaltungs- und Planungsstellen ab. Aus dieser Erkenntnis resultieren die Forderungen der Industrie nach leistungsfähigen, die Integration unterstützenden Kommunikationssystemen. Insbesondere die innerbetriebliche Kommunikation zur Bewältigung der resultierenden Informationsflüsse spielt hierbei eine Schlüsselrolle.

Die Integration von Informationssystemen gewinnt also zunehmend an Bedeutung. Längst ist es im Datenverarbeitungsbereich nicht mehr üblich, alle wesentlichen Komponenten (Hardware und Software) von einem Hersteller zu beziehen. Mixed-Hardware wird mehr und mehr zur Regel. Besonders hochspezielle Graphikendgeräte und Produkte für spezielle Prozeßsteuerungsaufgaben werden hauptsächlich von hochspezialisierten Firmen angeboten. Sollen diese in bestehende Systeme eingebunden werden, sind wohldefinierte Schnittstellen erforderlich. Damit derartig spezielle Endgeräte nicht für jede Anwendung „maßgeschneidert" werden müssen, sind standardisierte Schnittstellen erforderlich. Um Schnittstellen zu standardisieren, sind wohlstrukturierte Modelle von Informationssystemen erforderlich. Bei der Internationalen Standard Organisation ISO wurde dieser Bedarf an Modellen für das Zusammenschalten heterogener Systeme sehr klar erkannt, und es wurde ein breit beachtetes Referenzmodell für die Verbindung (Integration) von heterogenen Systemen entwickelt. In Kapitel 4 werden dieses Modell und die zugrundeliegende Modellierungsphilosophie ausführlich behandelt.

Aber nicht nur die nationalen und internationalen Normungs- und Standardisierungsorganisationen sind aktiv tätig bei der Erarbeitung von Konzepten für die heterogene Zusammenschaltung von Informationssystemen (Abb.2.2), auch Anwender und Hersteller sind hieran interessiert. Insbesondere im CIM-Bereich bieten verschiedene Hersteller Produkte an, die untereinander kaum kompatibel sind. Unter dieser Voraussetzung kann eine Vernetzung im gesamten Fabriksbereich fast nur dann erreicht werden, wenn sämtliche Geräte von einem Hersteller bezogen werden. Dies ist allerdings aufgrund verschiedener Funktionalitäten und anderer Gründe nur sehr beschränkt möglich. Diese Problematik führte 1980 dazu, daß sich unter der Federführung von General Motors (als bedeutender Anwender) eine Vielzahl

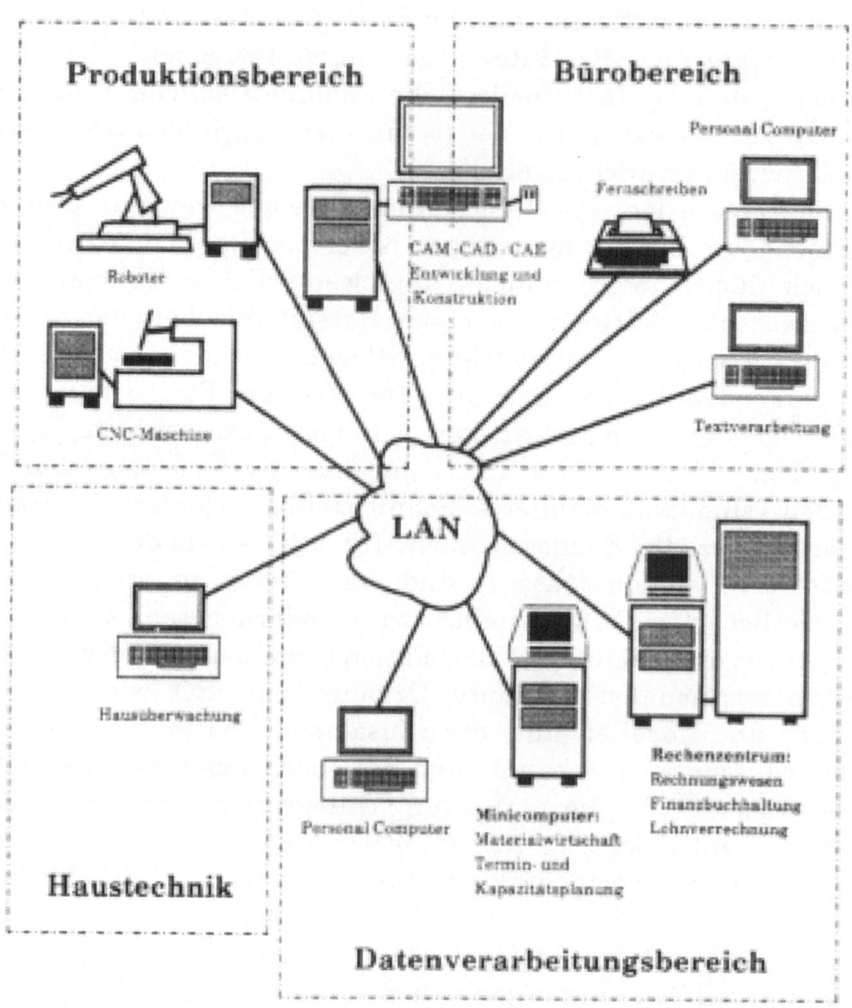

Abb. 2.2. Lokale Computernetze: zentrale Komponenten bei der Integration von Informationssystemen in Betrieben

bedeutungsvoller Hersteller der Computer- und Automatisierungsindustrie (DEC, IBM, Siemens, H&P, Allen Bradley etc.) zusammenschlossen, um eine offene Kommunikationsarchitektur für die heterogene lokale Vernetzung im industriellen Bereich zu entwickeln und Protokollspezifikationen (MAP-Manufacturing Automation Protocols) festzulegen. Dieses Projekt hat große Aufmerksamkeit erlangt und dokumentiert sehr deutlich die Bedeutung, die lokalen Computernetzen in diesem Bereich zukommt.

Computernetze als spezielle Kommunikationsnetze erfüllen jedoch keinen Selbstzweck, sie dienen dem Verbund, der Kooperation von Informationssystemen. Die konkreten Ziele, die durch den Verbund erreicht werden sollen, lassen sich folgendermaßen zusammenfassen:

Organisationsverbund: Durch die koordinierte und wohlorganisierte Anschaffung von Hardware und Software innerhalb eines Verbundsystems kann Duplizierung von Geräten und Softwarepaketen vermieden werden (Kosteneinsparung). Andererseits kann man durch gezielte Duplizierung verschiedene qualitative Aspekte, wie Verfügbarkeit und Ausfalltoleranz, positiv beeinflussen. Eine gemeinsame Form der Verrechnung, gemeinsame Wartung sowie Schulung und Betreuung der Kunden gehören ebenfalls zu Zielen und Vorteilen eines Organisationsverbundes.

Kommunikationsverbund: Hierzu gehören klassische Kommunikationsformen wie Telex und Telefon, aber auch neue Kommunikationsarten wie Telekopieren, Electronic Mail und andere mehr.

Datenverbund: Daten, die nur in einem oder in wenigen Rechnersystemen gespeichert sind, können allen angeschlossenen Teilnehmern zugänglich gemacht werden (Datenbanken).

Funktionsverbund: Spezielle Funktionen, die nur an einem bzw. an wenigen Systemen verfügbar sind, werden allen angeschlossenen Einheiten verfügbar gemacht. Bei der Hardware können dies spezielle Peripheriegeräte (z.B. Hochleistungsdrucker, Laserdrucker, Plotter) oder Spezialrechner (Prozeßrechner, Hybridrechner, Bildverarbeitungsrechner) sein. Bei der Software ermöglicht dies, daß spezielle Softwarepakete nur einmal vorhanden sein müssen (z.B. Compiler für spezielle Sprachen).

Lastverbund: Rechnerleistung, die aus Gründen der Überlastung zu Stoßzeiten und bei Umbauten oder Störungsfällen an einem Rechner nur beschränkt vorhanden ist, kann mittels

Rechnerverbund verfügbar gemacht werden. Dadurch wird Lastausgleich ermöglicht.

Insgesamt erhöht sich mit den besprochenen Verbundformen die Flexibilität für die Benutzer. Rechnerleistung kann von einem anderen Computersystem als dem, an dem man unmittelbar angeschlossen ist, angefordert werden. Daten und Dateien können mit einem entfernten Computersystem ausgetauscht werden, und schließlich können Dienste und Funktionen in Anspruch genommen werden, die am eigenen Rechner überhaupt nicht zur Verfügung stehen.

Lokale Computernetze unterscheiden sich von anderen Computernetzen vor allem dadurch, daß sie in ökonomischen und technischen Aspekten auf eine bestimmte räumliche Ausdehnung hin optimiert werden, die etwa ein Bürogebäude, ein Universitätsgelände, ein Kaufhaus, eine Fabrik oder ein Krankenhaus umfaßt. Für solche räumlichen Ausdehnungen gibt es physikalische Kommunikationskanäle mit hoher Datenrate, geringen Ausbreitungsverzögerungen und geringen Fehlerraten. Meist befinden sich solche Netze im Besitz des Betreibers, sodaß also kaum rechtliche Auflagen, sondern nur strategische, ökonomische, leistungsmäßige und qualitative Aspekte für die Auswahl eines geeigneten Systems zu berücksichtigen sind.

Besonders seit der Veröffentlichung von Ethernet im Jahre 1976 schenkt man LANs eine große Beachtung. Potentielle Anwender messen ihnen eine große Bedeutung zu, was sich nicht zuletzt durch die Teilnehmerzahlen an entsprechenden Fachmessen und Kongressen zeigt. Hersteller bieten eine Fülle von Konzepten und Produkten an. Mehr als 150 verschiedene Produkte sorgen für Entscheidungsprobleme und Verwirrung der potentiellen Anwender bei der Auswahl einer problemangepaßten Lösung. Die große Fülle verschiedener Systeme kann man gegenwärtig noch darauf zurückführen, daß allgemeine und breit anerkannte Standardlösungen bis vor kurzem noch weitgehend fehlten. Standards sind häufig gegen die Interessen der wetteifernden Firmen, die allzu gerne ihre Lösungen (für die es natürlich firmeninterne Standards gibt) als de-facto-Standard sehen möchten. Seit 1980 gibt es jedoch auf dem Gebiete der lokalen Computernetze erfolgreiche Standardisierungsbemühungen. Dies nicht zuletzt

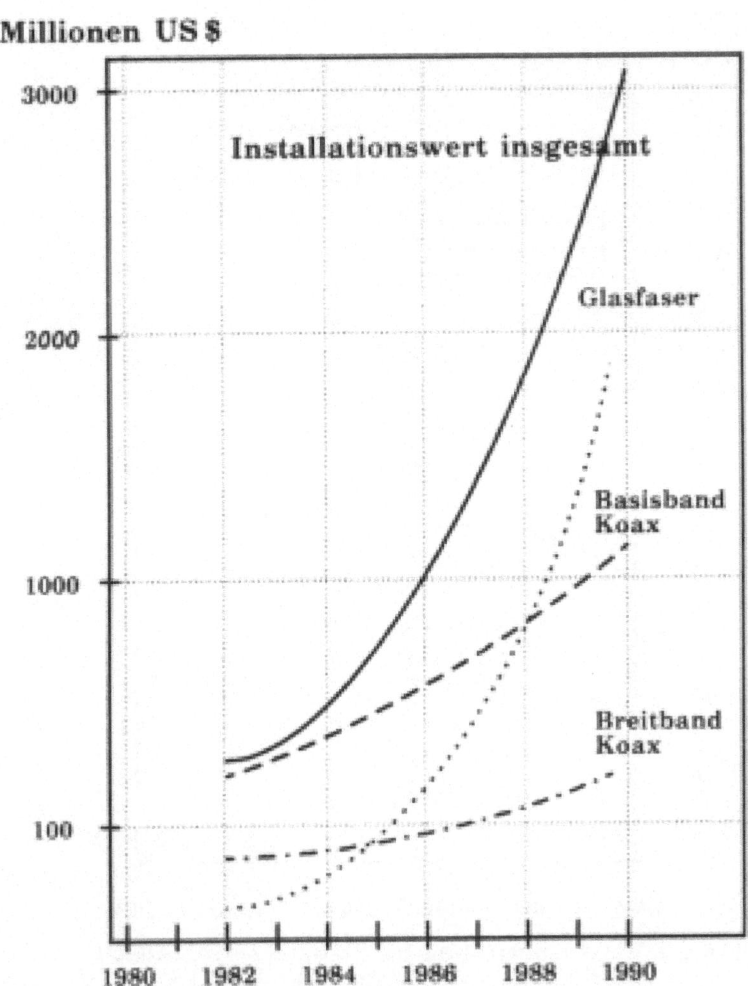

Abb. 2.3. Prognostizierter Installationswert lokaler Computernetze, aufgeschlüsselt nach verschiedenen Technologien (in Anlehnung an Markt und Technik 1982)

deswegen, weil standardisierte Schnittstellen eine markterweiternde Wirkung mit sich bringen und die Implementierung wesentlicher Systemkomponenten als VLSI-Chip rechtfertigen. Dies wiederum bringt enorme Kosten- und Leistungsvorteile.

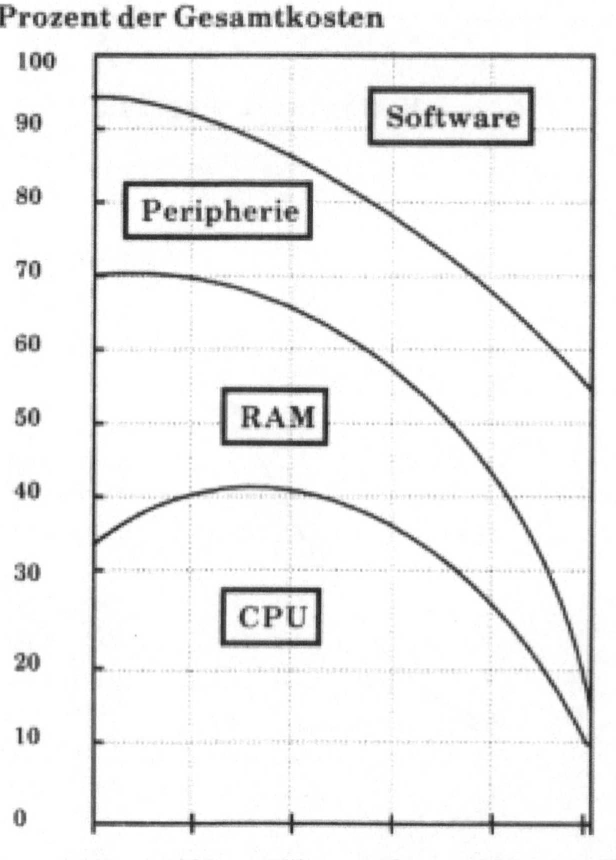

Abb. 2.4. Kostenentwicklung bei Rechnerkomponenten (in Anlehnung an Markt und Technik 1981)

Die Bedeutung, die lokale Computernetze in der Zukunft haben werden, wurde bereits von mehreren Marktforschungsinstitutionen untersucht. Sie alle versprechen einen überaus großen Millionen US-Dollar-Markt. In Abb. 2.3 ist in Anlehnung an eine solche Studie der prognostizierte Installationswert lokaler Computernetze bis 1990, aufgeschlüsselt nach verschiedenen Technologien, wiedergegeben. Die große Bedeutung, die den lokalen Computernetzen zukommen wird, läßt sich unter anderem auch aus der allgemeinen Entwicklung der Kosten von Rechnersystemen, wie in Abb. 2.4

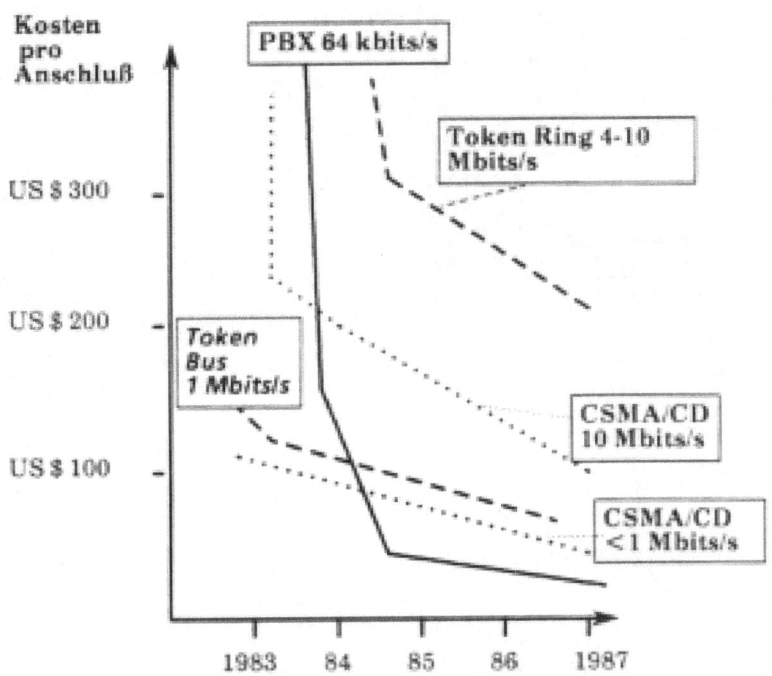

Abb. 2.5. Trends der LAN-Halbleiterkosten pro Anschluß (in Anlehnung an Wurzburg 1984)

dargestellt ist, ableiten. Demnach werden Systemsoftware und Peripherie mehr und mehr die kostendominanten Komponenten in Rechnersystemen. Standardisierte Kommunikationssysteme und Peripherieschnittstellen haben daher sicherlich einen günstigen Einfluß auf die Entwicklung der Gesamtkosten.

Wesentliche Kenngröße für den Marktdurchbruch bei lokalen Computernetzen sind die Kosten pro Anschluß eines Gerätes. Durch VLSI-Implementierungen, die für praktisch alle bedeutenden Netze in Entwicklung bzw. bereits verfügbar sind, sind diese Kosten stark fallend (Abb. 2.5).

Nicht zuletzt wegen der vielfältigen Anwendungsmöglichkeiten von LANs gibt es eine große Fülle verschiedener Systeme, von denen man wohl sagen kann, daß jedes für sich in bezug auf bestimmte Kosten-, Qualitäts- oder Anforderungskriterien optimal

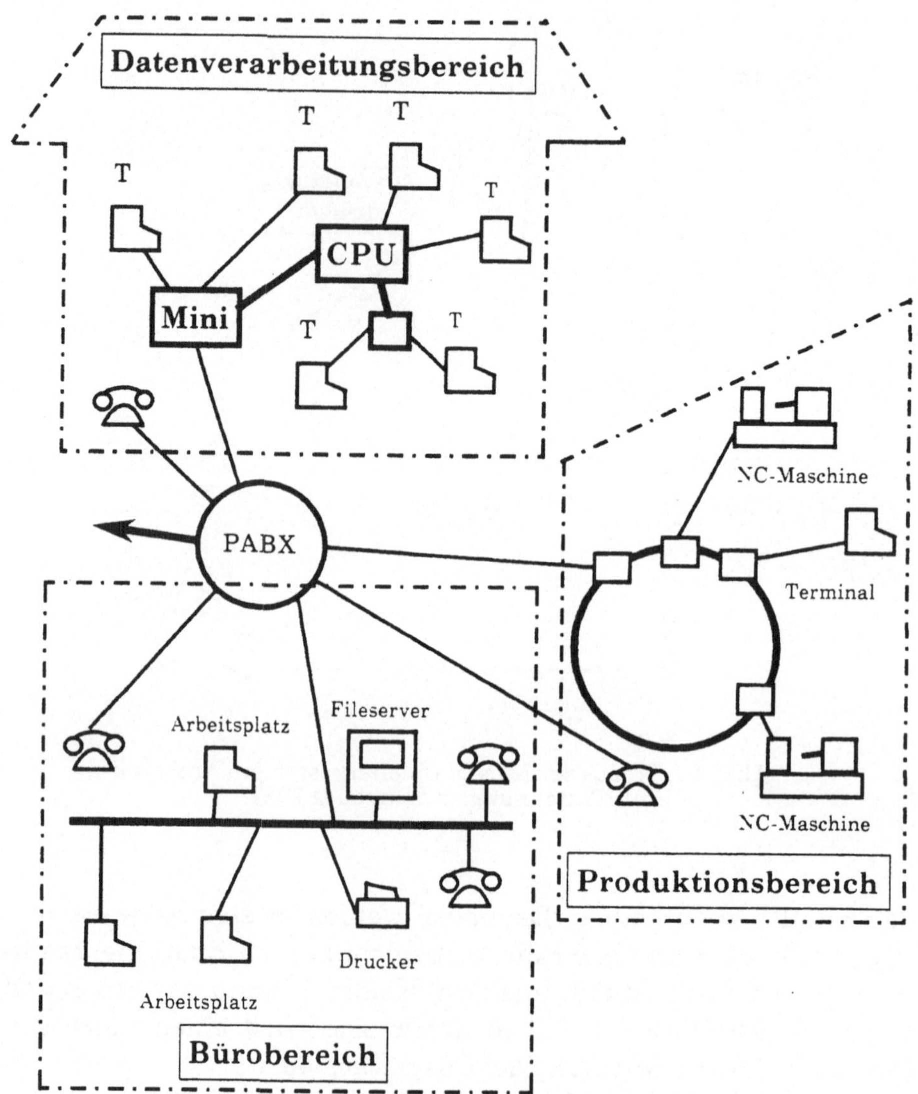

Abb. 2.6. Schematische Darstellung verschiedener LANs für den Einsatz in einem Betrieb

ist. Kaum ein LAN-Konzept kann jedoch als universelle, optimale Lösung angesehen werden. Es ist daher zu erwarten, daß trotz erfolgreicher Standardisierungs- und Normungsbemühungen auch in ferner Zukunft mehrere Netze nebeneinander eine Existenzberechtigung haben werden. Abb. 2.6 zeigt eine schematische

Darstellung, wie in einem Betrieb verschiedene LANs gemeinsam das Kommunikationsbedürfnis eines Betriebes bewerkstelligen können.

3. Technologische Grundbegriffe

Immer häufiger wechselt sich eine immer größer werdende Fülle von Schlagwörtern in der Informationstechnik ab, die den jeweiligen Stand der Technik zum Ausdruck bringen. Um angesichts dieser Entwicklung den Überblick und die Orientierung nicht ganz zu verlieren, erweist sich eine historische Betrachtung als äußerst nützlich und hilfreich. Sie gestattet es, wesentliche, die Entwicklung treibende Kräfte und prägende Trends zu erkennen und somit ihre Bedeutung für die zukünftige Entwicklung aufzuzeigen. Darüber hinaus ist sie geeignet, die Kreativität der auf diesem Gebiet tätigen Experten zu beflügeln, und erleichtert verantwortliches Entscheiden.

3.1 Die Evolution der Kommunikationstechnik

Als zentraler Meilenstein moderner Telekommunikationssysteme ist die Entwicklung der Telegrafie zu nennen. 1835 übertrugen Gauß und Weber in Göttingen mit ihrem elektrischen Telegrafen 7 Buchstaben pro Minute. Diese Übertragungsgeschwindigkeit war praktisch unabhängig von der überbrückten Entfernung und stellte eine gigantische Steigerung zu alternativen Systemen dar. Als solche gab es Botendienste, die eine Nachricht in Form eines Schriftstückes (Brief, Buch, Flugblatt) transportierten, und optische Telegrafen. Die Übertragung von einem Zeichen zwischen Paris und Straßburg mit Hilfe eines optischen Telegrafen dauerte zu dieser Zeit etwa 6 Minuten. Der elektrische Telegraf erweckte daher einen sehr imponierenden Eindruck, und bald umspannten die Telegrafenstrecken den ganzen Erdball. 1866 wurde das erste funktionsfähige Transatlantikkabel von Irland nach Neufundland verlegt.

Die Telegrafie gab im 19. Jahrhundert wesentliche soziale und technische Impulse. Im 20. Jahrhundert reduzierte die Verbreitung des Telefons ihre Bedeutung erheblich. Wesentliches verstärkendes Moment war die einfachere Bedien- und Benützbarkeit des Telefons gegenüber dem Telegrafen. (Die einfache Bedien- und Benutzbarkeit kann also als wesentliches Kriterium für die Akzeptanz und erfolgversprechende Weiterentwicklung von informationstechnischen Einrichtungen festgehalten werden: Verbesserung durch Benutzerorientierung.)

Während der Telegraf spezielle Fähigkeiten für die Benützung voraussetzte, war das Telefon praktisch von jedem ohne viele Schwierigkeiten benutzbar. Aus der großen Verbreitung von Telegrafie und Telefonie sowie den hohen Kosten der Übertragungsstrecken ergab sich die Aufgabenstellung der Vermittlungstechnik für die Individualkommunikation: Eine große Anzahl räumlich verteilter und fast gleichzeitig einfallender Informationen soll untereinander so verknüpft werden, daß sie unmittelbar, d.h. für menschliches Empfinden ohne Verzögerung, in relativ einfachen übertragungstechnischen Anlagen weitergegeben und zu den Empfängern, die ebenfalls natürlich verteilt sind, vermittelt werden können. Im Laufe der Zeit entwickelten sich verschiedene hierfür eingesetzte Lösungen:

- manuelle Schaltzentralen (Vermittlung durch Menschen),
- verdrahtete Logik-Schaltungen (Elektromechanik, Elektronik),
- programmgesteuerte Rechner

Die große Verbreitung von Telefonie und Telegrafie führte sehr bald zu dichten Netzen, und gegen Ende des vorigen Jahrhunderts ergaben sich dadurch reelle Grenzen in bezug auf den weiteren Ausbau. In den großen Städten waren kaum noch Freileitungen unterzubringen. Durch unterirdische Erdkabel, die schon seit 1890 verlegt wurden, versuchte man Abhilfe zu schaffen. In bezug auf die überbrückbare Kommunikationsentfernung gab es reale Grenzen durch die Dämpfung der Leitungen. Verstärker für elektrische Signale standen noch nicht zur Verfügung. Um mit Fernsprechkabeln größere Entfernungen zu überbrücken, hatte man daher seit etwa 1890 die Pupinisierung angewendet. In regelmäßigen

Abständen wurden genau bemessene Spulen (Pupinspulen) in die Kabel geschaltet. Dadurch wurde die Dämpfung der Sprachsignale auf der Leitung gesenkt, und eine größere Entfernung konnte überbrückt werden (Pupinisierung kann als wesentlicher Erfolg der theoretischen Betrachtung von Leitungsmechanismen festgehalten werden: Verbesserung durch gezielte Anwendung einer Theorie).

Die eigentliche Lösung des Problems, Sprachsignale über große Entfernung zu übertragen, brachte die Erfindung der Elektronenröhren (Verbesserung durch neue Technologie). 1906 war durch den Österreicher Robert von Lieben eine als Verstärker gebaute Kathodenstrahlröhre patentiert worden. Die praktische Bedeutung, die Elektronenröhren als Verstärker für Fernsprechsignale erlangten, ging erst in den 50-er Jahren des 20. Jahrhunderts zurück, als sie durch Transistorverstärker ersetzt wurden. Diese zeichneten sich unter anderem durch geringe Verlustleistung, kleine Abmessung und wesentlich höhere Zuverlässigkeit als Elektronenröhren aus.

Neben der drahtgebundenen Telekommunikation ist auch die Funktechnik besonders in den letzten Jahrzehnten in zunehmendem Umfang für Zwecke der Fernsehtechnik (Bewegtbildkommunikation-Informationsverteilung) und für Rundfunkzwecke (Sprachkommunikation-Informationsverteilung) verwendet worden. Die physikalischen Voraussetzungen der Funkverbindungstechnik wurden theoretisch durch J.C. Maxwell um das Jahr 1873 und experimentell durch H. Hertz geschaffen. H. Hertz demonstrierte an der Technischen Universität Karlsruhe im Jahre 1886 erstmalig, daß von einem geeignet angeregten elektrischen Oszillator Schwingungen ausgehen, die an einem entfernten Ort wieder entdeckt (detektiert) werden können.

Bis zum ersten Viertel des 20. Jahrhunderts waren die Übertragungsstrecken der teuerste Teil eines Telefon- und Telegraphensystems. Sie bestanden im wesentlichen aus gußeisernen und hölzernen Masten sowie elektrischen Leitungen. Hauptbestreben war es daher, diese Übertragungsstrecken so gut wie möglich auszunutzen, um auf diese Weise Kosten gering zu halten. Dies förderte die Entwicklung von leistungsfähigen Übertragungstechniken. Duplexverfahren (von Edison 1874 vorgestellt) und Zeitmultiplexverfahren (von Jean Maurice Emile Baudot 1872 vorgestellt) machten den Anfang in bezug auf die

Mehrfachausnutzung von Leitungen (Wirtschaftlichkeitsaspekte als treibende Kraft für neue Theorien und Technologien).

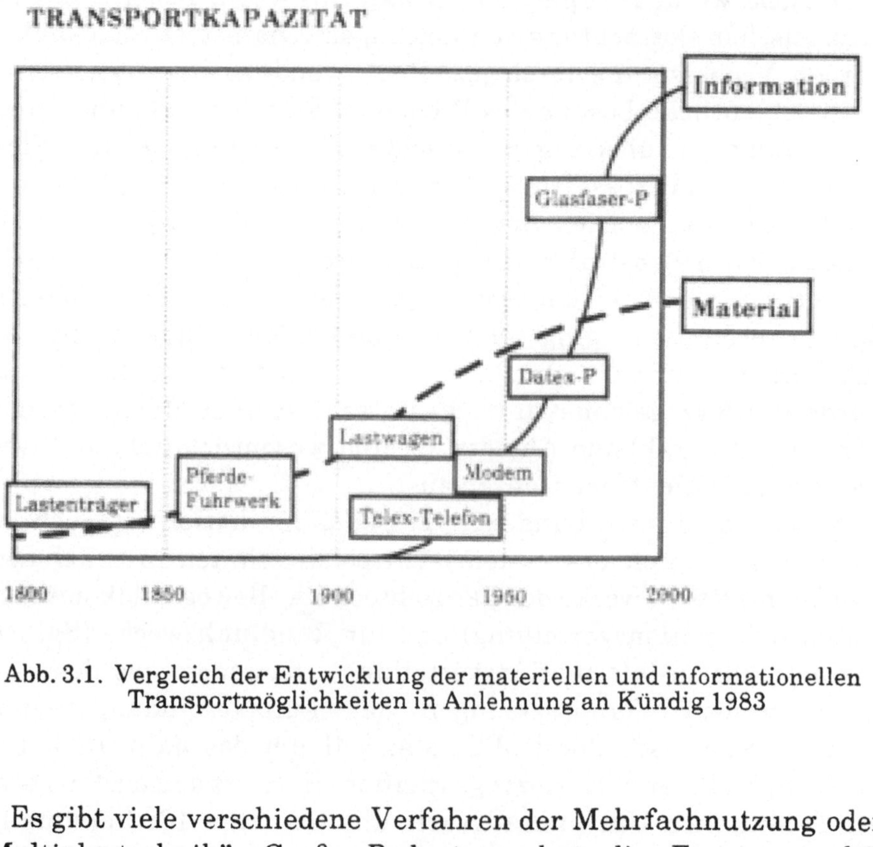

TRANSPORTKAPAZITÄT

Information

Glasfaser-P

Material

Datex-P

Lastwagen

Pferde-Fuhrwerk

Modem

Lastenträger

Telex-Telefon

1800 1850 1900 1950 2000

Abb. 3.1. Vergleich der Entwicklung der materiellen und informationellen Transportmöglichkeiten in Anlehnung an Kündig 1983

Es gibt viele verschiedene Verfahren der Mehrfachnutzung oder „Multiplextechnik". Große Bedeutung hat die Frequenzmultiplextechnik erlangt, wie sie in den Trägerfrequenzsystemen angewendet wird. Die ersten Trägerfrequenzsysteme für Kabelleitungen wurden 1929 bei einem neuen Seekabel (Schweden - Deutschland) eingesetzt. 1937 wurde durch A. H. Reeves die Pulse-Code-Modulation als Übertragungstechnik vorgestellt, die eine Nutzung der Vorteile der Telegraphie (praktisch distanzunabhängige Übertragungsqualität) für die Telefonie ermöglichte. Gegen Ende der 60-er Jahre wurde es klar, daß die digitale Übertragung neben der Qualitätsverbesserung vor allem auch eine wirtschaftliche Alternative darstellt. Mit etwa 10 Jahren Verzögerung auf die Übertragungstechnik sind auch digitale Vermittlungsanlagen wirtschaftlich geworden.

In Abb. 3.1 wird versucht, die geradezu revolutionäre Entwicklung der Telekommunikationstechnik anhand eines quantitativen Vergleichs zwischen den materiellen (z.B. in Tonnen je Stunde und Verkehrsweg) und den informationellen (z.B. in bit/Sekunde) Transportmöglichkeiten darzustellen. Die Kommunikationssysteme haben sich in den letzten 100 Jahren gigantisch entwickelt. Ausgehend von nationalen Netzen wuchsen im Laufe der Zeit internationale Netze. Dies war nur möglich durch rechtzeitige Standardisierung und Normung. Bereits vor mehr als 100 Jahren wurde durch den raschen Anstieg internationaler Telegrafie die International Telecommunication Union (ITU) gegründet. Innerhalb der ITU wurden und werden technische Fragen und die Entwicklung von Standards und Empfehlungen durch das „International Telegraph and Telephone Consultative Committee" (CCITT) wahrgenommen.

3.2 Die Evolution der Computertechnik

Ende der 60-er Jahre waren Großrechenanlagen bereits weit verbreitet und durch die Betriebsweise des Stapelbetriebes effektiv eingesetzt. Großrechenanlagen paßten vorzüglich in die zentrale Organisationsstruktur vieler Betriebe und Verwaltungsbehörden. Darüber hinaus boten sie eine wirtschaftliche Arbeitsweise. Durch die Notwendigkeit, mit entfernten Organisationseinheiten eines Unternehmens effektiv zu kommunizieren, entsprang die Datenfernverarbeitung. 1954 gelang es zum ersten Mal, Daten direkt über eine Telefonleitung in einen entfernt aufgestellten Computer einzugeben. Das erste Großprojekt der Datenfernverarbeitung und damit der Datenkommunikation war das SAGE-Projekt (Semi Automatic Ground Environment) des Department of Defense der USA. Es wurde entwickelt, um Waffen für die Verteidigung der USA gegen Luftangriffe zu steuern. Digitalisierte Radardaten wurden über Hunderte von Meilen zu Dutzenden Computerzentren geleitet, die ein halbautonomes nationales Computernetz bildeten. 1,5 Millionen Meilen Leitungen wurden verbunden. Das erste große zivile Datenfernverarbeitungsprojekt war SABRE, ein Echtzeit-online-Flugreservierungssystem. Es wurde 1962 mit zirka 1200

Reservierungsterminals und einem zentralen Verarbeitungszentrum in Betrieb genommen (Green 1984).

Remote-job-entry-Einheiten - das sind vom Rechenzentrum entfernt aufgestellte Kartenleser und Drucker - ermöglichten die Fern-Stapelverarbeitung. Sie entwickelten sich etwa ab 1965 zu einem Industriestandard. Mitte der 60-er Jahre wurde in den Vereinigten Staaten die Forschung auf dem Gebiete der Datenkommunikation besonders stark gefördert. Unter der Federführung der ARPA (Advanced Research Projects Agency des Departments of Defense) wurden Forschungsaufträge an Universitätsinstitute und private Firmen vergeben und koordiniert. Das Fernsprechnetz bot sich als gut ausgebautes flächendeckendes Kommunikationsnetz für die ersten Versuche der Datenkommunikation optimal an. Für besonders wichtige Datenverbindungen wurden gemietete festverschaltete Fernsprechleitungen eingesetzt. Die Qualität solcher Verbindungen war wesentlich besser als die von Wählverbindungen. Dadurch konnte man die Übertragungsgeschwindigkeit (Kanalkapazität) steigern. Hohe Kosten von Mietleitungen machten die optimale Auslastung erstrebenswert. Diese Optimierungsbestrebungen führten zu Value Added Networks (VAN) und zur Entwicklung der Sendungs- und Paketvermittlungstechnik. Bei diesen Vermittlungstechniken werden die Ressourcen eines Kommunikationskanals durch Unterstützung mit einem Knotenrechner optimal ausgenützt.

Die Forschungsanstrengungen der ARPA führten zu einem heterogenen experimentellen Datennetz auf dem Paketvermittlungsprinzip: ARPANET wurde im Dezember 1969 als 4-Knotennetz in Betrieb genommen (Kleinrock 1976). Als experimentelles Netz war es von Anfang an als heterogenes Netz, d.h. für die Zusammenschaltung datenverarbeitender Geräte von verschiedenen Herstellern, konzipiert. ARPANET hat sich bis heute zu einem sehr leistungsfähigen flächendeckenden Computernetz für Universitäten und Forschungsinstitute der USA entwickelt. Ein Großteil der Erfahrung auf dem Gebiete der Datenkommunikation geht auf ARPANET zurück. Die Entwicklung der Datenkommunikation zeigt deutlich die enge Verquickung technischer und ökonomischer Faktoren. So konnte L.G. Roberts (Roberts 1974) zeigen, daß das Entstehen der Computernetzwerke nach dem Paketvermittlungsprinzip zeitlich zusammenfällt mit dem

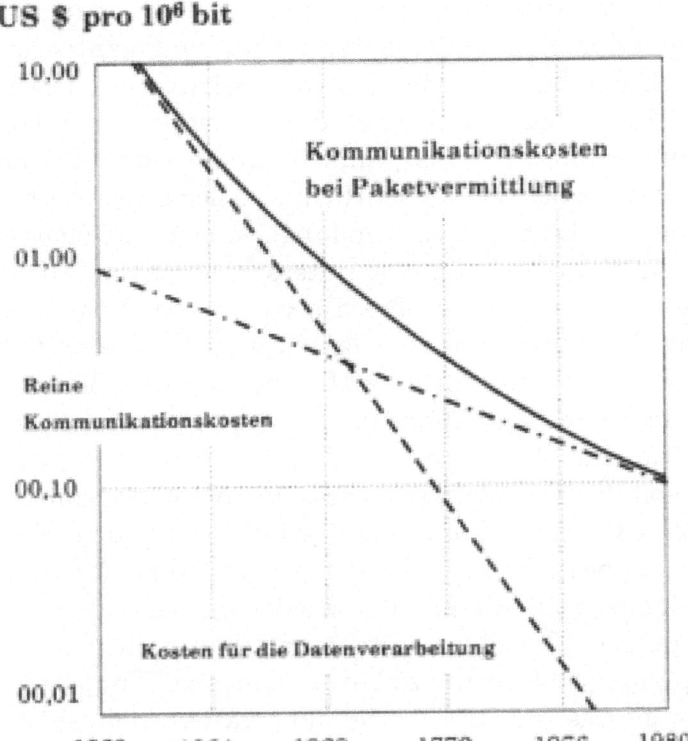

Abb. 3.2. Kostenentwicklung für die Datenkommunikation (nach Roberts 1974)

„crossover-point" von Kommunikationskosten und Computerkosten. Bis 1969 waren die Kosten für die Datenverarbeitung dominant gegenüber jenen für die reine Kommunikation. In der Zwischenzeit sind die Kosten für die Datenverarbeitung sehr stark gefallen, jene für die Kommunikation nicht so stark (siehe Abb. 3.2). Dadurch wurde es interessant und wirtschaftlich, Datenverarbeitungskapazität für die effektive Auslastung von Kommunikationsressourcen einzusetzen. Bei der Paketvermittlung ist dies zu einem hohen Maße erforderlich. Ermöglicht wurde es vor allem durch die Erfolge der Mikroelektronik.

Die Gegenwart der Computertechnik ist geprägt durch rasante Entwicklungen und Forschungserfolge in den Bereichen Mikroelektronik, der Computergraphik, Computerbildverarbeitung, der Interaktion zwischen Computer und Mensch mit natürlichen (Umgangs-) Sprachen und anderen mehr. Die gigantischen Erfolge im Bereich der Miniaturisierung von Schaltkreisen (VLSI, Very Large Scale Integration), die damit eng verbundene Preisentwicklung und die noch immer anhaltende Steigerung der Leistungsfähigkeit machen deutlich, daß der Computertechnologie noch schier unabsehbare Anwendungs- und Einsatzmöglichkeiten offenstehen. Computer sind in unterschiedlichsten Ausführungsformen und für ein sehr großes Spektrum von Problemstellungen verfügbar. Universalcomputer lassen sich im wesentlichen in 3 Preis/Leistungsklassen einteilen: **Großcomputer**, **Minicomputer**, **Mikrocomputer**. Die Zuordnung von konkreten Systemen zu diesen Klassen ist nicht eindeutig, und die wesentlichen Leistungsmerkmale befinden sich in einer stürmischen Entwicklung. Allgemein kann man jedoch feststellen, daß Mikrocomputer ein besseres Preis/Leistungsverhältnis als Minicomputer haben. Jenes von diesen ist wiederum besser als das von Großcomputern. Trotzdem kann man daraus nicht ableiten, daß Mikrocomputer schlechthin zu bevorzugen sind. Für jede Klasse von Systemen gibt es typische Anwendungsfälle, wo diese und gerade diese optimal eingesetzt werden können. Durch eine Vernetzung dieser Systeme, z.B. mit lokalen Computernetzen, die über Fernnetze untereinander verbunden sein können, ergibt sich die Möglichkeit, äußerst flexible leistungsfähige Informationssysteme aufzubauen (Kellermayr 1984a).

Die Verfügbarkeit leistungsfähiger Endgeräte (als benutzernahe Komponenten eines Informationsystems: Personal Computer, Graphikbildschirme, Prozeßmeßgeräte etc.), Netze und Hintergrundsysteme (Großrechner, Datenbankrechner, Fileserver, Zentraldruckereien, Printserver etc.) ermöglicht eine Neugliederung von Informationssystemen entsprechend Abb.3.3, die sowohl weiterreichende Spezialisierung als auch funktionale und technische Integration ermöglicht (in Anlehnung an (Diebold 1985)

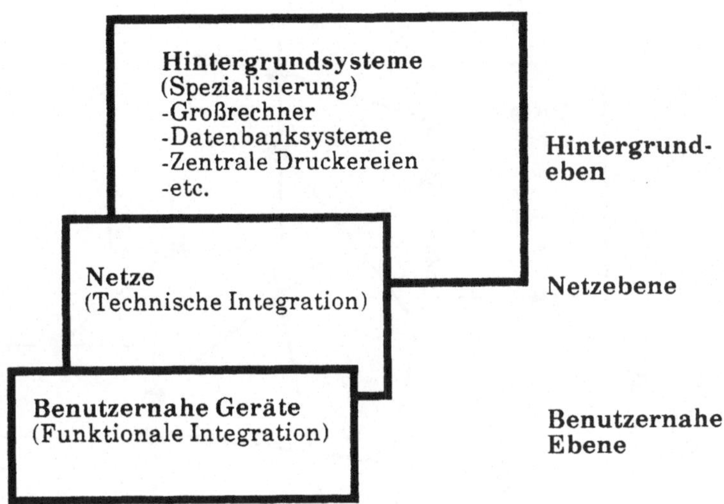

Abb. 3.3. Neugliederung von Informationssystemen (in Anlehnung an Diebold 1985)

3.3 Computernetze

Kommunikation verschiedener Endgeräte eines Netzes setzt voraus, daß zwischen diesen eine Verbindung dauernd oder für eine bestimmte Zeit besteht. Im einfachsten Fall steht zwei Stationen ständig eine Übertragungsleitung zur Verfügung, die ausschließlich für den Signalaustausch zwischen diesen verwendet wird. Solche Verbindungen werden als Standverbindungen bezeichnet. Wenn nur Standverbindungen (Punkt-zu-Punkt-Verbindungen) verwendet werden, steigt mit wachsender Anzahl der Stationen, die untereinander Signale austauschen wollen, die Anzahl der erforderlichen Übertragungsleitungen und Datenübertragungseinrichtungen sehr rasch an. Angenommen, N verschiedene Informationsquellen wollen mit M verschiedenen Informationssenken kommunizieren: Wenn alle möglichen Verbindungen erlaubt sein sollen, sind nach herkömmlichen Konzepten NxM Leitungen (physikalische Kanäle) erforderlich. Sind alle diese Geräte untereinander verschieden, so sind auch ebensoviele verschiedene, die Kommunikation ermöglichende Einrichtungen (Protokollsteuerungen) erforderlich und doppelt soviele

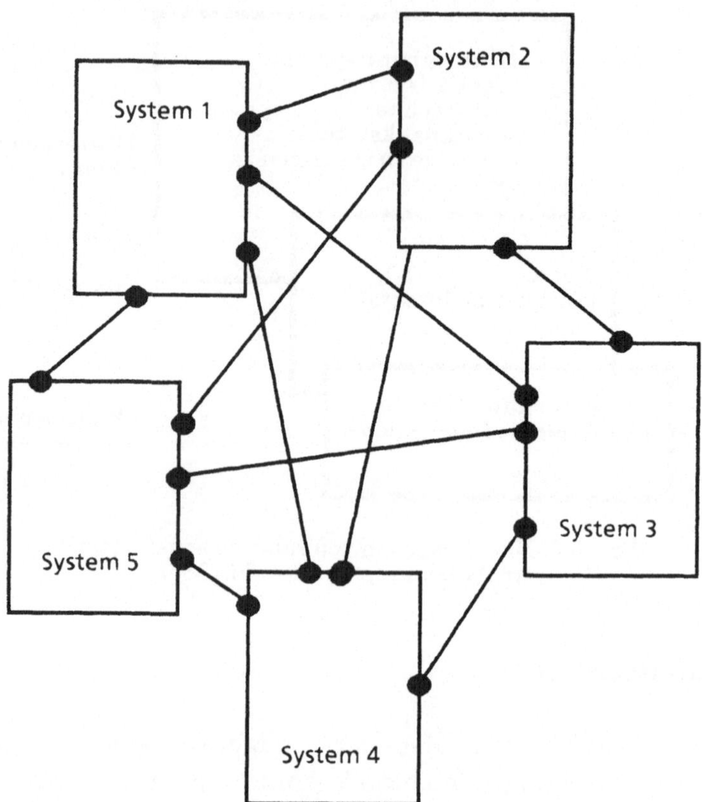

Abb. 3.4. Vernetzung von Systemen mit Standleitungen

Implementierungen dieser. Wenn N Stationen vorhanden sind, die alle miteinander kommunizieren wollen, so sind (N.(N-1)/2) Leitungen erforderlich. Jede Station benötigt (N-1) Kommunikationsschnittstellen. Das Hinzufügen einer Station erfordert N Leitungen und bei jeder der bestehenden Stationen das Einfügen einer neuen Kommunikationsschnittstelle. Dieser Aufwand, zusammen mit der fehlenden Flexibilität, ist offensichtlich bereits bei kleinen Netzen sehr störend bzw. untragbar (Abb. 3.4).

Ein Ausweg aus der Problematik des großen Ressourcenaufwandes, der gleichzeitig größere Flexibilität ermöglicht, ist durch das von der ISO geförderte Prinzip der offenen System-

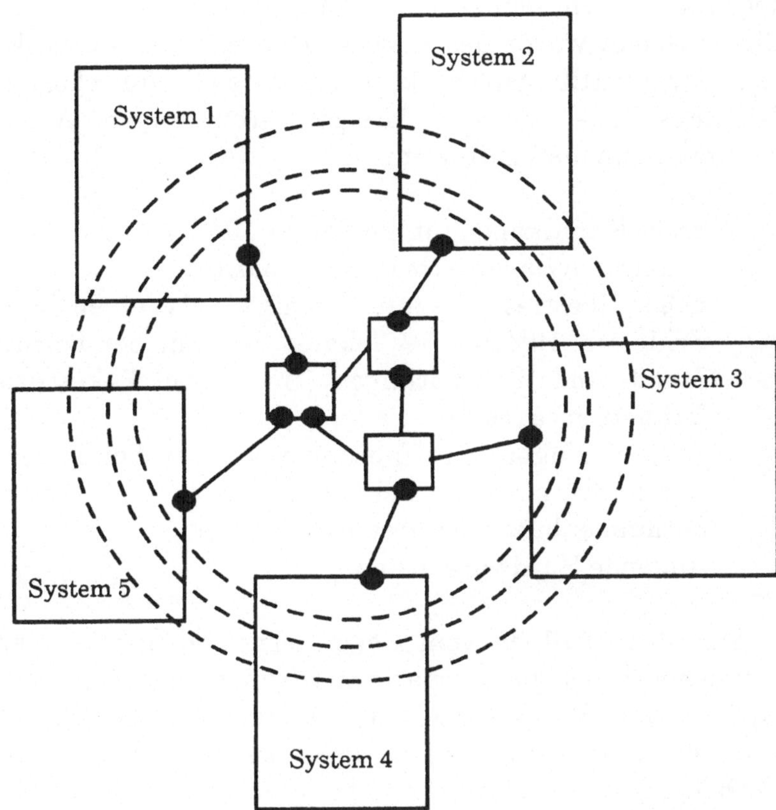

Abb. 3.5. Vernetzung heterogener Systeme nach dem Prinzip Open System Interconnection (Schalenmodell)

vernetzung (Open System Interconnection) gegeben (Abb. 3.5). Durch standardisierte Protokolle und Übertragungseinrichtungen, die in den Stationen implementiert sein müssen, können diese untereinander über jeweils nur eine Anschlußleitung kommunizieren.

Für die Kommunikation sind Übertragungsstrecken und Vermittlungseinrichtungen erforderlich. Die Funktion der heute im Einsatz und in Entwicklung befindlichen Übertragungsstrecken und Vermittlungseinrichtungen wird nicht mehr ausschließlich durch Hardwarekomponenten (wie Leitungen, Verstärker und Schaltnetze) realisiert, sondern in immer größerem Maße durch

Software bestimmt. Übertragungstechnik und Vermittlungstechnik werden immer enger miteinander verflochten, und für dieses Gebiet wurde der Begriff „Übermittlungstechnik" geprägt. Die Übermittlungstechnik bemüht sich um kostengünstige, leistungsfähige und zuverlässige Verbindungen. Als Stand der Technik kann man anführen:

- große Kanalkapazität (größer als 10 Mbit/s)
- dynamisch zuweisbare Kanalkapazität
- hohe Übertragungsgüte (weniger als einen unerkannten Fehler in 10^{12} bit bei lokalen Netzen, bei Fernnetzen mit Stand- und Wählleitungen 10^{6}-10^{7}, bei Paketvermittlungsfernnetzen ca. 10^{11}).
- große Verfügbarkeit (Störungen verursachen in der Regel die Abschaltung eines Benützers, aber bewirken nicht den Zusammenbruch des gesamten Netzes)
- sinkende Hardwarekosten

Für den Aufbau von Computernetzen gibt es eine Fülle möglicher Topologiealternativen (Vernetzungsarten). In Abb. 3.6 sind die vier Hauptarten von Topologien dargestellt, die für die Datenkommunikation verwendet werden. Vermaschte Netze (Abb.3.6.a) sind typisch für Netze größerer Ausdehnung, wo dank der alternativ möglichen Verbindungspfade Systeme mit hoher Verfügbarkeit gebildet werden können. Bei Sternnetzen (Abb.3.6.b) ist die große Bedeutung des zentralen Knotens augenfällig. Ist dieser gestört, bricht die Kommunikation im gesamten Netz zusammen. Typisches Anwendungsbeispiel von Sternnetzen sind Nebenstellenanlagen (PABX) der Telefonie. Bei Bus-Netzen (Abb.3.6.c) sind mehrere gleichwertige Stationen über einen gemeinsamen, meist passiven Bus zusammengeschlossen. Physikalisch entspricht der Bus einer Mehrpunkt-Verbindungsleitung. Im Gegensatz zu einer Punkt-zu-Punkt-Verbindungsleitung zwischen einer Quelle und einer Senke wird bei einem Bus eine Mehrpunktleitung von allen angeschlossenen Stationen für die Abwicklung ihrer Kommunikationsaufgaben verwendet. Während der Übertragung eines Paketes am Bus steht dieser für eine Verbindung zur Verfügung. Für jede gewünschte Verbindung muß also zuerst der Bus angefordert und zugeteilt werden. Hierfür sind

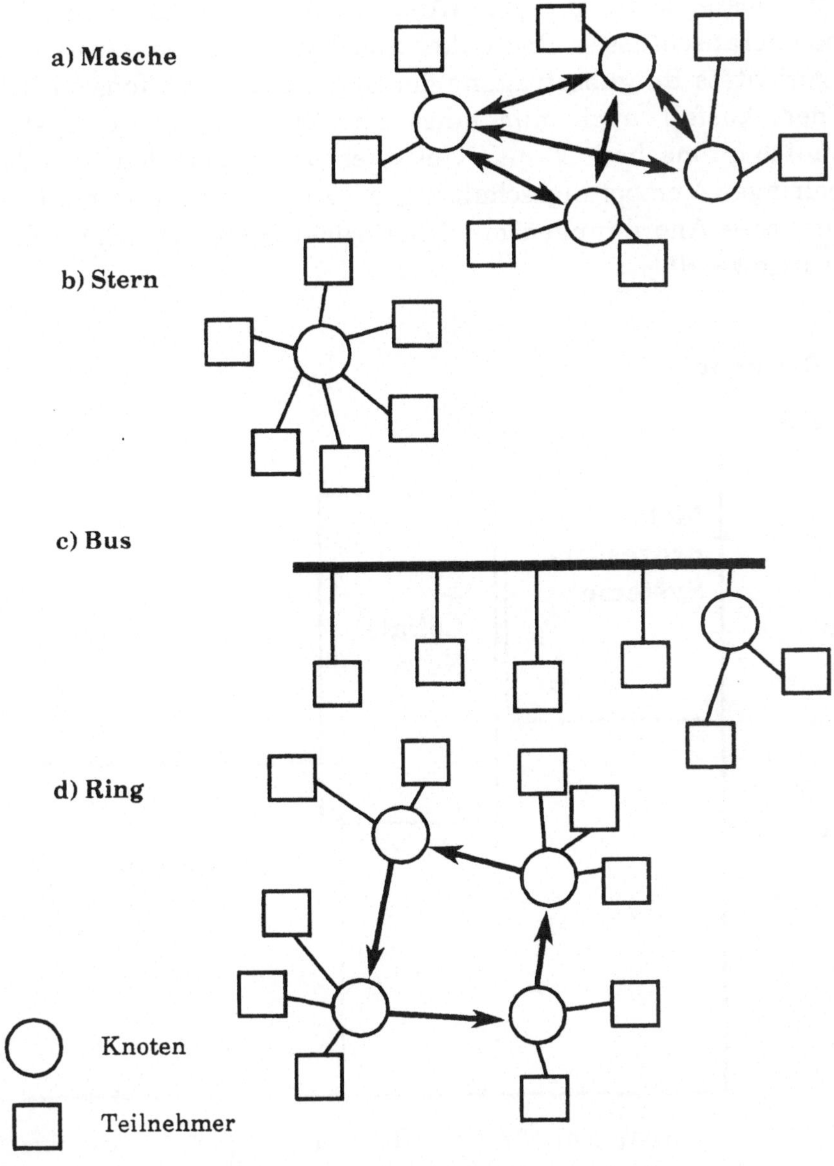

Abb. 3.6. Hauptarten von Netztopologien

verschiedene Verfahren denkbar. Ethernet ist ein sehr bekanntes Bus-Netz. Die rechnerinterne Kommunikation wird hauptsächlich über Busse abgewickelt. Bei Ring-Netzen sind die Netzknoten durch Punkt-zu-Punkt-Verbindungen derart verschaltet, daß sich ein geschlossener Ring ergibt (Abb. 3.6.d). Die Knoten mit den Teilnehmeranschlüssen sind daher gleichzeitig Regeneratoren für eine gerichtete Ringübertragung der Signale. Es ist offensichtlich, daß der Ausfall auch nur eines Knotens das ganze System unbenutzbar machen kann. Um dies zu vermeiden, werden Doppelringe, Verzopfungsschaltungen (z.B. beim Hasler SILK-System) oder Anordnungen mit Überbrückungsrelais (IBM-Token Ring) angewandt.

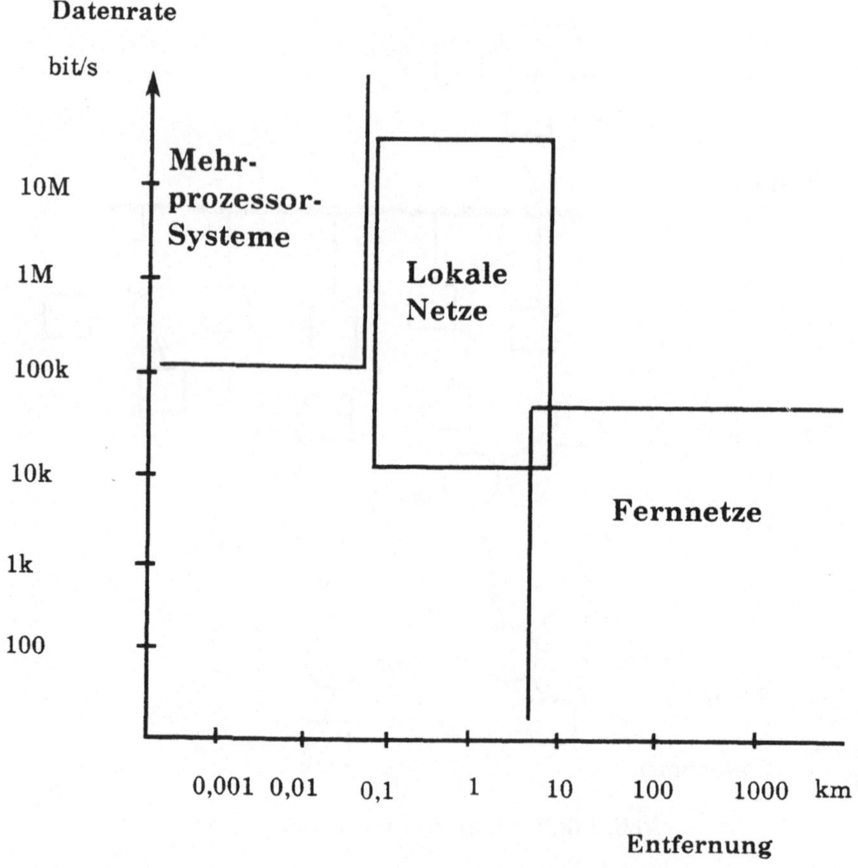

Abb. 3.7. Klassifizierung von Computernetzen

Computernetze lassen sich nach dem Spektrum der möglichen Übertragungsbandbreite sowie nach der Kommunikationsentfernung klassifizieren (Abb. 3.7). Demnach unterscheidet man **Fernnetze, lokale Netze** und **Mehrprozessorsysteme**. Lokale Netze dienen der Übertragung von Informationen zwischen untereinander verbundenen unabhängigen Geräten. Sie unterliegen vollständig der Zuständigkeit des Anwenders und sind hinsichtlich der räumlichen Ausdehnung auf dessen Grundstück beschränkt. Sie grenzen sich bezüglich ihrer Ausdehnung und Datenrate gegenüber Mehrprozessorsystemen und Fernnetzen, wie aus Abb. 3.7 ersichtlich ist, ab. Die einzelnen Stationen sind üblicherweise zwischen 100 m und einigen Kilometern voneinander entfernt, die Datenrate liegt zwischen 100 kbit/s und 20 Mbit/s (obwohl diese Grenzen eher unscharf sind). Die gebräuchlichsten Übertragungsmedien in lokalen Netzen sind Zweidrahtleitungen, Koaxialkabel und lichtleitende Glasfaserkabel.

Die Darstellung von Informationen innerhalb eines Rechnersystems erfolgt in Form paralleler Datenworte. Für die Kommunikation im rechnerinternen Bereich, aber auch bei Mehrprozessor-Systemen, werden diese Datenworte daher meist direkt in paralleler Form über parallele Busse ausgetauscht. Die charakteristischen Merkmale eines Parallelbusses sind sein parallel ausgelegter Übertragungsweg (n-Leitungen) zusammen mit den mechanischen und elektrischen Ankoppelelementen und dem zugehörigen Übertragungsprotokoll. In lokalen und Fernnetzen werden die Daten, im Gegensatz zu parallelen Prozessorbussen, in serieller Form übertragen.

Im lokalen Bereich kann man das jeweils bestgeeignete Übertragungsmedium wählen. Im Fernbereich hingegen ist man weitgehend an das Angebot öffentlicher Netze, betrieben durch die Post, angewiesen. Die europäischen PTT-Verwaltungen bieten als Stand der Technik für Fernnetze gut ausgebaute, weitgehend vollautomatisierte Netze für die Text- und Sprachkommunikation an, die hauptsächlich mit elektromechanischer Leitungsvermittlungstechnik und analoger Trägerfrequenz-Übertragungstechnik arbeiten. Mit Zusatzeinrichtungen (Modems, Multiplexer, Konzentratoren) werden diese Netze für die Datenkommunikation genutzt. Digitale Netze für die Text- und Datenkommunikation befinden sich im Aufbau. ARPANET ist in den USA ein sehr verbreitetes Fernnetz, in Europa befinden sich Daten-Fernnetze, basierend auf X.25 (Datex - P) im Aufbau.

Aufgrund der hohen, in Kommunikationsnetze bereits investierte und der noch zu tätigenden Kosten ist zu erwarten, daß man für die Weiterentwicklung auf die bestehenden Netze stark Rücksicht nimmt. Daher kann man annehmen, daß sich langfristig Service-Integrierte-Netze (ISDN - Integrated Service Digital Network) durchsetzen werden. In diesen Netzen werden Sprach-, Text-, Daten- und Festbildkommunikation in ein leistungsfähiges, flächendeckendes, gut ausgelastetes Kommunikationsnetz integriert, welches auf der Basis des Telefonnetzes entwickelt wird.

Lokale Netze können untereinander über Fernnetze verbunden werden (Abb. 3.8). Auf diese Art und Weise ergeben sich besonders günstige, ökonomische und flächendeckende Kommunikationsstrukturen, die aus der Telefonie bekannt und bewährt sind.

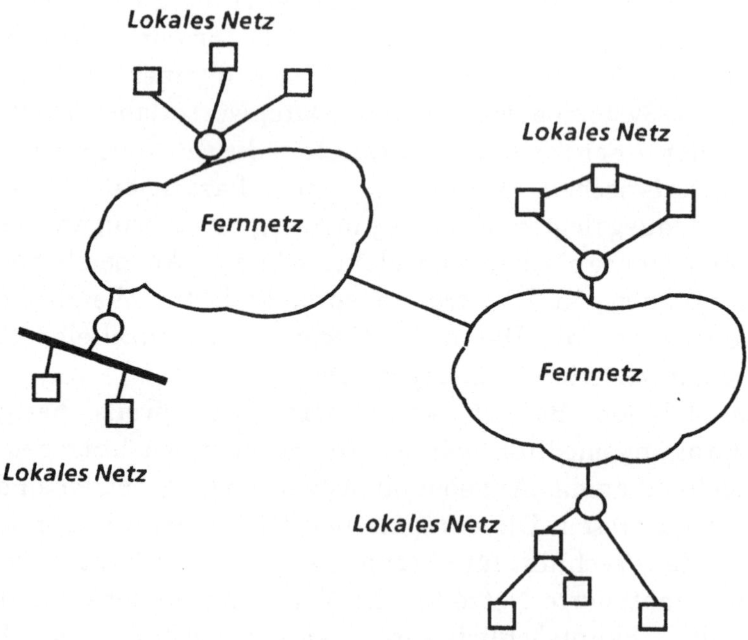

Abb. 3.8. Lokale Netze und Fernnetze

Wichtiges Prinzip ist das der Mehrfachnutzung von Kommunikationseinrichtungen, die durch Vermittlung den jeweiligen Stationen zugeteilt werden. Drei Vermittlungsprinzipien haben

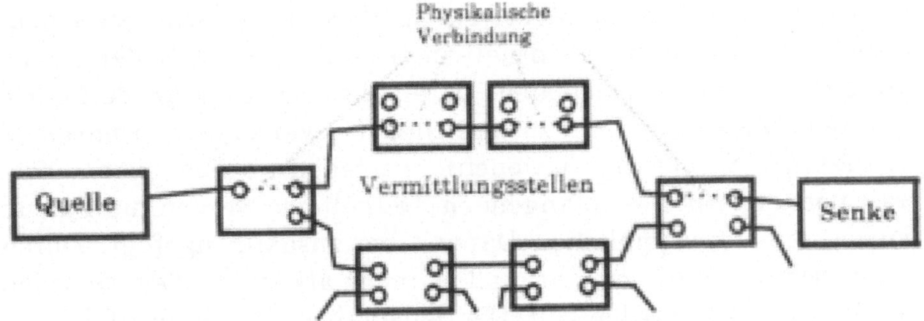

Abb. 3.9.a. Durchschaltevermittlung (Leitungsvermittlung)

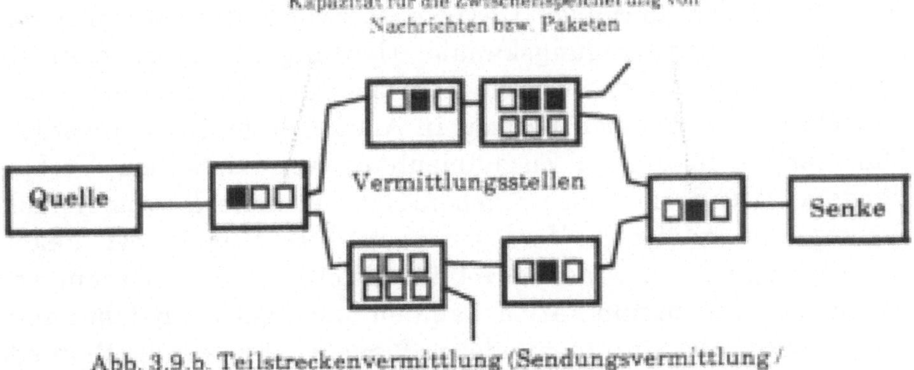

Abb. 3.9.b. Teilstreckenvermittlung (Sendungsvermittlung / Paketvermittlung)

Abb. 3.9. Prinzip der Durchschalte- und Teilstreckenvermittlung

sich durchgesetzt: Durchschaltevermittlung (Leitungsvermittlung), Sendungsvermittlung (Nachrichtenvermittlung), Paketvermittlung (Abb.3.9). Durch die Telefonie ist das Prinzip der Durchschaltevermittlung gut ausgebaut. Ein leitungsvermitteltes Kommunikationsnetz stellt für die Dauer einer Verbindung einen dedizierten physikalischen Kanal zwischen den kommunizierenden Partnern her (Abb.3.9). Die Sendungs- und Paketvermittlung basiert auf dem Prinzip der Teilstreckenvermittlung (Speichervermittlung-store-and-forward). Durch Zwischenspeichern in intelligenten Netzknoten werden Nachrichten bzw. Pakete, das sind Teile einer in kleinere Einheiten unterteilten Nachricht, von Knoten zu Knoten weitergeleitet. Zu übermittelnde Daten werden zu einem Netzknoten übertragen, dort kurzzeitig zwischengespeichert und dann eventuell über andere Knoten der Senke zugeleitet. Die zu sendenden Daten werden in klar definierte Pakete formatiert und mit zusätzlichen Verwaltungsinformationen (Adressen, Steuerinformationen) versehen durch das Netz transportiert. Beim empfangenden Teilnehmer werden die Pakete wieder zum ursprünglichen Datenstrom zusammengefügt. Durch Vermaschung wird erreicht, daß es mehr als einen Weg zwischen den Vermittlungsstellen gibt. Die Beibehaltung der Reihenfolge der gesendeten Pakete muß das Netz garantieren und den Verlust von Paketen verhindern. Da verschiedene Pakete gleichzeitig auf verschiedenen Wegen transportiert werden können, ergeben sich nur geringe Verzögerungen. Im Gegensatz zur Leitungsvermittlung werden die Übertragungskanäle (Leitungen) nicht exklusiv reserviert, sondern sie werden mehrfach genutzt, da sie nur zur tatsächlichen Datentransportzeit in Anspruch genommen werden. Man spricht in diesem Zusammenhang von virtuellen Verbindungen. Auf diese Weise ergeben sich optimale Ressourcenauslastung und minimale Verzögerungen. Das Prinzip der Paketvermittlung ist sehr wirkungsvoll für die effiziente Auslastung von Hochleistungskommunikationskanälen und eignet sich daher auch für andere als drahtgebundene Kanäle (Funk, lichtleitende Glasfasern).

Die Technologie der lokalen Computernetze ist sehr vielversprechend und hat sich aus anderen herausentwickelt. Es gibt daher auch Alternativen:

- dedizierte Punkt-zu-Punkt und Mehrpunktverbindungen über extra verlegte Leitungen
- die Verwendung von Telefonleitungen über entsprechende Übertragungseinrichtungen (Modems)

Die Übertragungseinrichtungen solcher Alternativen müssen nur relativ geringen Ansprüchen und Forderungen entsprechen und sind daher eher preisgünstig. Die Gesamtkosten haben jedoch hinsichtlich der Kostenentwicklung eine steigende Tendenz, während jene für lokale Netze fallend sind. Die derzeit wohl noch am häufigsten verwendete Schnittstelle für solche Verbindungen richtet sich nach der CCITT-Empfehlung V.24. Genau genommen ist, was gebräuchlich mit V.24 bezeichnet wird, ein Satz von 2 Empfehlungen und einer Norm: CCITT-V.24 für die Signalbezeichnung, CCITT-V.28 für die Definition der elektrischen Signale und die ISO-Norm 2110 für die physikalischen Abmaße des Steckers. Inhaltlich stimmen diese drei Quellen mit DIN 66020 überein.

Nullmodem oder Modemeliminatoren dienen dazu, die Kommunikation zwischen zwei Datenendgeräten (DEE) direkt zu ermöglichen. Sie stellen eine sehr einfache Datenübertragungseinrichtung (DÜE) dar. Bei geringen Abständen zwischen den Geräten genügt ein Verbindungskabel mit entsprechend ausgekreuzten Schnittstellenleitungen: Nullmodem. Für Entfernungen zwischen 100 und 200 Meter finden Modemeliminatoren Anwendung, bei denen durch elektronischen Schaltungsaufwand eine Signalregeneration erfolgt.

Für die Datenkommunikation über das (lokale) Telefonnetz sind Modems erforderlich, die die digitalen Datensignale in auf Fernsprechleitungen übertragbare Analogsignale umwandeln. CCITT hat entsprechende Empfehlungen für solche Modems ausgearbeitet (CCITT V.21 für 300 bit/s, V.22 für 1200 bit/s, V.23 für 600/1200 bit/s, V.26 für 2.400 bit/s, V.27 für 4.800 bit/s, V.29 für 9.600 bit/s, V.36 für gemietete Primärgruppenleitungen). Akustikkoppler sind besonders flexible Modems, die es ermöglichen, Daten von jedem beliebigen Ort mit einem Telefon auszusenden und zu empfangen. Der Telefonhörer wird in passende Gummimanschetten eingelegt und übernimmt die vom Koppler in Analogsignale umgewandelten Daten. Akustikkoppler werden heute hauptsächlich für Geschwindigkeiten von 300 und 1200 bit/s angeboten, wobei die CCITT-Empfehlungen V.21 und V.23 Anwendung finden.

4. Die Architektur von lokalen Computernetzen

Die Vielfalt von Informationsdiensten wächst laufend bei gleichzeitiger Integration all dieser in elektronischen Medien. Schlagwörter wie: Teletex, Bildschirmtext, Videotext, Telefax, VAN, lokale Netze, ISDN, usw. dokumentieren die Vielfalt. Das integrierende Moment ist die Mikroelektronik als Basistechnologie für ihre Realisierung. In den verfügbaren Erläuterungen zu diesen Schlagwörtern wird jedoch kaum eingegangen auf strukturelle Zusammenhänge zwischen ihnen bzw. auf die Darstellung gemeinsamer Konzepte, denen sie unterliegen. Das sich entwickelnde Gebiet wirkt eher wie ein Dschungel unvergleichbarer, nicht zusammenhängender Einzelerfindungen und nicht wie eine homogene Technologie. Das Debakel der Software-Inkompatiblitäten der letzten 30 Jahre scheint sich auf drastische Weise auszuweiten. Dies könnte die weitere erfolgreiche Entwicklung der so vielversprechenden Zweige der Informationstechnologie ernsthaft in Frage stellen, wenn man nicht durch geeignete Maßnahmen entgegenwirkt. Unter dem Begriff der **Computer-Netzwerk-Architektur** wird die Entwicklung derartiger Maßnahmen zusammengefaßt.

Der Architekturbegriff ist aus der Baubranche wohl bekannt und dort gut eingeführt. In der Architektur werden über technische Aspekte hinaus ganzheitliche Gesichtspunkte einer zu schaffenden Einheit berücksichtigt. In der Einleitung zu seinem Buch „Der Architekt: Geschichte eines Berufes", schreibt Herbert Ricken:

„Es gibt kaum einen sinnfälligeren, das Leben jedes einzelnen unmittelbar berührenden Ausdruck menschlicher Schöpfenskraft als die Architektur. Mit ihr gestaltet der Mensch als gesellschaftliches Wesen die natürliche Umwelt nach seinem Maß ..."

Architektur ist jedoch nicht auf die Baubranche beschränkt. Die Verallgemeinerung des Architekturbegriffes insbesondere in der Informationstechnik ist angebracht, und der österreichische Computerpionier Heinz Zemanek hat sich hierfür verdient gemacht (Zemanek 1979, 1985). In vielen Bereichen unserer Gesellschaft ist die effiziente Sammlung, Verwaltung und der wirkungsvolle Einsatz von Information von wesentlicher Bedeutung; dies nicht nur aus technischen und/oder wirtschaftlichen, sondern auch aus grundlegenden sozialen und gesellschaftlichen Gründen. Die Fülle der relevanten Aspekte ganzheitlich in den Griff zu bekommen, könnte man als wesentliche und zentrale Aufgabe einer **„Architektur von Informationssystemen"** betrachten. Der **Computerarchitektur** und der **Computer Netzwerk Architektur** kommt in diesem Zusammenhang große Bedeutung zu. Wesentliche Aspekte, die mit dem Architekturbegriff in Verbindung gebracht werden können, sind: **Ausfallstoleranz, Erweiterbarkeit, Leistung, pragmatischer Aspekt, Wirtschaftlichkeit.**

Die wesentliche Aufgabe eines Architekten beim Entwurf eines Bauwerkes besteht wohl darin, den eigentlichen Wunsch, aber auch die Rahmenbedingungen des Bedarfsträgers zu erarbeiten und zu konkretisieren. Darauf aufbauend hat er einen Entwurf zu erarbeiten, der technisch machbar ist, aber auch den Vorstellungen des Kunden in Bezug auf funktionelle, ästhetische und finanzielle Kriterien entspricht. Bautechnische Details muß er nicht lösen. In ähnlicher Weise ist im Sinne eines Top-down-Entwurfes bei Informationssystemen in der Architekturphase nicht auf die Fülle der realisierungstechnischen Hardware- und Softwaredetails einzugehen. Vielmehr soll ein funktionelles und strukturelles Konzept erarbeitet werden, welches technologisch durchführbar ist, gegebenfalls ausbaufähig und entsprechende andere geforderte Kriterien zu erfüllen in der Lage ist. Solche architektonische Konzepte sind als konkretisierte Aufgabenbeschreibung für die Realisierungsphase (Hardware- und Softwaretechnik) zu betrachten, welche zunehmend erforderlich werden, um ganzheitliche Aspekte moderner komplexer Informationssysteme in den Griff zu bekommen.

Auf dem Gebiete der Architektur von Computernetzen haben verschiedene Firmen und Institutionen in den 70-er Jahren überaus erfolgreiche Basisarbeit geleistet. Die Internationale Standardisierungs-Organisation ISO hat darauf aufbauend einen weit beachteten Bezugsrahmen geschaffen, der auch für die Architektur von lokalen Computernetzen richtungsweisend ist. In den nachfolgenden Kapiteln wird dieser und die zugrundeliegende Modellierungsphilosophie ausführlich dargestellt.

4.1 Protokollhierarchie: Dienste, Protokolle und Schnittstellen

Moderne Computernetze sind sehr komplexe Systeme. Um die Komplexität bewältigen zu können sind praktisch alle verfügbaren Computernetze in einem hohen Maße strukturiert. Um die Entwicklungskomplexität zu minimieren, die Handhabung übersichtlich zu gestalten, Wartung zu ermöglichen, aber auch aus anderen Gründen sind die meisten Netze als hierarchische Mehrebenensysteme aufgebaut. Die hierarchisch angeordneten Ebenen werden als Schichten oder Layers bezeichnet. Die Anzahl der Schichten, ihre Bezeichnungen und Funktionen sind in den verschiedenen existierenden Netzen nicht einheitlich. In allen Netzen ist es jedoch die wesentliche Aufgabe dieser Schichten gewisse Dienstleistungen (Dienste) für höher gelegene Schichten zur Verfügung zu stellen und eben diese höheren Schichten von Details (wie diese konkret implementiert bzw. realisiert werden) abzuschirmen. Die Schichten entsprechen also verschiedenen Abstraktionsstufen. Während man auf höheren Schichten abstrakte Vorgänge betrachtet, beschäftigen sich die niedrigeren Schichten mit deren Realisierung bis zur niedrigsten Schicht, auf der die konkrete „Handhabung" elektronischer (optischer) Signale betrachtet wird.

In jedem Computernetz sind Endgeräte über Netzknoten miteinander verbunden. Die N-te Schicht in einem Netzknoten bearbeitet die Kommunikation mit der N-ten Schicht eines Partnerknotens, wobei für die Durchführung der entsprechenden Funktionen und Dienste Instanzen (Entitäten) zuständig sind. Die Regeln und Konventionen für die Kommunikation werden zusammengefaßt als **(Schichten-) Protokoll** bezeichnet. Ein Protokoll ist gewissermaßen die logische Abstraktion des physikalischen

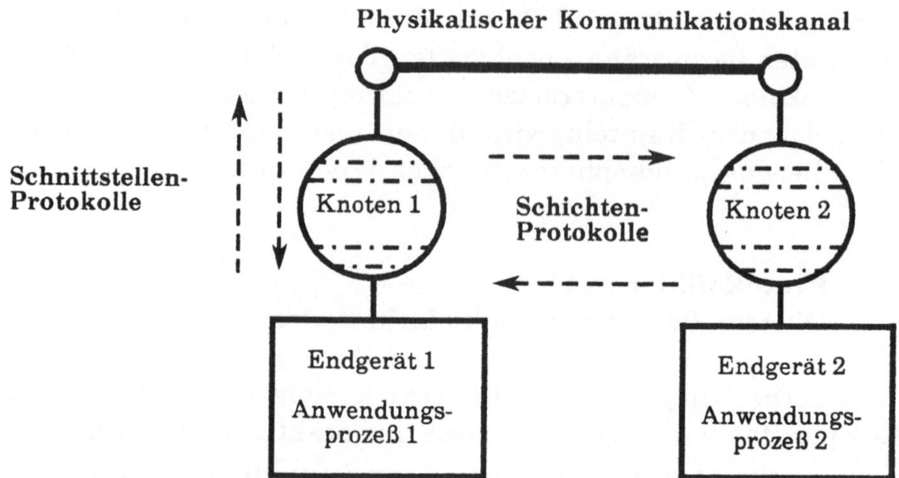

Abb. 4.1. Physikalischer Kommunikationskanal, Schichten-Protokolle, Schnittstellen-Protokolle

Vorganges bei der Kommunikation (siehe Abb. 4.1). Zwischen Instanzen zweier Schichten der Ebene N werden Daten (im physikalischen Sinne) nicht direkt ausgetauscht. Ausnahme bildet die niedrigste, die physikalische Ebene. Vielmehr geben die Instanzen jeder Ebene Daten und Steuerinformationen an die unmittelbar darunterliegende Ebene weiter, bis die unterste, die physikalische, erreicht ist. Zwischen jedem Paar benachbarter Ebenen existiert ein Interface, eine Schnittstelle. **Schnittstellen-Protokolle** regeln den geordneten Informationsaustausch über die Schnittstellen. Ein Schichten-Protokoll kann als Zusammenfassung der Regeln und Vereinbarungen der Kommunikation zwischen Instanzen gleicher Ebenen (in verschiedenen Knoten) betrachtet werden, während ein Schnittstellen-Protokoll Regeln und Vereinbarungen für die Kommunikation der Instanzen verschiedener Ebenen (in einem Knoten) zusammenfaßt. Netzwerkebenen und Protokolle bestimmen im wesentlichen die Architektur von Computernetzen.

Ein anschauliches Beispiel für das Zusammenwirken von Protokollen zum Informationsaustausch über hierarchisch strukturierte Kommunikationssysteme ist in Abb.4.2 dargestellt. Es

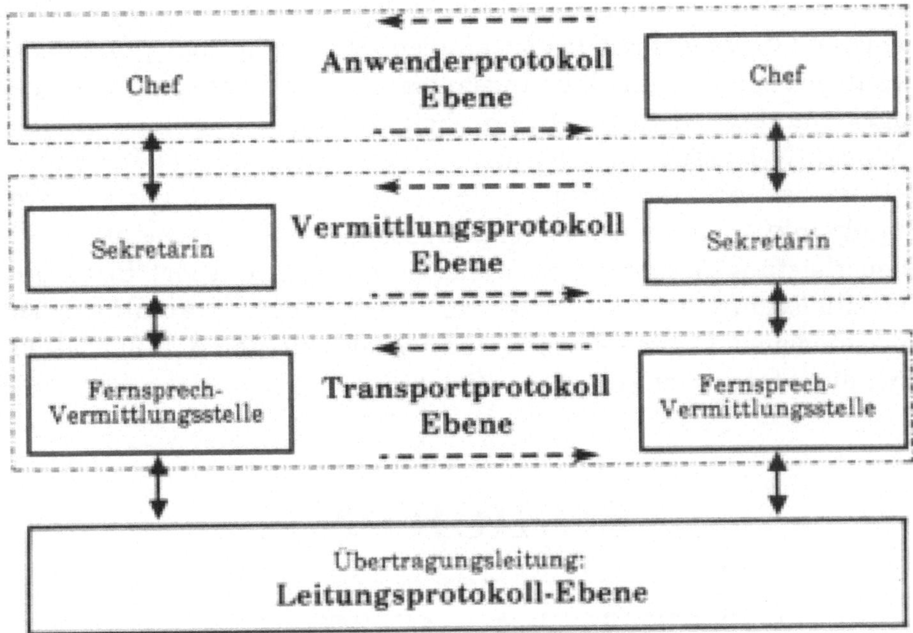

Abb. 4.2. Hierarchische Protokollebenen zur Durchführung eines Telefongespräches

beschreibt die Kommunikation zweier Teilnehmer über ein Telefonsystem. Der Auftrag eines Chefs an seine Sekretärin, eine Telefonverbindung mit einem anderen Teilnehmer (über dessen Sekretariat) herzustellen und die Verbindung erst im Erfolgsfall zu ihm durchzuschalten, ist ein Schnittstellen-Protokoll. Die Abwicklung der Verbindungsherstellung mit den bekannten Problemen ist Aufgabe der Vermittlungsprotokoll- Ebene, die durch beide Sekretariate abgewickelt wird. Abb. 4.2 zeigt auch den Weg des Nachrichtentransportes durch die einzelnen Protokollebenen (durchgezogener Pfeil). Dieses Beispiel zeigt deutlich, daß die beiden Teilnehmersysteme auf jeder Protokollebene eine eigenständige Kommunikation durchführen müssen, um schließlich den gewünschten Informationsaustausch zwischen den Chefs zu ermöglichen (Anwenderprotokoll).

Abb. 4.3 illustriert die Beziehung zwischen zwei Partner-Instanzen in einem hierarchischen Mehrebenen-Kommunikationsmodell und verdeutlicht das Zusammenwirken von Dienstleistungsbenutzern und Dienstleistungsanbietern über Dienstleistungszugriffspunkte (Service Access Points). Eine gegebene Ebene (Schicht (N-1)) stellt wohldefinierte Dienstleistungen für Instanzen der nächst höheren Ebene (Schicht N) zur Verfügung. Vom Standpunkt des Dienstleistungsbenutzers erscheint der Dienstleistungsanbieter als geographisch verteilte „Black Box". Die Dienstleistungsbenutzer, die in der Regel räumlich an verschiedenen Orten plaziert sind, benötigen keine Information über die interne Struktur dieser Black Box.

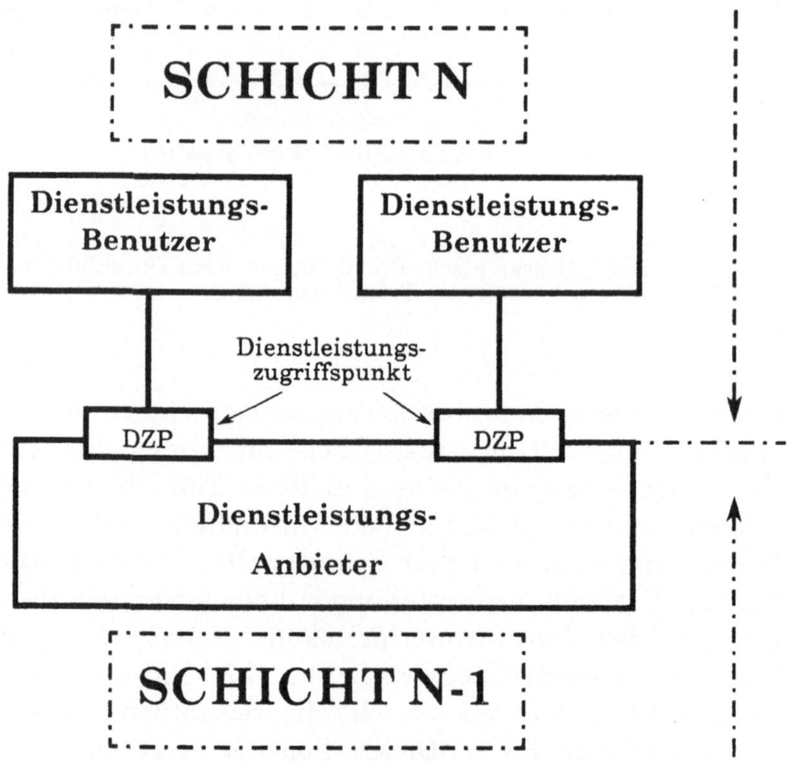

Abb. 4.3. Dienstleistungsbenutzer und Dienstleistungsanbieter

Zugriff zu Dienstleistungen erhalten Benutzer an Dienstleistungszugriffspunkten. Die Beschreibung von Dienstleistungen, wie sie an diesen Dienstleistungszugriffspunkten verfügbar sind, werden in Dienstleistungsspezifikationen festgehalten. Eine Schicht N stellt den darüber liegenden Schichten, konkret der unmittelbar darüber liegenden Schicht N + 1, Dienstleistungen zur Verfügung, indem sie auf Dienstleistungen der nächst niedrigeren Schicht (N-1) (und über diese auf die der darunterliegenden) zugreift. Dies wird in Abb. 4.4 verdeutlicht. (Ausnahme bildet die unterste Schicht.)

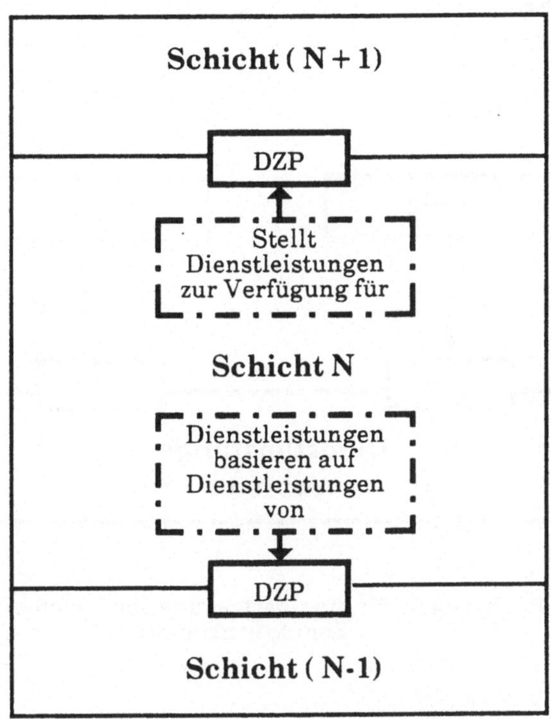

Abb. 4.4. Beziehungen zwischen den Dienstleistungen benachbarter Schichten

Die Definition der Dienstleistungen, die eine Schicht anbieten kann, erfolgt mit Hilfe von Dienstleistungsgrundelementen. Dienstleistungsgrundelemente spezifizieren die Information, die über den Dienstleistungszugriffspunkt gesendet werden muß, um diese Dienstleistung anzufordern. Eine Liste der Dienstleistungsgrundelemente, deren Parameter und eine Beschreibung ihrer Verwendung sind für die vollständige Spezifikation der Dienstleistungen, die von einer Schicht angeboten werden, erforderlich. Für die Spezifikation von Dienstleistungen werden im ISO Referenzmodell (siehe Kapitel 4.2) vier Typen von Dienstleistungsgrundelementen unterschieden:

REQUEST
INDICATION
RESPONSE
CONFIRMATION

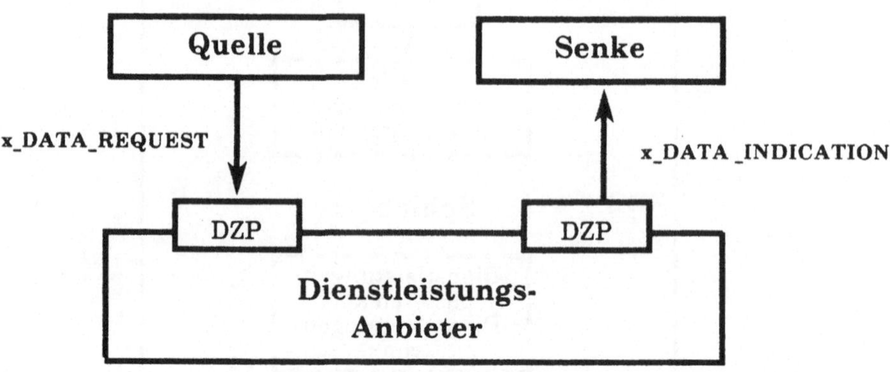

Abb. 4.5. Beispiele für die Übertragung von Daten zwischen zwei Benutzerinstanzen

Durch einen REQUEST wird von einem Dienstleistungsbenutzer eine Dienstleistung angefordert. Eine INDICATION wird von einem Dienstleistungsanbieter ausgegeben, um entweder eine Aktion anzufordern oder um anzuzeigen, daß von einem Dienstleistungsbenutzer eine Dienstleistung angefordert wurde. Ein RESPONSE wird von einem Dienstleistungsbenutzer an einen Dienstleistungszugriffspunkt übermittelt, um eine dort eingeleitete

Aktivität zu beenden. Durch ein CONFIRMATION wird schließlich einem Dienstleistungsbenutzer, der mit einem REQUEST eine Dienstleistung angefordert hat, die Beendigung vom Dienstleistungsanbieter angezeigt.

Als Beispiel (siehe Abb. 4.5) sei eine Anforderung einer Partner-Instanz (Dienstleistungsbenutzer) an eine Ebene x (Dienstleistungsanbieter) angegeben, Daten an eine andere Partner-Instanz im Netz zu übermitteln:

x_DATA_REQUEST (Destination address, data)
(x steht für die entsprechende Ebene)

Die Übertragung von Daten durch die entsprechende Ebene (als Dienstleistungsanbieter) zur Ziel-Partner-Instanz (Senke) im Netz kann durch folgendes Dienstleistungsgrundelement beschrieben werden:

x_DATA_INDICATION (Source address, data)

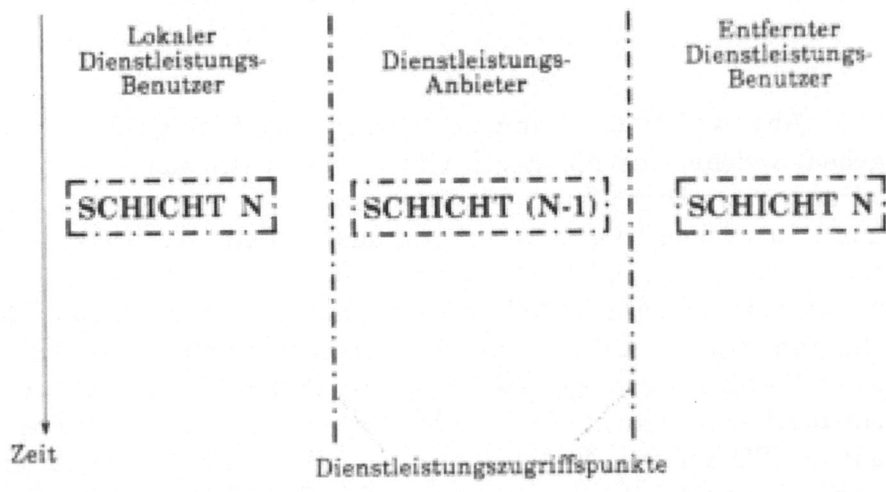

Abb. 4.6. Signal-Zeit-Diagramm zur Darstellung des zeitlichen Ablaufes von Protokollen mit Hilfe der Dienstleistungsgrundelemente

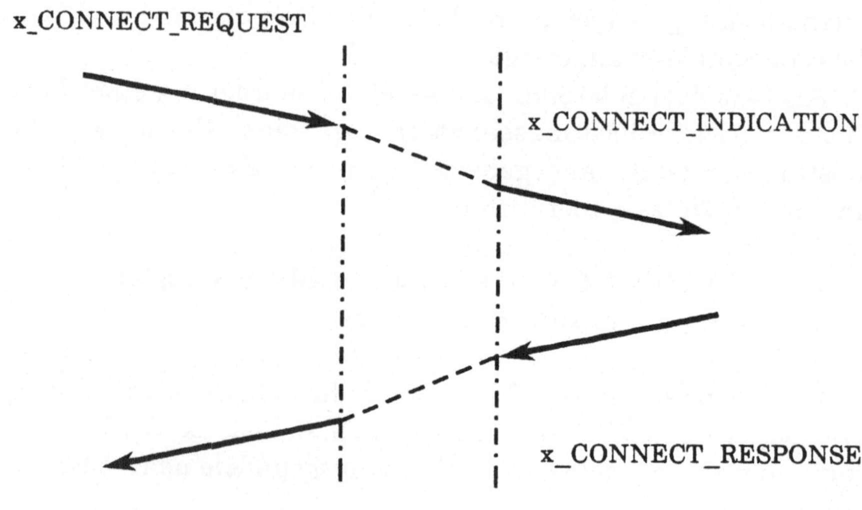

Abb. 4.7. Erfolgreicher Verbindungsaufbau

In Abb. 4.6 ist ein Rahmen für Signal-Zeit-Diagramme angegeben, welcher für die Beschreibung des zeitlichen Zusammenwirkens von Dienstleistungsgrundelementen verwendet werden kann. In solchen Diagrammen wird das zeitliche Wechselspiel der Dienstleistungsgrundelemente an den Dienstleistungszugriffspunkten dargestellt. In Abb. 4.7 ist anhand so eines Signal-Zeit-Diagrammes der Ablauf eines Schichten-Protokolles zum Aufbau einer Verbindung dargestellt. Das x ist Platzhaltersymbol für die entsprechende Schicht (T würde für Transport, L für Link in bezug auf das ISO Referenz Modell stehen etc.). Die Anforderung für eine Verbindung erfolgt mit Hilfe eines x_CONNECT_REQUEST. Diese Anforderung wird über den x-Dienstleistungszugriffspunkt übernommen. Das darunterliegende Netz (d.h. alle Einrichtungen der darunterliegenden Schichten) verarbeitet und übermittelt diese Anforderung, welche über den durch die Adressinformation festgelegten x-Dienstleistungspunkt des Verbindungszieles in Form einer x_CONNECT_INDICATION übergeben wird. Die Gegenseite akzeptiert diese Verbindung mittels eines x__CONNECT RESPONSE, welcher schließlich an die anfordernde Schicht in Form eines x_CONNECT_CONFIRM bestätigt wird. Der Austausch der Daten erfolgt nach einem ähnlichen Mechanismus mittels x DATA_REQUEST und x_DATA__INDICATION. Zum Abbau der Verbindung bedient man sich der Dienstleistungsgrundelemente vom Typ x_DISCONNECT.

Eine CONFIRMATION ist immer das Ergebnis eines RESPONSE von einem entfernten Dienstleistungsbenutzer. Die Störung eines Dienstleistungsanbieters, z.B. wenn es nicht gelingt, eine Dienstleistung (wie etwa die Herstellung eines Verbindungsaufbaues) anzubieten, wird durch eine INDICATION angezeigt (siehe Abb. 4.8).

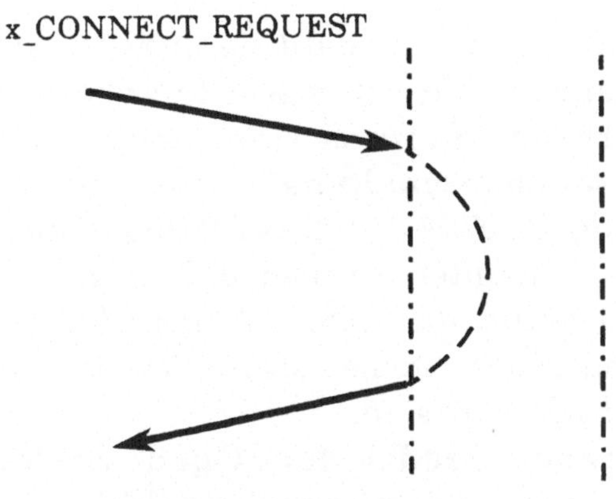

Abb. 4.8. Gescheiterter Verbindungsaufbau

Daten, die zwischen gleichgestellten Instanzen der Ebene N ausgetauscht werden, können in verschiedene Typen von Dateneinheiten gegliedert werden:

- Die **(N)-Protokoll-Steuer-Informationen** ((N)-PCI, (N)-Protocol Control Information) beinhalten Informationen, die für die gemeinsame Erbringung einer Dienstleistung erforderlich sind.

- **(N)-Benutzer-Daten-Einheiten** ((N)-PDU, (N)-Protocol Data Unit) sind die Dateneinheiten, die zwischen zwei Ebenen (N)-Instanzen zugunsten der (N+1)-Instanzen übermittelt werden.
- **(N)-Protokoll-Daten-Einheiten** (N)-PDU, (N)-Protocol Data Unit) bilden eine Einheit aus (N)-Protokoll-Steuer-Information und möglicherweise (N)-Benützer-Daten. Diese (N)-Protokoll-Daten-Einheiten werden über einen Dienstleistungszugriffspunkt der untergeordneten Ebene übergeben, wo sie als (N-1)-Benutzer Dateneinheit behandelt werden.

4.2 Das 7-Schichtenmodell der ISO

1977 wurde von der Internationalen Standardisierungs-Organisation (ISO) der Bedarf an Standards für heterogene Informationsnetze als besonders wichtig erkannt. Es wurde ein Unterausschuß für die **„offene Systemzusammenschaltung"** (Open System Interconnection) eingesetzt (ISO/TC97/SC16). Das Attribut "offen" wurde gewählt, um das Faktum zu unterstreichen, daß ein System durch die Anpassung an so einen Standard offen ist, das heißt, der Kommunikation für alle anderen Systeme zugänglich ist, die ebenfalls an so einen Standard angepaßt sind.

Es entstand das **"Reference Model for Open System Interconnection"** als Architekturmodell offener Netze (ISO 1982). Dieses ist geeignet, den Kommunikationsvorgang zwischen autonomen Systemen zu beschreiben. Es bietet einen Rahmen für die funktionelle Beschreibung des externen Verhaltens von Kommunikationssystemen, unabhängig von deren innerer Struktur oder deren technologischer Realisierung. Die Zielsetzung liegt darin, die Vielzahl möglicher Architekturen und Protokolle einzuengen und so voneinander abzugrenzen, daß an verschiedenen Stellen von verschiedenen Firmen konkrete Protokolle und Dienste erarbeitet werden können, die ein Zusammenwirken zu einem funktionsfähigen harmonischen Ganzen ermöglichen. Das ISO-OSI Referenzmodell enthält keine Vorschriften, wie Systeme, die sich an der Kommunikation beteiligen wollen, auszusehen haben bzw.

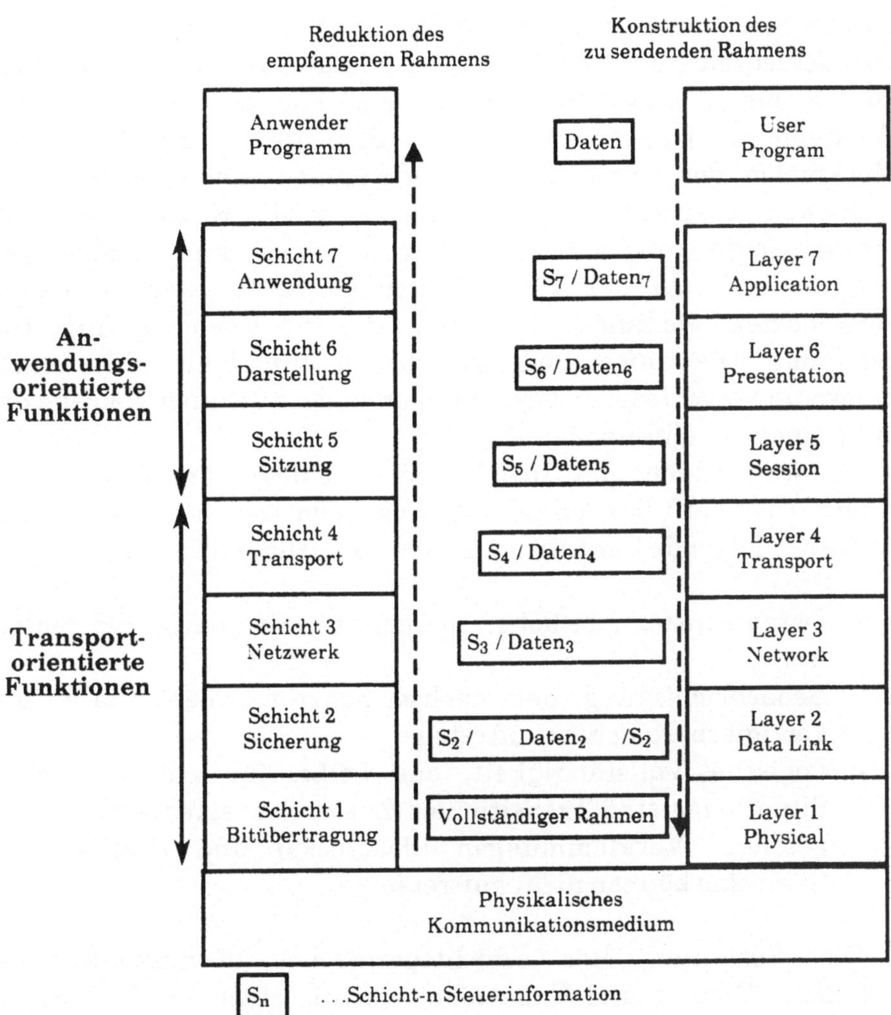

Abb. 4.9. Das ISO Open System Interconnection Reference Model (ISO 7-Schichtenmodell)

aufzubauen sind. Bezüglich der verwendeten Rechnerarchitekturen, Betriebssysteme und Programmiersprachen werden keine Einschränkungen vorgenommen.

Dieses Referenzmodell, welches in Abb.4.9 dargestellt ist, zerlegt die Welt der Telekommunikation in sieben hierarchisch angeordnete Ebenen und wird daher auch als ISO 7-Schichtenmodell bezeichnet. Es definiert die Dienste und Funktionen jeder Ebene und beschreibt das Zusammenwirken der Ebenen durch Protokolle. Den Schichten 1 bis 4 sind transportorientierte Funktionen, denen von 5 bis 7 anwendungsorientierte Funktionen zugeordnet. Während die transportorientierten Schichten 1 bis 3 von den Merkmalen der verwendeten Übertragungs- und Vermittlungstechniken (Trägermedium) abhängen, sind die Kommunikationsfunktionen der anwendungsorientierten Schichten problembezogen und damit weniger durch Eigenheiten des für die Kommunikation verwendeten Mediums, als durch die zu lösenden Aufgaben bestimmt. Die anwendungsorientierten Protokolle sind damit innerhalb verschiedener Umgebungen (z.B. in lokalen Netzen oder in Fernnetzen) einsetzbar.

Für jede Schicht des Modelles sind Schichtenprotokolle spezifiziert. Diese erfüllen unabhängig von den schichtenspezifischen Aufgaben folgende Funktionen und Anforderungen:

- Datentransfer mit hoher Integrität (vollständig und fehlerfrei)
- Benachrichtigung der nächst höheren Ebene, falls unkorrigierbare Fehler auftreten
- Logische Vollständigkeit, das heißt, für alle möglichen Situationen sind Transitionen (Zustandsüberführungen) vorgesehen, Verklemmungen (deadlocks) und Oszillationen (lifelocks) können nicht auftreten

Die Verteilung der schichtspezifischen Kommunikationsaufgaben, Dienste und Funktionen auf die einzelnen Ebenen ist durch das 7-Schichtenmodell wie folgt festgelegt:

Schicht 7 - Anwendung (Application-Layer): Sie stellt die Schnittstelle zu den kommunizierenden Anwenderprogrammen dar. In dieser Schicht wird festgelegt, wie zwei Kommunikationspartner zur Lösung einer Aufgabe zusammenarbeiten. Für die Anwendungsprogramme werden folgende Dienste angeboten: Identifizierung der Kommunikationspartner, Verfügbarkeitsbestimmung, Autorisierung, Gültigkeitsprüfung, Zuteilung von

Kosten, Einigung über verfügbare Ressourcen, Synchronisation der Anwendungen, und andere.

Zwei Kategorien von Dienstleistungselementen werden unterschieden: Common Application Service Elements (CASE's) und Specific Application Service Elements (SASE's). Common Application Service Elements sind unabhängig von speziellen Anwendungen für den Informationsaustausch erforderliche Grundfunktionen (Beziehung zwischen zwei Anwendungsprozessen herstellen bzw. abbauen, etc.). Specific Application Service Elements stellen Funktionen für spezielle Informationsdienste zur Verfügung (Filetransfer, Zugriff zu Datenbanken, Jobtransfer, etc.).

Schicht 6 - Darstellung (Presentation Layer): Auf dieser Ebene werden die Daten für die und von der Anwendungsebene interpretiert. Die wesentliche Aufgabe liegt in der Umwandlung von Codes und Formaten. In dieser Schicht wird eine neutrale Form der Daten erzeugt, sodaß sie auch für Systeme von verschiedenen Herstellern interpretiert werden können. Der Anwendungsebene werden folgende Dienste angeboten: Daten-Syntax umsetzen, Datenformatierung, Auswahl einer Syntax, etc.

Schicht 5 - Sitzung, Kommunikationssteuerung (Session Layer): Diese Schicht koordiniert die Aufnahme, Durchführung und Beendigung einer Sitzung. Der Darstellungsebene werden folgende Dienste angeboten: Errichten einer Sitzungsverbindung, Auflösen einer Sitzungsverbindung, Dialogsteuerung, Synchronisieren der Sitzungsverbindung.

Schicht 4 - Transport (Transport Layer): Die Transportschicht errichtet, steuert und beendet eine Transportverbindung. Als solche wird eine gedachte Ende-zu-Ende-Verbindung zwischen Kommunikationspartnern bezeichnet.

Schicht 3 - Netzwerk, Vermittlung (Network Layer): Diese Ebene sorgt für den optimalen Transport innerhalb eines Netzes nach vermittlungstechnischen Gesichtspunkten. Für die Transportebene werden folgende Dienste angeboten: Verbindungsaufbau zwischen zwei Netzknoten, Flußkontrolle, Übertragung von Network-Service-Data-Units, Empfangsbestätigung für bestimmte

Dateneinheiten. Folgende Funktionen werden unter anderem ausgeführt: Vermittlung, Verbindungsauf- und -abbau, Adressierung sowie transparenter Datentransport zwischen Netzknoten. Als wohl bekanntes Beispiel für ein Netzwerkprotokoll kann die CCITT-Empfehlung X.25 angeführt werden, welche insbesondere von den europäischen Postverwaltungen als Basis für die Einführung von Datenpaketnetzen im Fernbereich verwendet wird.

Schicht 2 - Sicherung, Logische Verbindung (Data Link Layer): Die Sicherungsebene sorgt für eine funktionierende Verbindung von Netzanschlüssen. Sicherung bezieht sich auf die Sicherung der Datenverbindung auf der Leitung gegen Störungen (Leitungssicherung). Sie stellt einen definierten Rahmen für den Datentransport zur Verfügung und ermöglicht die Synchronisierung sowie die Fehlererkennung und Fehlerbehandlung des Datenstromes. Bei lokalen Netzen ist diese Ebene von zentraler Bedeutung, da sie auch den Zugriff zum Medium verwaltet. Typische Protokolle für diese Ebene sind HDLC, SDLC, BSC, Ethernet etc.

Schicht 1 - Bitübertragung, Physikalische Anpassung (Physical Layer): Diese Ebene legt die elektrischen, mechanischen, funktionellen und prozeduralen Aspekte für die physikalische Verbindung fest. Standards für diese Ebene exisitiern bereits seit langer Zeit: V.24, V.28, V.35, X.21 sind die wohl bekanntesten. Auf der Bitübertragungsebene werden die übertragungstechnischen Aspekte der für die Übertragung verwendeten Medien berücksichtigt (Codierung, Impulsformung, Modulation).

Das ISO-Referenzmodell ist das wesentliche Werkzeug von ISO-TC97 für die Organisation von Standardisierungsaktivitäten für die offene Kommunikation zwischen Anwendungsprozessen. Es ist die akzeptierte Grundlage für alle Normungsvorhaben im Bereich offener Kommunikationsnetze. Darüber hinaus können mit seiner Begriffswelt auch die Produkte und Konzepte im Bereich der Herstellernetze klar und übersichtlich dargestellt und deren Funktionen lokalisiert werden. Als Trend ist inzwischen zu erkennen, daß sich die verschiedenen Herstellernetze mehr und mehr dem ISO Referenzmodell nähern.

4.3 Kopplung von Netzen

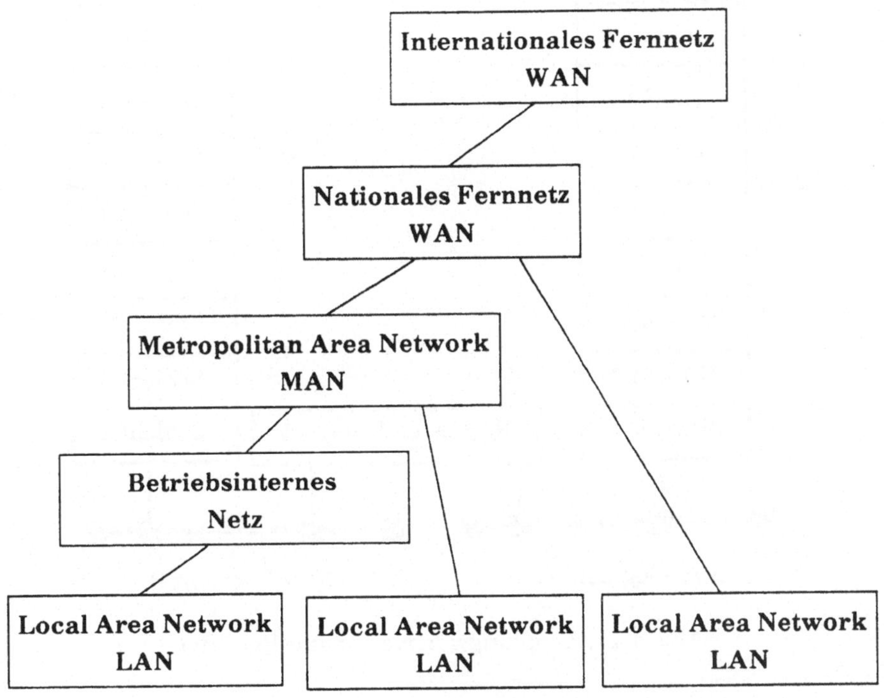

Abb. 4.10. Kopplung von Netzen - Netzhierachie

Aus verschiedenen Gründen besteht ein Bedarf für die Zusammenschaltung von Netzen. In bestimmten Anwendungsfällen werden die Ausdehnungsmöglichkeiten eines LAN nicht ausreichen, um alle gewünschten Partner miteinander zu koppeln. Andererseits ist es auch erforderlich, verschiedene LANs untereinander bzw. über Fernnetze zu verbinden. Sowohl gleichartige als auch grundsätzlich verschiedene Netze müssen also verbindbar sein. Bei so einer Vernetzung ergeben sich wieder hierarchische

Strukturen: Lokale Netze (LANs) werden über Metropolitan Area Networks (MANs - das sind Netze, die z.B. die Teilnehmer eines städtischen Großraumes verbinden) und diese wiederum über Fernnetze (Wide Area Networks - WANs) vernetzt. Nationale Fernnetze werden wiederum zu internationalen Netzen vermascht (Abb. 4.10).

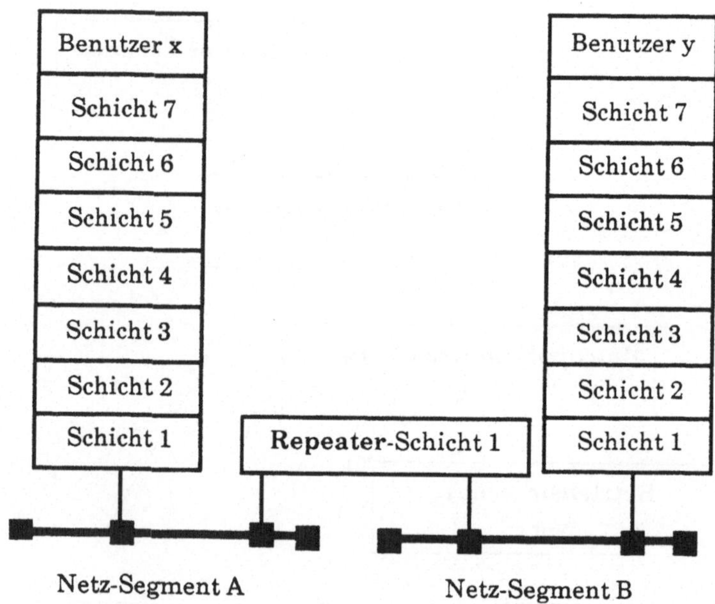

Abb. 4.11. Kopplung von Netzen mit Repeater

Die Zusammenschaltung von Netzen kann auf verschiedenen Ebenen vorgenommen werden. Dementsprechend bieten sich verschiedene Möglichkeiten an: Repeater, Bridge, Router, Gateway.

Ein **Repeater** ist ein transparentes Gerät für die Verbindung von Segmenten eines erweiterten Netzes auf der Bitübertragungsebene. Daraus folgt, daß nur gleichartige Netze mit identischer Bitübertragungsebene miteinander über Repeater verbunden werden können. Die architektonische Eingliederung eines Repeaters ist in Abb. 4.11 dargestellt.

Eine **Bridge** ermöglicht die Verbindung von Netzen mit unterschiedlichen Bitübertragungsebenen auf der Sicherungsebene. Die

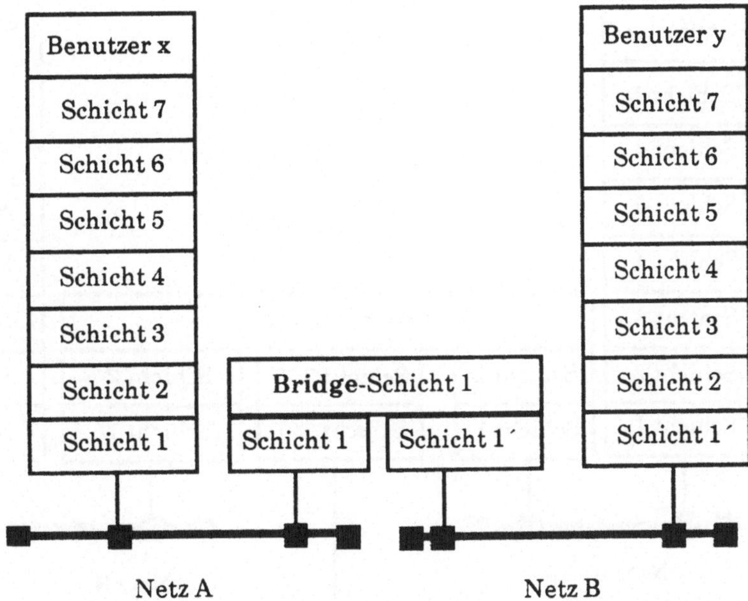

Abb. 4.12. Kopplung von Netzen mit einer Bridge

beiden Netze müssen über konsistente Adressierungsschemata und Rahmengrößen verfügen (siehe Abb. 4.12). Mit Hilfe einer Bridge können z.B. verschiedene Übertragungsmedien (Glasfaser, Koaxialkabel) über ein gleiches Sicherungsprotokoll (z.B. Ethernet) verkoppelt werden.

Ein **Router** (oder Intermediate System) ermöglicht die Vernetzung von zwei oder mehreren Netzen mit verschiedenen Bitübertragungs- und Sicherungsebenen über eine Netzwerkebene (Abb. 4.13).

Ein **Gateway** ermöglicht schließlich die Verbindung verschiedener Netze mit unterschiedlicher Architektur. Es führt also Protokollkonversionen durch und kann (bzw. muß) alle Ebenen umfassen. Die Architektur eines Gateways ist abhängig von den zu verbindenden Netzen. Gateways können eingesetzt werden, um OSI-Netze mit speziellen Herstellernetzen oder verschiedene Herstellernetze untereinander zu verbinden (siehe Abb. 4.14).

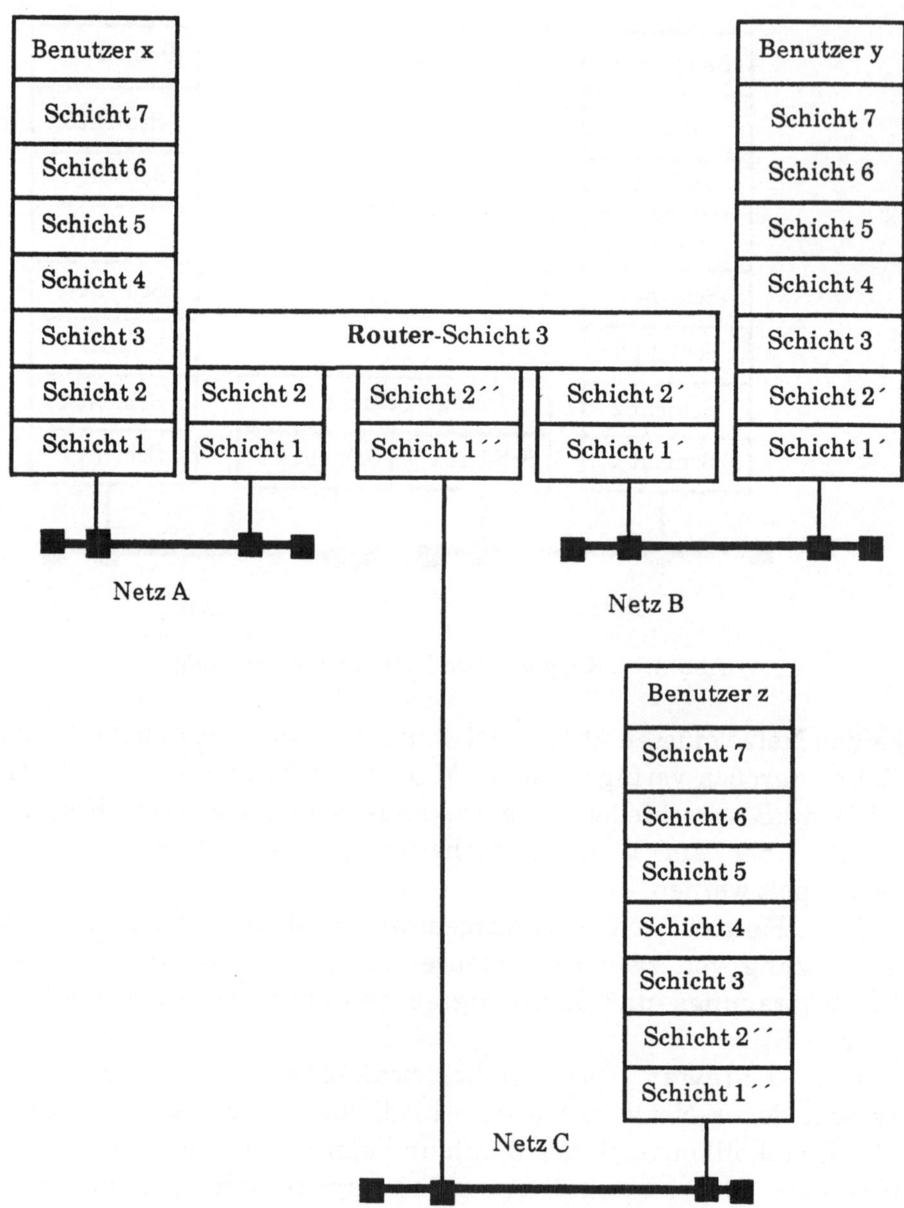

Abb. 4.13. Kopplung von Netzen mit Router

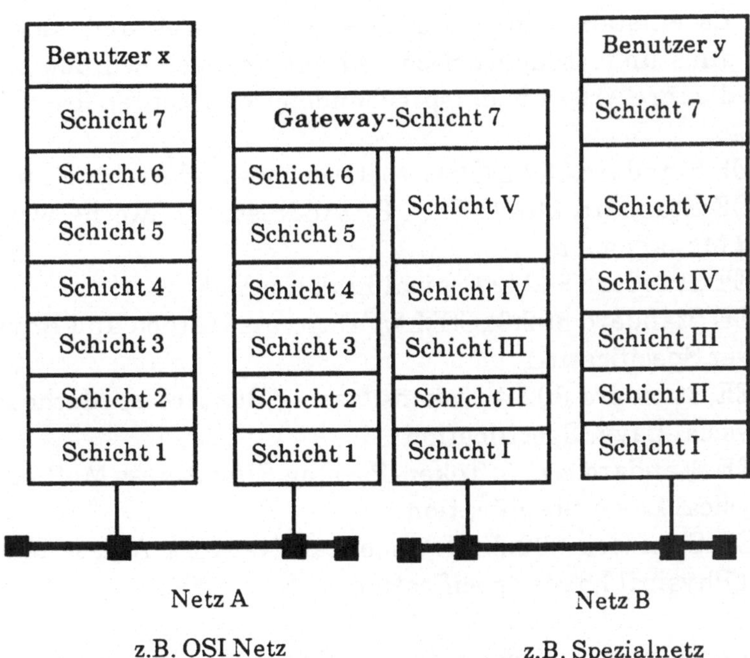

Abb. 4.14. Gateway für die Kopplung unterschiedlicher Netze

4.4 IEEE 802-Referenzmodelle

Im Februar 1980 wurde von der IEEE ein Standardisierungsprojekt für lokale Computernetze gestartet: IEEE Projekt 802. Es war beabsichtigt, die unteren beiden Ebenen des ISO-7-Schichtenmodelles festzulegen. Das ursprüngliche Ziel, innerhalb von sechs Monaten einen einzigen Standard vorzulegen, konnte weder zeitlich noch inhaltlich erreicht werden. Trotzdem hat dieses Projekt große Beachtung erreicht. Neben lokalen Computernetzen umfaßt es auch „Metropolitan Area Networks" (MANs), das sind Netze, die für eine größere geographische Ausbreitung etwa im Umfang einiger Wohnblocks bis zu einer ganzen Stadt gedacht sind.

Vier Typen von Mediumszugriffstechnologien werden umfaßt, die für mehrere alternative physikalische Medien festgelegt wurden. Es entstand eine Familie von Standards und nicht ein einziger alles umfassender. Sechs Arbeitsgruppen wurden hierzu gebildet, die ihre Arbeit in entsprechenden Dokumenten festhalten:

- IEEE Standard 802.1 (Part A): Overview and Architecture
- IEEE Standard 802.1 (Part B): Addressing, Internetworking and Management
- IEEE Standard 802.2: Logical Link Control
- IEEE Standard 802.3: CSMA/CD Access Method and Physical Layer Specification
- IEEE Standard 802.4: Token-Passing Bus Access Method and Physical Layer Specification
- IEEE Standard 802.5: Token-Passing Ring Access Method and Physical Layer Specification
- IEEE Standard 802.6: Metropolitan Network Access Method and Physical Layer Specification

Die Beziehungen zwischen diesen Standards sind in Abb. 4.15 dargestellt (IEEE 1983). Daraus ist ersichtlich, daß „Logical Link Control" und „Internetworking" für alle vier Mediumzugriffsverfahren einheitlich sind. In bezug auf das ISO- 7- Schichtenmodell werden durch die IEEE 802 Standards nur die beiden untersten Ebenen abgedeckt (siehe Abb. 4.16) (IEEE 1983). Die höheren Ebenen werden nur soweit erfaßt, wie sie für das Zusammenschalten von Netzen - Internetworking - erforderlich sind. Die Medium-Zugriffsebene (Medium Access Control Sublayer - MAC) ist zwischen der Physikalischen Ebene (Bitübertragungsebene) und der Logischen Verbindungsebene (Sicherungsebene - Logical Link Control Sublayer - LLC) eingebaut. Ihr kommt bei lokalen Netzen eine große Bedeutung zu, da bei diesen Netzen in den meisten Systemen das Kommunikationsmedium eine "Shared Resource" ist. Für Punkt zu Punkt Verbindungen kann auf die MAC-Ebene verzichtet werden.

Um für mehrere höhere Ebenen Kommunikationsdienste bereitstellen zu können, sind im IEEE 802 Architektur Referenz Modell mehrere Dienstleistungszugriffspunkte vorgesehen (Service Access Points - SAPs). Die LSAPs (Logical Link Service Access Points)

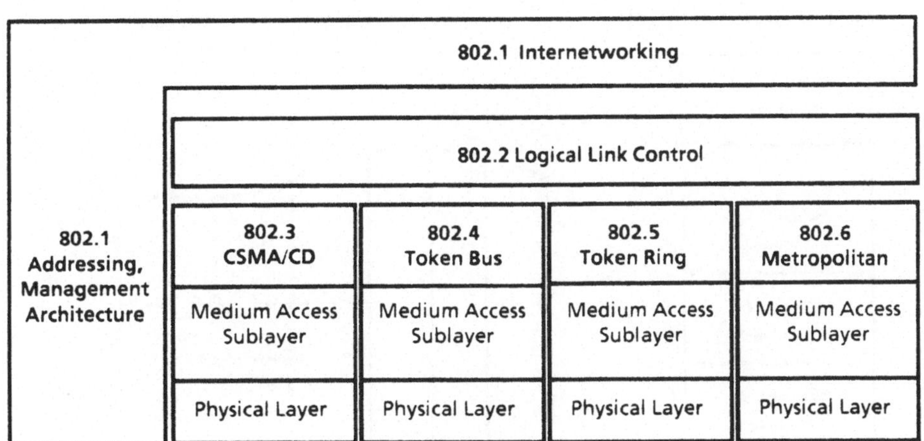

Abb. 4.15. Die Familie der IEEE 802-Standards

stellen Schnittstellenpunkte für LLC-Dienstleistungsbenutzer (A, B und C aus Abb. 4.16) sowie für mehrere Internetzwerk-Dienstleistungszugriffspunkte NSAPs (für Benutzer D, E und F aus Abb. 4.16) dar. Der MSAP (Medium Service Access Point) stellt die Schnittstelle zwischen LLC und MAC dar und der PSAP (Physical Service Access Point) bietet der Medium-Zugriffsebene Zugang zur physikalischen Ebene. Das IEEE 802-Architektur-Referenzmodell ist in erster Linie funktionsbezogen und bezieht sich nicht auf technologische Aspekte, die für eine gerätetechnische Implementierung bzw. Realisierung von Bedeutung sind. Diese werden in einem Implementierungs-Referenzmodell erfaßt. In Abb. 4.17 ist beispielhaft das Implementierungs-Referenzmodell für das von IEEE standardisierte CSMA/CD-Mediumzugriffsverfahren angegeben. Aus diesem Modell kann man gewissermaßen blockschaltbildmäßig die wesentlichen technologischen Einheiten erkennen, die für den gerätetechnischen Aufbau erforderlich sind.

In der IEEE 802 LAN-Standard-Familie werden auf der LLC Ebene zwei Typen von Link-Diensten unterschieden (IEEE 1982):

- **verbindungslose Dienste (Type 1) und**
- **verbindungsorientierte Dienste (Type 2)**

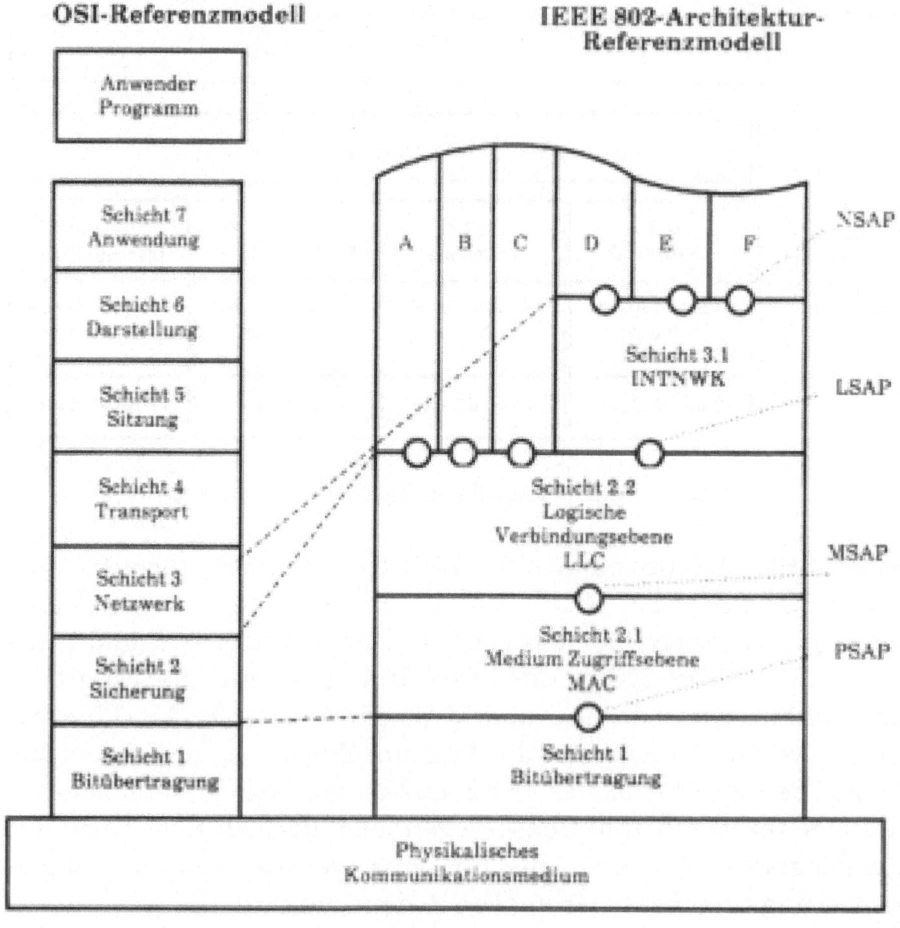

Abb. 4.16. ISO-OSI-Referenzmodell und IEEE 802-Architektur-Referenzmodell

Bei verbindungslosen Diensten werden Protokoll-Dateneinheiten zwischen LLC-Instanzen ausgetauscht, ohne vorher eine logische Verbindung zwischen diesen aufzubauen. Diese LLC-Protokoll-Dateneinheiten werden nicht quittiert, und es gibt auch keine Flußsteuerungs- oder Fehlerbehebungs-Prozeduren. Bei verbindungsorientierten Diensten wird vor dem Austausch von

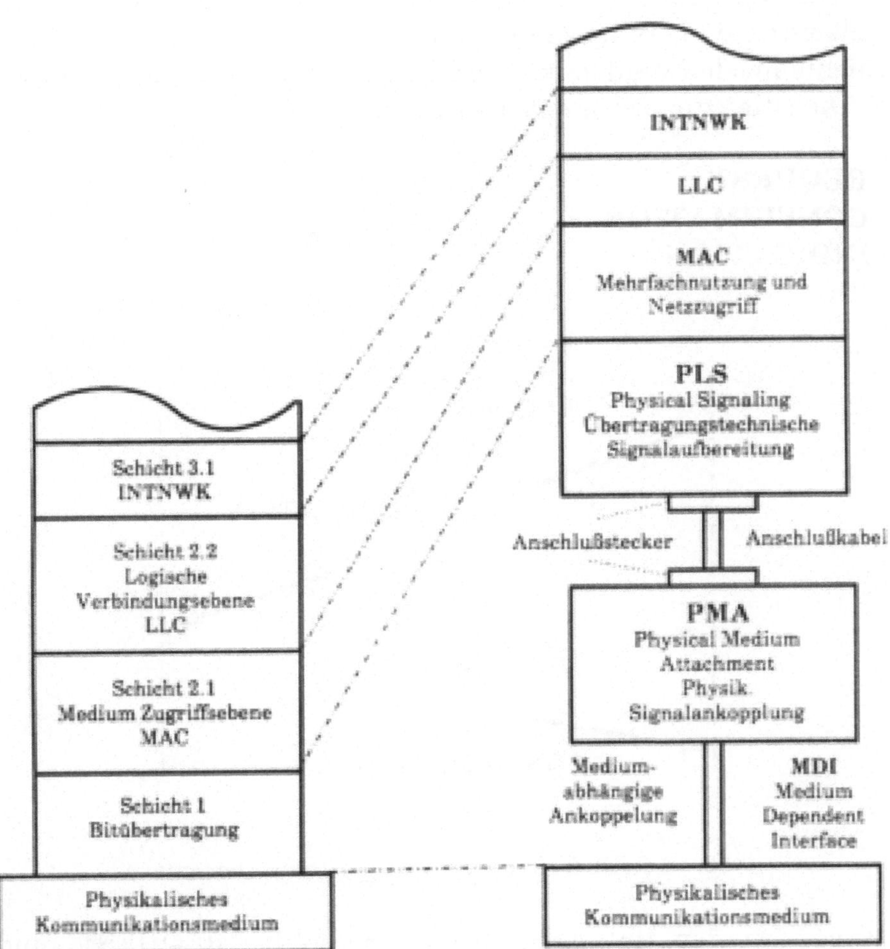

Abb. 4.17. Implementierungs - Referenzmodell für IEEE 802.3 und dessen Beziehung zum Architektur - Referenzmodell

Informationen zwischen LLC-Instanzen eine logische Verbindung aufgebaut. Der Austausch von Informationen erfolgt in drei Phasen:

- Aufbau der Verbindung
- Informationsübertragung
- Abbau der Verbindung

In der Informationsübertragungsphase werden Informationsrahmen hintereinander übertragen, wobei Fehlerbehandlung und Flußkontrolle bereitgestellt werden. Anders als im ISO-7-Schichtenmodell werden für IEEE 802 nur drei verschiedene Typen von Dienstleistungsgrundelementen verwendet.

REQUEST
CONFIRMATION
INDICATION

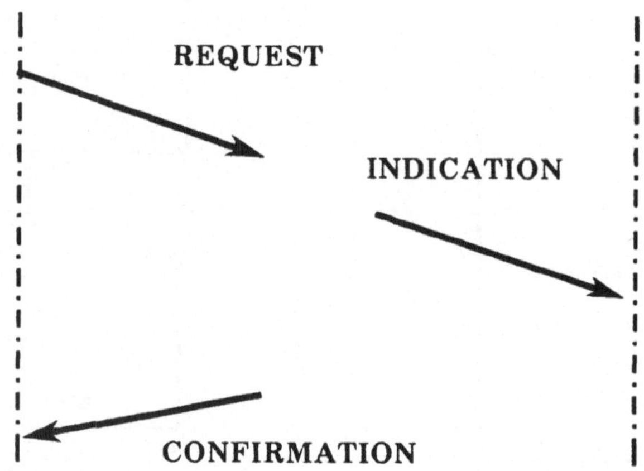

Abb. 4.18. IEEE 802 Dienstleistungsgrundelemente

Diese werden in Abb. 4.18 dargestellt. REQUEST und INDICATION haben die gleiche Bedeutung wie im ISO-Modell. Es wird jedoch kein RESPONSE verwendet, und die CONFIRMATION ist nur als Dienstleistungsanbieter-Bestätigung festgelegt. Eine angebotene Dienstleistung, die durch ein IEEE 802-Protokoll angeboten wird, bedarf für eine CONFIRMATION nicht einer Aktion (RESPONSE) eines anderen Dienstleistungsbenützers. Das Arbeitsprinzip der verbindungsorientierten Dienste basiert auf einem Pipeline-Verfahren von einem Dienstleistungszugriffspunkt zu einem anderen, wobei als garantiert angenommen wird, daß gesendete Rahmen am anderen Dienstleistungszugriffspunkt ohne Gefahr von Verlust, Duplizierung, Zerstörung oder Verschachtelung ankommen. Daher sind RESPONSE Dienstleistungsgrundelemente nicht vorgesehen. Es wird jedoch nicht garantiert, daß die gesendeten Rahmen auch angenommen werden. IEEE 802 - CONFIRMATION zeigt an, ob der Dienstleistungsanbieter die Dienstleistung angeboten hat oder nicht. Für eine erfolgreiche Kommunikation ist natürlich Information über Aktionen bzw. den Status von Kommunikationspartnern erforderlich. In IEEE 802-Protokollen wird diese Information wie andere (Nutz-) Informationen (Benutzer-Dateneinheiten) auch behandelt.

Die IEEE 802-Dienstleistungsgrundelemente stellen eine Teilmenge der ISO-Dienstleistungsgrundelemente dar. Da es notwendig bzw. wünschenswert ist, ISO-Protokolle über IEEE 802 Protokolle zu betreiben, ist es wichtig zu klären, wie diese zusammenwirken können. In Abb. 4.19 ist beispielhaft eine Möglichkeit dargestellt. In diesem Beispiel sind die ISO Grundelemente mit Großbuchstaben und die IEEE 802 Grundelemente mit Kleinbuchstaben dargestellt. Die ISO RESPONSE-CONFIRMATION-Kombination wird vom IEEE 802-Dienstleistungsanbieter als Benutzer-Dateneinheit behandelt.

Für die detaillierte Spezifikation und Beschreibung von Protokollen sind formale Konzepte nützlich und erforderlich, um angesichts der Komplexität eine eindeutige Spezifikation zu erhalten. Es gibt eine Reihe sehr leistungsfähiger Ansätze. Eine gute Übersicht zu diesen vermitteln Merlin 1979 und Rudin 1985. Hier möchte ich nicht näher auf solche Ansätze und Methoden eingehen, da der Rahmen dieser Arbeit dadurch gesprengt werden würde. Eine gute Übersicht zu den Arbeiten der Standardisierungsorganisationen in bezug auf formale Beschreibungsmethoden bietet Dickson 1983. Sicherlich gibt es theoretische Ansätze, die in verschiedener Hinsicht optimaler sind als jene, die in den Standardorganisationen vorgeschlagen und erarbeitet werden. Letztere zeichnen sich jedoch dadurch aus, daß man sie als „dem Stand der Technik" entsprechend betrachten kann.

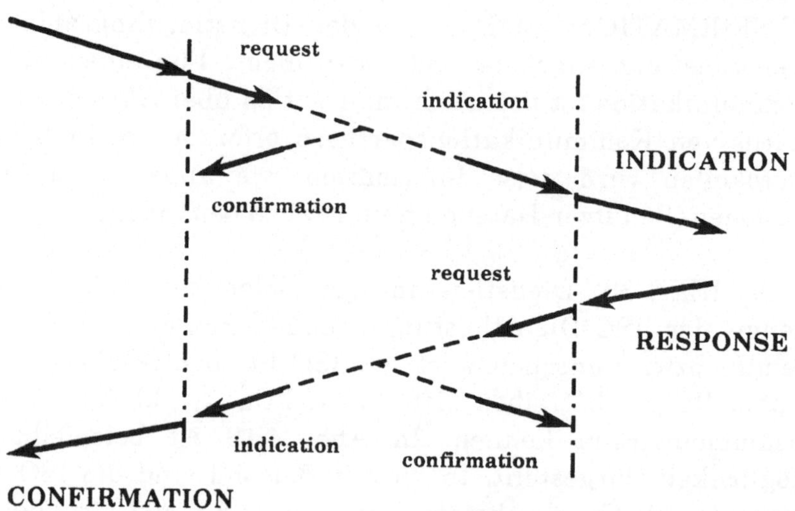

Abb. 4.19. Zusammenwirken von ISO-und IEEE 802-Dienstleistungs-grundelementen

5. Übermittlungstechnik in lokalen Computernetzen

Die Datenübermittlung bildet die technische Grundlage für die Übertragung von Daten zwischen Endgeräten, in denen die kommunizierenden Anwendungsprozesse ablaufen. Die Datenübermittlung umfaßt die Problembereiche Vermittlungstechnik, Übertragungstechnik sowie Netzzugriff und realisiert in einem Netz die Funktionalität entsprechend den Schichten 1- 3 des ISO 7-Schichtenmodelles. Moderne lokale Computernetze arbeiten auf dem Paketvermittlungsprinzip. In bezug auf die Übertragungstechnik findet praktisch das gesamte Spektrum der verfügbaren Techniken Anwendung.

In diesem Kapitel werden die übermittlungstechnischen Grundlagen, wie sie für lokale Computernetze von Bedeutung sind, behandelt. Die Übertragungsmechanismen und Besonderheiten der wichtigsten physikalischen Kommunikationsmedien werden modellhaft besprochen, um eine Beurteilung ihrer übertragungstechnischen Qualitäts- und Leistungsmerkmale zu ermöglichen. Leitlinie, Bezugrahmen bildet das vom IEEE 802 Projekt erarbeitete Implementierungs-Referenzmodell.

5.1 Physikalische Kommunikationsmedien

Eine zentrale Entwurfsentscheidung für ein Kommunikationssystem ist die über das zu wählende Übertragungsmedium (Kommunikationsmedium). Physikalische Übertragungsmedien (physikalische Übertragungswege) bilden die Grundvoraussetzung für jedes Kommunikationssystem. Mit ihrer Hilfe werden analoge oder digitale Signale ausgetauscht. Für die Übertragung von Datensignalen sind grundsätzlich die gleichen Übertragungswege anwendbar wie für die Übertragung von Sprach-, Graphik- und

Bildsignalen: öffentliche Netze, Kabelfernsehnetze, Paralleldrahtleitungen, Koaxialkabel, lichtleitende Glasfasern, Funkkanäle, Satellitenkanäle.

Für den lokalen Bereich sind insbesondere drahtgebundene Leitungen und lichtleitende Glasfasern von Bedeutung: Bei der optimalen Auslegung von Datenübertragungswegen ist auf Dämpfungsverhalten, Verzerrungen und auf Störeinflüsse zu achten. Um diese Faktoren in den Griff zu bekommen, ist es hilfreich, reale physikalische Übertragungsstrecken durch geeignete Modelle zu beschreiben. Diese sollen es ermöglichen die Übertragungsmechanismen, die Übertragungsqualität und die Übertragungsleistung (Kanalkapazität, Datenrate) durch geeignete Kenngrößen zu erfassen und so ein Optimieren zu ermöglichen. Wesentliche Kenngröße aus informationstechnischer Sicht ist die Kanalkapazität C in bit/s.

5.1.1 Drahtgebundene Leitungen

Für drahtgebundene elektrische Leitungen bietet die Leitungstheorie ein gut entwickeltes Modellierungs-, Analyse-, und Synthese-Werkzeug. Sie ermöglicht es auch, wesentliche Entwurfsparameter aufzuzeigen. Die Leitungstheorie behandelt die elektrischen Verhältnisse in Leitungen, wobei die zeitliche und örtliche Abhängigkeit der für die Übertragung wesentlichen Strom- und Spannungsgrößen berücksichtigt werden. Ziel ist es, die physikalischen Eigenschaften der drahtgebundenen Übertragungswege besser zu verstehen bzw. in den Griff zu bekommen. Vor allem zwei Arten von drahtgebundenen Leitungen werden unterschieden:

a) **Paralleldrahtleitungen** (Telefonleitungen, Twisted Pair). Für ihre Benutzung ist durch die Telefonie viel Erfahrung vorhanden, Verkabelungen sind sehr verbreitet, da praktisch in jedem Haus, in jedem Büroraum ein Telefon anzutreffen ist.

b) **Koaxialkabel**. Diese sind durch Kabelfernsehnetze weit verbreitet.

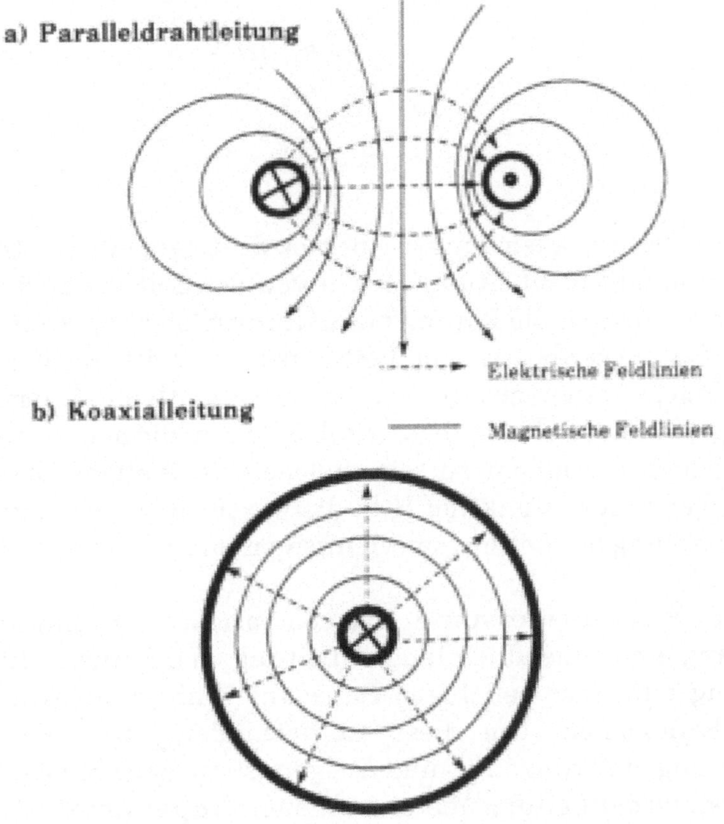

Abb. 5.1. Elektrische und magnetische Feldlinien
a) in einer Paralleldrahtleitung
b) in einer Koaxialleitung

Wird eine Paralleldrahtleitung oder eine Koaxialleitung von Strom durchflossen, so bilden sich elektrische und magnetische Felder (Abb. 5.1). Für die mathematische Modellierung der Leitungsmechanismen wird eine homogene symmetrische Paralleldrahtleitung angenommen. Durch ein elektrisches Ersatzschaltbild ist es möglich, ein sehr kurzes Leitungsstück der Länge dx zu modellieren (Abb. 5.2). Mit Hilfe der Kirchhoffschen Regeln erhält man als mathematisches Modell der Leitung partielle Differentialgleichungen, die Leitungsgleichungen.

$$-\frac{\partial u}{\partial x} = R' i + L' \frac{\partial i}{\partial t}$$

$$-\frac{\partial i}{\partial x} = G' u + C' \frac{\partial u}{\partial t}$$

Die Leitungsgleichungen berücksichtigen, daß Strom und Spannung auf der Leitung sowohl von der Zeit als auch vom Ort abhängen. Durch die Lösung der Leitungsgleichung kann man das Input/Outputverhalten von Leitungen im Zeitbereich studieren. Aus ihnen lassen sich jedoch auch wesentliche Übertragungskenngrößen der Leitung theoretisch ableiten, die den Vorteil haben, meßtechnisch erfaßbar zu sein. Solche sind Wellenwiderstand Z_W und Übertragungsfunktion H(f), die wesentlichen Kenngrößen der Beschreibung der Leitungsmechanismen im Frequenzbereich (siehe Abb. 5.3).

Der **Wellenwiderstand Z_W** entspricht der Impedanz am Eingang einer unendlich langen Leitung. Wird eine endlich lange Leitung mit einer beliebigen Impedanz Z abgeschlossen, ergeben sich Reflexionen. Um diese zu verhindern, ist eine wichtige Forderung, daß Eingangs- und Ausgangsimpedanz mit dem Wellenwiderstand der Leitung übereinstimmen (**Anpassung**).

Die **Übertragungsfunktion H(f)** ist charakteristisch für das Input-Output-Verhalten einer Leitung (Dämpfung-Verstärkung). Sie ist frequenzabhängig, und nur für ein bestimmtes Frequenzband ergeben sich für jede Leitung optimale Übertragungsbedingungen. (Daher ist es auch erforderlich, für verschiedene Anwendungen entsprechend geeignete Leitungen zu verwenden.) Die Übertragungsfunktion ist geeignet das Input-Output-Verhalten von Leitungen im Frequenzbereich zu beschreiben. In der Nachrichtentechnik hat sich insbesondere die exponentielle Darstellung der Übertragungsfunktion bewährt. Es gilt:

$$H(f) = e^{-g(f)} = e^{-(a(f) + jb(f))}$$

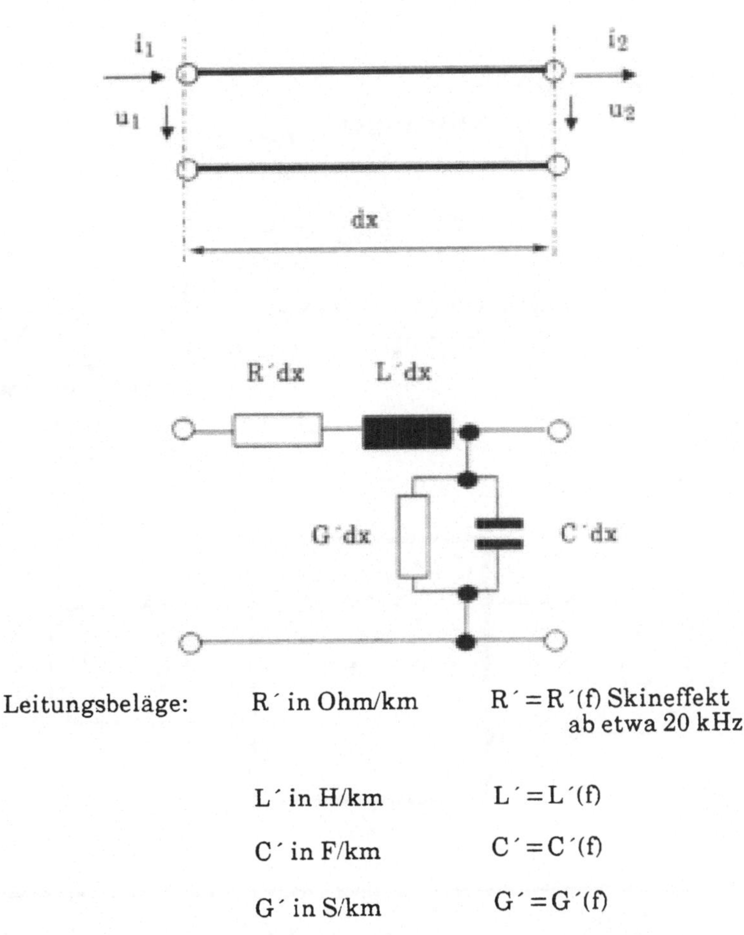

Abb. 5.2. Ersatzschaltbild eines Leitungsabschnittes

g(f) = a(f) + jb(f) wird als komplexes Übertragungsmaß, a(f) als Dämpfungsmaß und b(f) als Phasenmaß bezeichnet. Bei einer Leitung sind g(f), a(f) und b(f) von der Leistungslänge l abhängig.

Bei jeder realen Übertragung von Signalen können Signalverformungen durch Störungen (Rauschen, Fremdstörungen) und Verzerrungen auftreten. Die Entstehung linearer Verzerrungen soll nun kurz erläutert werden. Aus der Theorie der linearen Systeme ist bekannt, daß für verzerrungsfreie (ideale) Signal-

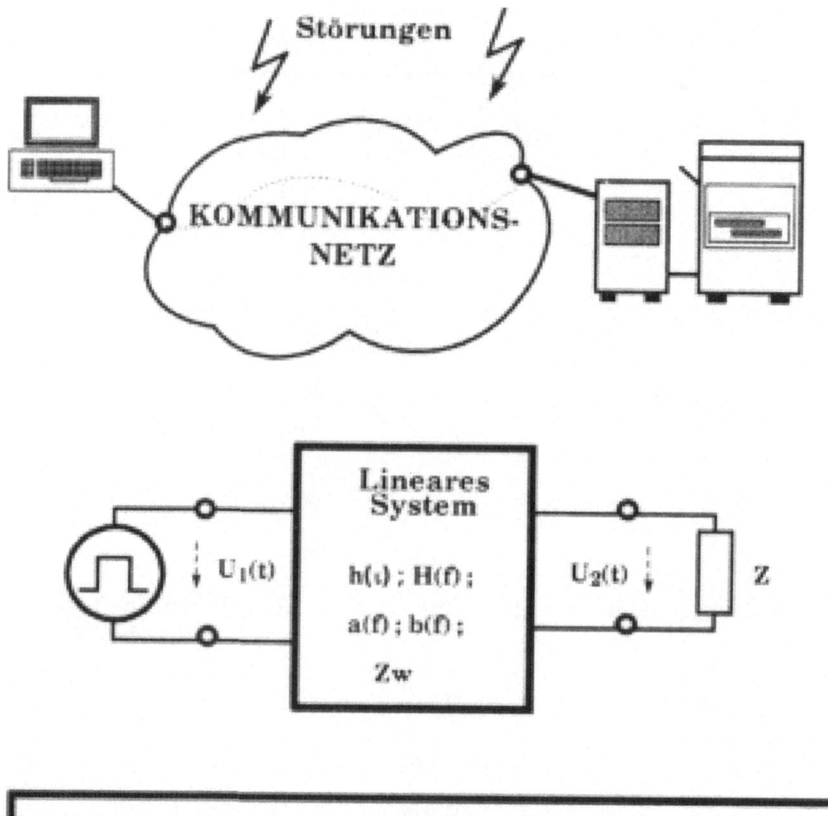

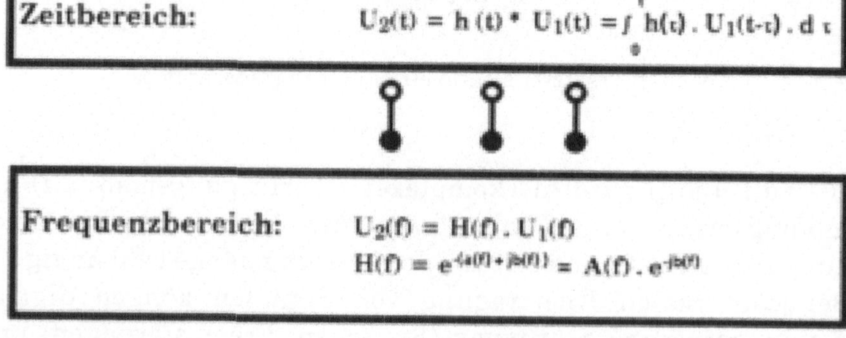

Abb. 5.3. Modellierung der Signalübertragung in elektrischen Kommunikationsnetzen mit Hilfe linearer Systeme

übertragung für das Übertragungsmaß a(f) und das Phasenmaß b(f) folgende Forderungen gelten müssen:

$$A(f) = e^{-a(f)} = /H(f)/ = \text{konstant}$$

$$b(f) = 2\,\pi\, t_0\, f \qquad (t_0 \text{...Signalausbreitungszeit})$$

Diese Bedingungen müssen also im Frequenzband der zu übertragenden Signale gelten, damit keine linearen Verzerrungen auftreten. Bei einer idealen Leitung ohne Dämpfung ($A(f)=1$, $b(f)=2\pi\, t_0\, f$) wird das Signal lediglich um die Laufzeit verzögert (Abb.5.4 b). Besitzt die Leitung eine frequenzunabhängige Dämpfung ($A(f)=$ konstant und ungleich 1), wird das Signal nur gedämpft, seine Form ändert sich jedoch nicht (Abb. 5.4 c). Abb. 5.4 d zeigt die Verformung eines Rechteckimpulses auf einer verzerrenden realen Leitung. In Abb. 5.5 ist die Übertragungsfunktion einer realen Leitung dargestellt. Daraus ist ersichtlich, daß für die eingetragene Frequenzgruppe annähernd ideale Übertragungsbedingungen herrschen. Für den maximal möglichen Informationsfluß, die Kanalkapazität C einer Leitung, ist diese "Bandbreite" B eine entscheidende Kenngröße. Es gilt bekanntlich (Herter 1976):

$$C = B\,.\,\mathrm{lb}\,(1 + P_S/P_N)$$

(P_s Signalleistung, P_N Rauschleistung). $1/2\ \mathrm{lb}\,(1 + P_S/P_N)$ entspricht dem maximalen Informationsgehalt H pro Signalmeßwert auf einer Leitung. Nach dem Abtasttheorem kann man mit Abtastwerten im Abstand $T = 1/(2B)$ den gesamten Informationsgehalt einer Signalfunktion s(t) erfassen.

Da das komplexe Übertragungsmaß einer Leitung von der Leitungslänge abhängig ist, ist es noch angebracht, die Auswirkung der Leitungslänge auf Verzerrungen zu betrachten. Hierzu gilt, daß die Abweichungen vom idealen Übertragungsverhalten mit zunehmender Leitungslänge stärker in Erscheinung treten.

Neben linearen treten auch nichtlineare Verzerrungen auf, die insbesondere im Multiplexbetrieb zu Nebensprechen führen können, d.h. zu einer Beeinflussung anderer Kanäle auf derselben

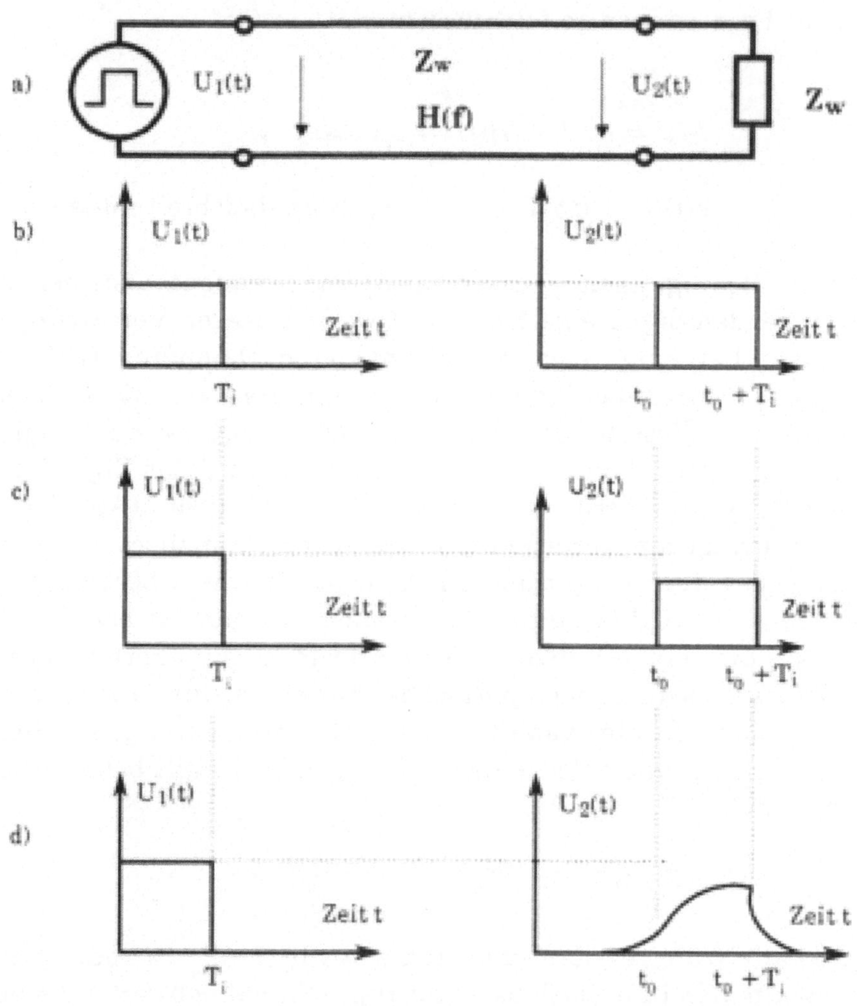

Abb. 5.4. Impulsübertragung auf einer Leitung a) mit Zw abgeschlossener Leitung, b) verzerrungsfreie Übertragung ohne Dämpfung, c) verzerrungsfreie Übertragung mit Dämpfung, d) verzerrte Übertragung

Leitung (hierzu siehe auch Kapitel 7.2). Ein weiterer Effekt, der die Übertragungsleistung von Leitungen beeinflußt, sind Fremdstörungen durch Einstreuungen. Zwei Arten von Einstreuungen sind zu beachten: induktive und kapazitive. Induktive Einstreuungen kann man als äußere Überlagerung der bei der Leitung

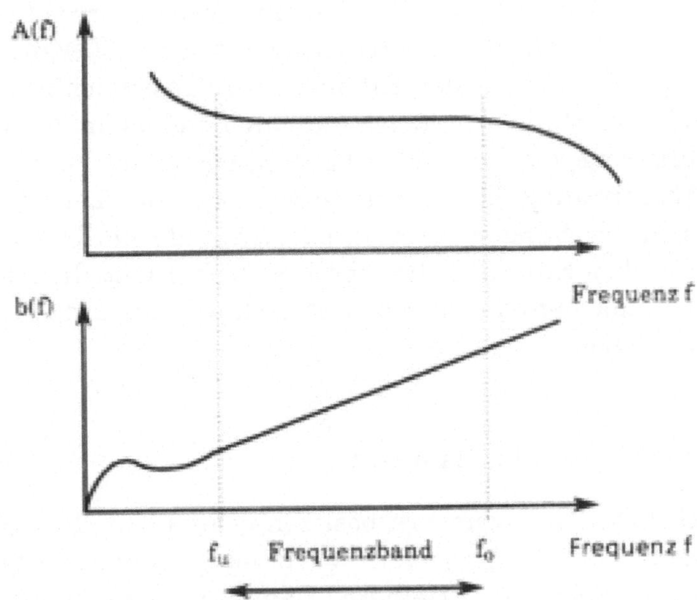

Abb. 5.5. Übertragungsfunktion einer realen Leitung

auftretenden magnetischen Felder betrachten (Abb. 5.1). Als Schutzmaßnahme dient bei Paralleldrahtleitungen die Verdrillung der beiden Leitungsadern, und zusätzlich kann die Leitung durch eine hochpermeable Umhüllung magnetisch abgeschirmt werden. Kapazitive Einstreuungen kann man als eine äußere Überlagerung der bei der Leitung auftretenden elektrischen Felder betrachten. Als Schutzmaßnahme dient hierfür Abschirmung. Durch Abschirmung erhöht sich jedoch der kapazitive Leitungsbelag, was zu Einschränkungen bezüglich der maximalen Leitungslänge und der Übertragungsdatenrate führt.

Die zulässigen Leitungslängen bei Paralleldrahtleitungen überspannen den Bereich von Metern (für Datenraten bis 10 Mbit/s) bis zu Kilometern (für Datenraten in der Größenordnung von kbit/s). Koaxialkabel besitzen durch ihren Aufbau hohes Leistungsvermögen und hohe Qualität in bezug auf Übertragungsrate und Störsicherheit. Der größte Teil der praktisch eingesetzten Koaxialkabel erlaubt Übertragungsraten bis 300 Mbit/s, jedoch sind auch

Kabeltypen bis zum Gigabit-Bereich erhältlich. Höchste Störsicherheit läßt sich mit Ausführungsformen erreichen, die zwei Schirme besitzen. Bei Übertragungsraten bis 50 Mbit/s sind noch Leitungslängen bis in den Kilometerbereich erreichbar.

An dieser Stelle möchte ich auf einen, in Zusammenhang mit der Abschirmung von Leitungen häufig gemachten Fehler hinweisen. Die Abschirmung darf nur an einem Ende der Leitung mit Masse oder Erde verbunden werden, da sich andernfalls eine Leitungsschleife über Erde und die Abschirmung bildet. In dieser können durch Induktion oder durch unterschiedliche Erdpotentiale Störströme fließen.

5.1.2 Lichtleitende Glasfasern

Lichtleitende Glasfasern besitzen gegenüber drahtgebundenen Leitungen eine Reihe von Vorteilen: kleinere Abmessungen, geringeres Gewicht, kleinere Dämpfung und hohe erzielbare Datenraten. Sie sind unempfindlich gegenüber äußeren, selbst sehr starke, elektrische und magnetische Feldschwankungen und daher gegen Störungen sehr robust. Blitzeinschläge sind nicht zu befürchten, weshalb keine aufwendigen Sicherheitsvorrichtungen hiergegen erforderlich sind. Andererseits strahlen sie keine Eigenfelder ab, sodaß ungewolltes Nebensprechen oder Übersprechen auf benachbarte Leitungen ausgeschlossen ist.

Nachteilig erweist sich die relativ komplizierte Verbindungstechnik von Kabeln und zwischen Sender, Kabel und Empfänger. Die wesentlichen Komponenten eines Lichtleiter-Übertragungssystems sind in Abb. 5.6 dargestellt.

Die Fortpflanzung des Lichtes im Lichtleiter beruht auf dem Prinzip der Totalreflexion an einer Grenzschichte von einem Glas mit Brechungsindex n_k (Brechungsindex des Kernmaterials) zu einem Glas mit niedrigerem Brechungsindex n_m (Brechungsindex des Mantelmaterials). Licht, welches bis zu einem bestimmten Winkel α auf die Stirnfläche einer Glasfaser trifft, wird unter Totalreflexion weitergeleitet, sofern der für Totalreflexion kritische Winkel γ_k nicht unterschritten wird (Abb. 5.7). Aufgrund der Welleneigenschaften des Lichtes ist jedoch nicht für jeden beliebigen Winkel Fortpflanzung durch Totalreflexion möglich.

Eine Erklärung hierfür ist mit Hilfe des wellenoptischen Grundbegriffes der Interferenz zweier Lichtwellen möglich. Unter der Interferenz von zwei Lichtwellen versteht man den Vorgang des Abschwächens oder Auslöschens, wenn beide Wellen gegenphasig aufeinandertreffen, und des Verstärkens bei Gleichphasigkeit. Für die Lichtleitung in Glasfasern hat dies zur Folge, daß sich in ihnen das Licht nicht unter beliebigen Winkeln ausbreiten kann, sondern nur in solchen, bei denen sich die beteiligten Lichtwellen nicht gegenseitig schwächen oder auslöschen. Die Anzahl M der zulässigen Wellenausbreitungswinkel, auch Eigenwellen, Ausbreitungsmoden oder nur Moden genannt, ist bei Glasfasern zwar endlich, bei manchen aber sehr groß (mehr als tausend).

Lichtleitende Glasfasern lassen sich klassifizieren nach dem Verlauf des Brechungsindex, über den Faserquerschnitt und nach der Anzahl der Moden. **Monomodefasern** verfügen nur über eine Ausbreitungsmode, **Multimodefasern** verfügen über mehrere.

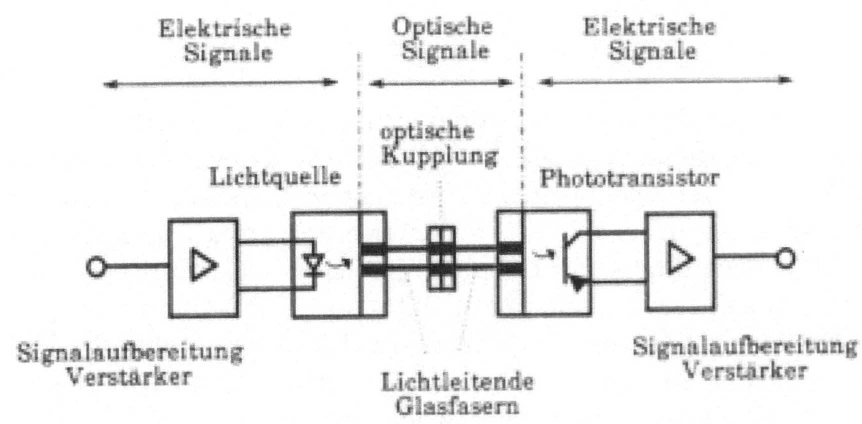

Abb. 5.6. Komponenten eines Lichtleiter-Übertragungssystems

Die Anzahl der Moden ist also eine wesentliche Klassifizierungskenngröße für Lichtleiter. Eine weitere wichtige ist der Winkel, bis zu dem Totalreflexion möglich ist. Er wird als

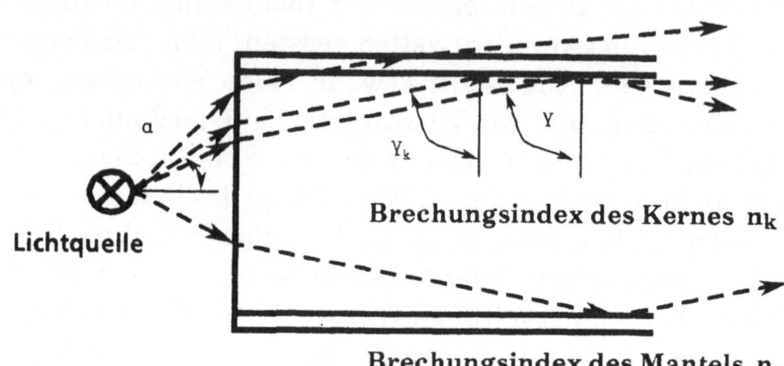

Abb. 5.7. Lichtausbreitung in Lichtleitern durch Totalreflexion

Akzeptanzwinkel oder Eintritts-Apertur bezeichnet (siehe Abb. 5.7) und läßt sich wie folgt ermitteln:

$$\sin \alpha = 1/n_E \sqrt{n_k^2 - n_m^2}$$

n_E ist der Brechungsindex des externen Mediums, $A_n = \sin \alpha$ wird als numerische Apertur bezeichnet. Je größer die numerische Apertur einer Glasfaser ist, desto mehr Licht kann man in eine Faser einkoppeln. Bei $A_n = 0{,}21$ werden etwa 2% des von einer LED (Leuchtdiode-Light Emitting Diode) abgestrahlten Lichtes in eine Glasfaser eingekoppelt, falls der LED-Chip die gleichen Abmessungen hat wie der Faserkern (Fiebelkorn 1980). Die Anzahl der Moden M, welche bei einer Multimode-Faser übertragen werden, hängt von der numerischen Apertur ab.

$$M = \frac{\pi}{2} \frac{d^2}{\lambda^2} A_N^{\,2}$$

In dieser Formel ist d der Faserkerndurchmesser und λ die Wellenlänge des abgestrahlten Lichtes. Die Anzahl der Moden bei einer numerischen Apertur $A_N = 0.37$, einem Faserkern von 100µm und einer Wellenlänge $\lambda = 850$ nm ist demnach M = 9350.

Je nachdem, ob der Übergang des Brechungsindex zwischen Kern und Mantelmaterial stufenförmig oder kontinuierlich verläuft, unterscheidet man **Stufenindex-Fasern** und **Gradientenindex-Fasern** (Abb. 5.8.).

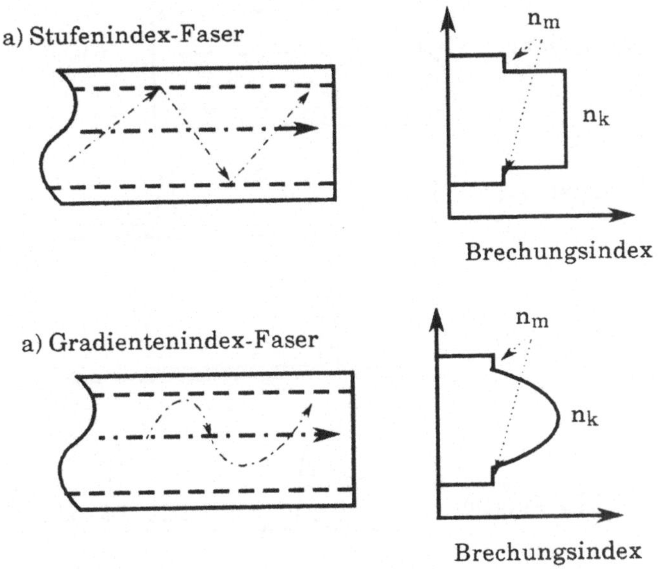

Abb. 5.8. Verlauf des Brechungsindex und Lichtfortpflanzung bei einer Stufenindex-Faser (a) und bei einer Gradientenindex-Faser (b)

Bei der Übertragung von Lichtimpulsen in Glasfasern tritt eine Impulsverbreiterung auf, die als Dispersion bezeichnet wird. Durch diese Dispersion wird die Kanalkapazität nach oben begrenzt. Zwei Arten von Dispersion treten in lichtleitenden Glasfasern auf: die **Modendispersion** und die **Materialdispersion**.

Die **Modendispersion** hat folgende Ursache: Bei der Ausbreitung von Licht längs eines Lichtleiters ergeben sich unterschiedliche Laufzeiten der Wellen auf unterschiedlichen Moden (entsprechend den unterschiedlichen zurückzulegenden Wegen). Dadurch tritt eine Impulsverbreiterung auf (siehe Abb. 5.9).

Die **Materialdispersion** hat ihre Ursache in der spektralen Breite der Lichtquelle, d.h. in der Tatsache, daß eine Lichtquelle unterschiedliche Wellenlängen aussendet. Da der Brechungsindex

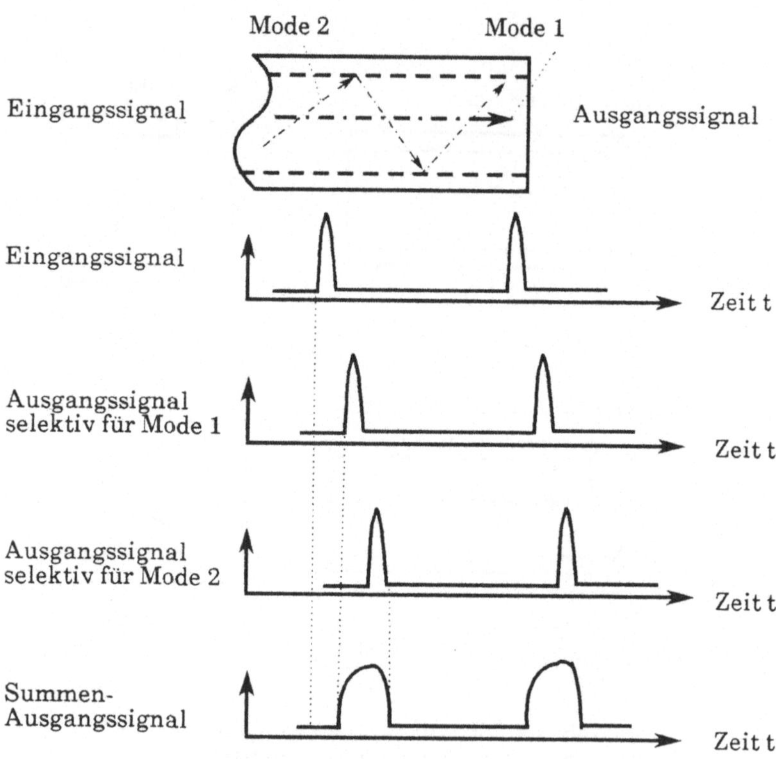

Abb. 5.9. Modendispersion

in der Glasfaser von der Wellenlänge des Lichtes abhängt, breiten sich verschiedene Wellenlängen mit unterschiedlicher Geschwindigkeit aus, und bei Impulsen tritt eine Impulsverbreiterung auf (mit zunehmender Wellenlänge wächst die Ausbreitungsgeschwindigkeit). Lichtemittierende Dioden (LEDs) haben typisch eine spektrale Breite von 35 nm, was etwa den Abstand zwischen grün und gelb im sichtbaren Spektralbereich entspricht. Halbleiterlaser als Lichtquelle haben wesentlich geringere spektrale Breiten (in der Größenordnung von 2 nm).

Die maximale Datenrate, mit der Impulse über eine Glasfaser übertragen werden können, muß gerade so gewählt werden, daß die Impulsverbreiterung maximal dem halben Zeitintervall zwischen zwei Impulsen beträgt, sodaß die Impulse noch eindeutig wahrgenommen werden können.

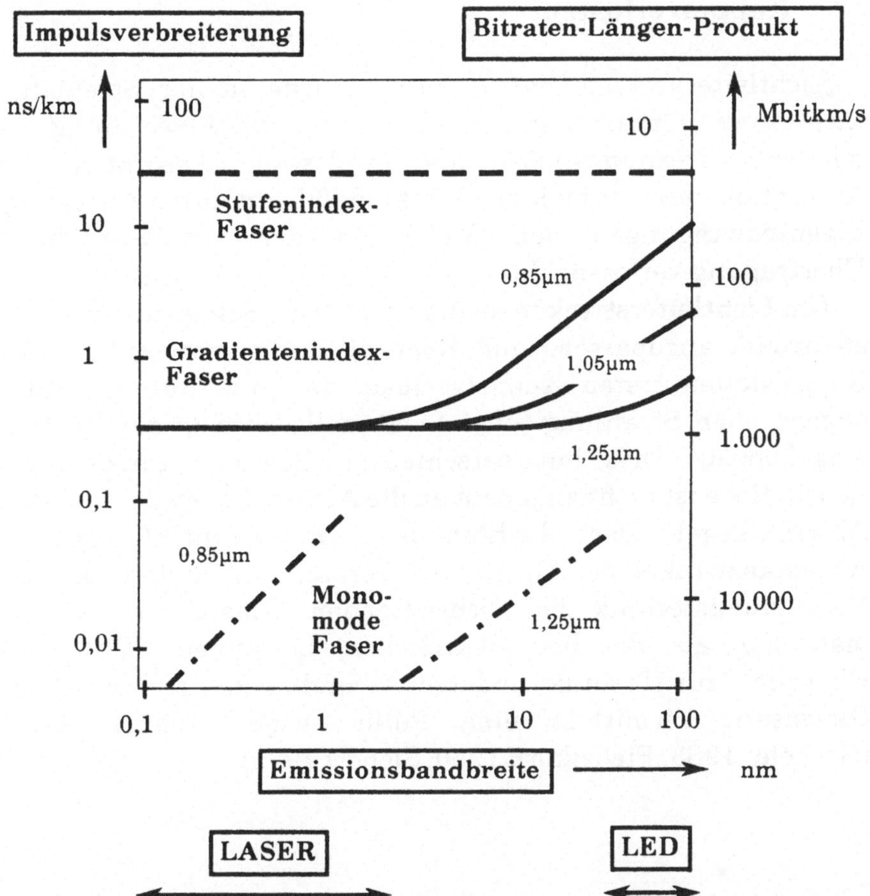

Abb. 5.10. Impulsverbreiterung verschiedener lichtleitender Glasfasern (in Anlehnung an Botez 1980)

Zusammenfassend kann gesagt werden: Gradientenindex-Fasern erlauben höhere Bitraten als Stufenindex-Fasern, und Laserdioden erlauben wesentlich höhere Datenraten als LEDs. In Abb. 5.10 wird die Impulsverbreiterung verschiedener lichtleitender Glasfasern in Abhängigkeit der spektralen Breite der Lichtquelle dargestellt.

Ein weiterer wichtiger Parameter von lichtleitenden Glasfasern ist deren Dämpfung. Die Dämpfung ist ein Maß für die Übertragungsverluste und wird in dB angegeben. Die Verluste von lichtleitenden Glasfasern setzen sich zusammen aus

Lichtleiterverlusten und
Koppelverlusten

Lichtleiterverluste haben ihre Ursache in der Streuung des Lichtes (an Störpartikeln sowie an Stellen mit Abweichungen vom mittleren Brechungsindex) und in dessen Absorption. Unter Absorption versteht man den Effekt, daß Licht durch Anregung der Eigenschwingungen von Molekülen der Glasfaser für die Übertragung verlorengeht.

Um Lichtleiterstrecken an die zugehörige Sende- und Empfangselektronik anzupassen, sind Koppelelemente notwendig. An den Koppelstellen treten Koppelverluste auf, d.h. nur ein Teil der abgegebenen Strahlung einer Lichtquelle wird in den Lichtleiter eingekoppelt. Dies hat verschiedene Gründe: Abmessung der Leuchtdiode ist nicht angepaßt an die Abmessungen des Lichtkerns, Abstrahlkegel der Lichtquelle stimmt nicht mit dem Akzeptanzwinkel der Glasfaser überein, und andere mehr. Die Verbindungstechnik bei lichtleitenden Glasfasern ist problematischer als die bei elektrischen Leitungen. Einen guten Überblick zur Technik und den Grundlagen der lichtleitenden Glasfasern vermitteln eine Fülle ausgezeichneter Arbeiten (Geckeler 1983, Fiebelkorn 1980, Siebert 1980).

5.2 Übertragungstechnik

Die Wahl eines geeigneten Übertragungsmediums ist von zentraler Bedeutung für ein Kommunikationssystem. Ist diese erfolgt, muß ein Verfahren (eine Technik) bestimmt werden, wie die zu übertragenden Signale an dieses optimal angepaßt werden können. Dies geschieht durch ein geeignetes Übertragungsverfahren. Den Eigenschaften der Übertragungswege entsprechend, müssen die zu übertragenden Signale durch **Codierung**, **Impulsformung** oder **Modulation einer Trägerschwingung** dem Übertragungsweg angepaßt werden.

Grundlegend gibt es hier Basisband- und Breitbandverfahren sowie analoge und digitale Übertragungsverfahren. Basisband- und Breitbandverfahren stellen unterschiedliche Nutzungsformen des Übertragungsmediums dar. Der Erfinder der Pulscodemodulation, A.H. Reeves, hatte sich vor ca. 50 Jahren von den digitalen Übertragungsverfahren vor allem eine dank der Regenerationsmöglichkeit digitaler Signale praktisch distanzunabhängige Übertragungsqualität erhofft. Gegen Ende der 60-er Jahre wurde es jedoch bereits klar, daß die digitale Übertragung neben der Qualitätsverbesserung vor allem auch eine wirtschaftliche Alternative darstellt. Wir wollen uns hier nur auf digitale Übertragungsverfahren beschränken. Die Pulscodemodulation hat für Nebenstellenanlagen eine große Bedeutung und wird daher in Kapitel 7 extra besprochen.

5.2.1 Basisbandverfahren

Bei einem Basisbandverfahren werden Signale nahezu unverändert, d.h. in ihrer ursprünglichen Form (Frequenzlage) einem Übertragungsmedium aufgeprägt. Für die Übertragung wird bei diesem Verfahren im allgemeinen kein festgelegtes und begrenztes Frequenzband belegt. Das Frequenzspektrum des Sendesignales und die von ihm eingenommene Bandbreite kann von Verfahren zu Verfahren unterschiedlich sein. Über lange Strecken wird die Bitfolge des Eingangssignales nicht direkt als Folge entsprechender Spannungs- oder Stromimpulse auf die Leitung gegeben, sondern erst in eine für die Übertragung günstige Form gebracht. Insbesondere ist man bemüht, die Leitung gleichstromfrei zu halten.

Einfache Basisbandübertragungsverfahren sind die Verfahren

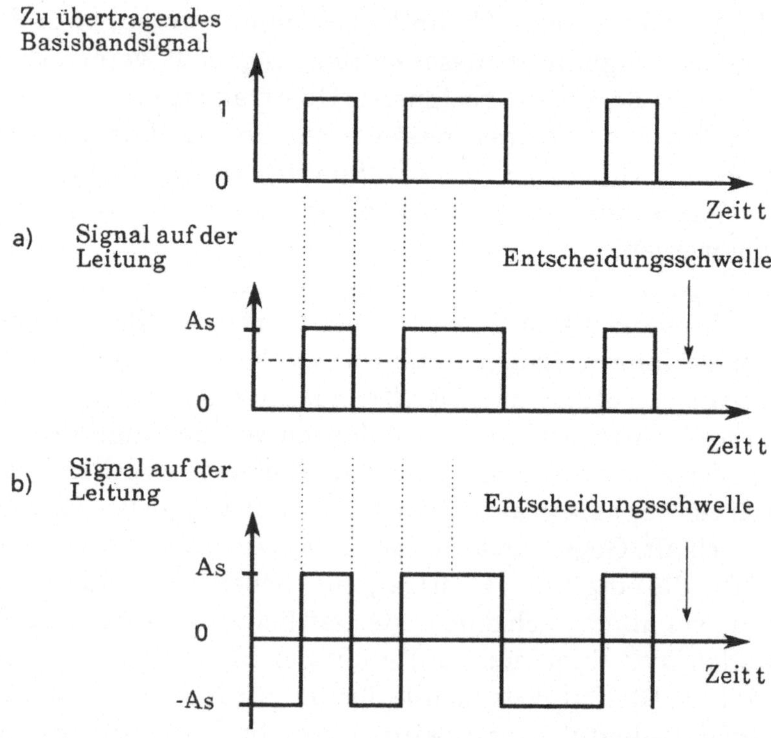

Abb. 5.11. Basisband-Übertragungsverfahren mit Einfachstromtastung (a) und mit Doppelstromtastung (b)

der **Einfachstromtastung** und **Doppelstromtastung** (siehe Abb. 5.11). Bei diesen Verfahren werden die digitalen Signale in der Form übertragen, wie sie an der Schnittstelle von der Signalquelle übernommen werden, d.h. zur Darstellung eines Bits wird ein Rechteckimpuls benutzt, dessen Breite gleich der Schrittdauer ist. Das Vorhandensein eines Pegels kennzeichnet eine Eins und sein Fehlen eine Null. Die Einfachstromtastung führt zu einem relativ hohen Gleichstromanteil (als Mittelwert der Signaländerungen), der für die Übertragung nachteilig ist. Die Doppelstromtastung bringt eine gewisse Verbesserung. Die bekannte V.28-Empfehlung basiert auf einer Doppelstromtastung, wobei bei Datenschnittstellenleitungen für ein 1-Bit ein Spannungswert negativer als -3 Volt, für ein 0-Bit positiver als +3 Volt gilt. Bei Steuer- und Takt-Schnittstellenleitungen gilt, daß die Leitung im Ein-Zustand ist, wenn der Spannungswert positiver als +3 Volt ist, und der Aus-Zustand wird angenommen, wenn die Spannung negativer als -3 Volt ist. Die Quellen-Leerlaufspannung auf irgendeiner Schnittstellenleitung soll 25 Volt nicht überschreiten.

Mit den Tastverfahren können auch **mehrwertige Übertragungsverfahren** realisiert werden (diese bringen eine Erhöhung der Kanalkapazität bei gleichbleibender Schrittgeschwindigkeit, da der Informationsgehalt pro Schritt größer ist als bei Einfachstrom- bzw. Doppelstromtastung - siehe Abb. 5.12).

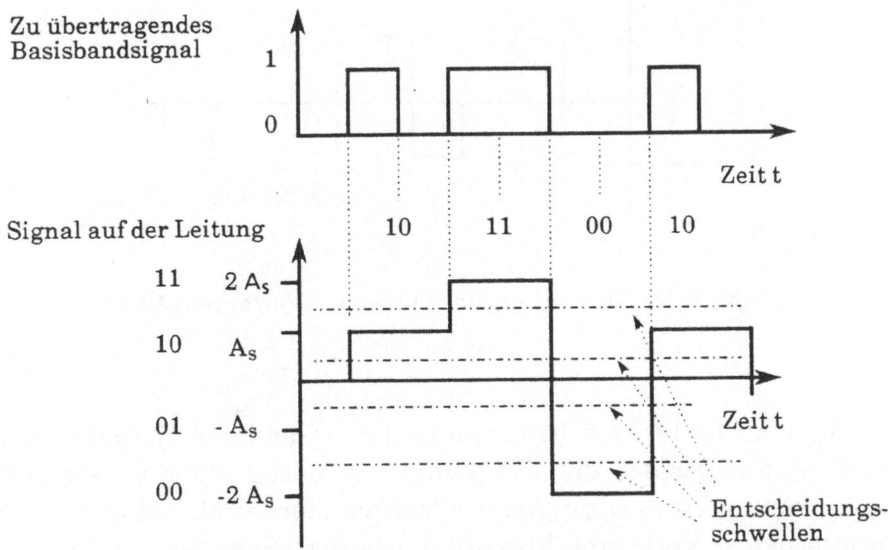

Abb. 5.12. Tastverfahren mit 4 (im allgemeinen n) Zuständen

Bei dem **Alternating Mark Inversion Verfahren (AMI)** werden die 1-Bits abwechselnd mit positivem und negativem Signalpegel übertragen (siehe Abb. 5.13), die 0-Bits sind durch einen Signalpegel gleich Null gekennzeichnet. Das Leitungssignal hat also 3 Zustände: Signalpegel mit Amplitude As, -As und Null, wobei As und -As dem gleichen Binärwert zugeordnet sind. Dieses Verfahren wird daher auch Pseudoternär Verfahren bezeichnet. Bei gleichverteilten 0/1 Folgen ist das Signal gleichstromfrei. Bei 0-Folgen ist jedoch der Sendepegel Null und deshalb ist eine Taktrückgewinnung nach längeren 0-Folgen nicht möglich.

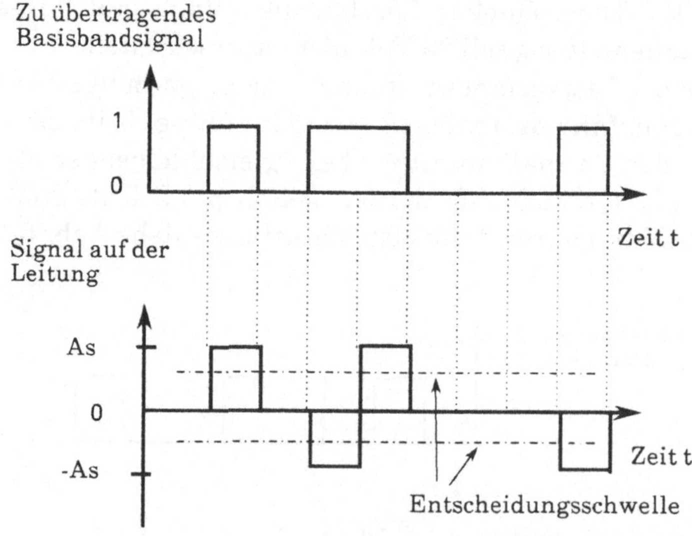

Abb. 5.13. Alternating Mark Inversion Verfahren (AMI)

Für eine fehlerfreie Erkennung der gesendeten Signale ist es wichtig, daß Sender und Empfänger in bezug auf die Zeit t der Übertragung eines Bitsignales synchronisiert sind. Bei den bisher besprochenen Verfahren kann es diesbezüglich zu Schwierigkeiten kommen (wenn z.B. eine lange Sequenz von 0-Bits gesendet wird). Vorteilhaft hierfür wäre es, die Polarität bei der Signalübertragung häufiger zu wechseln. Beim **Manchester Coding Verfahren** (siehe Abb. 5.14) findet bei der Übertragung eines jeden Bit-Signales ein Polaritätswechsel statt:

- ein positiver Wechsel nach der halben Schrittzeit bei der Übertragung eines 1-Bit

- ein negativer Wechsel nach der halben Schrittzeit bei der Übertragung eines 0-Bit
- bei gleichen Bitwerten wird nach der Schrittzeit immer ein Polaritätswechsel vorgenommen.

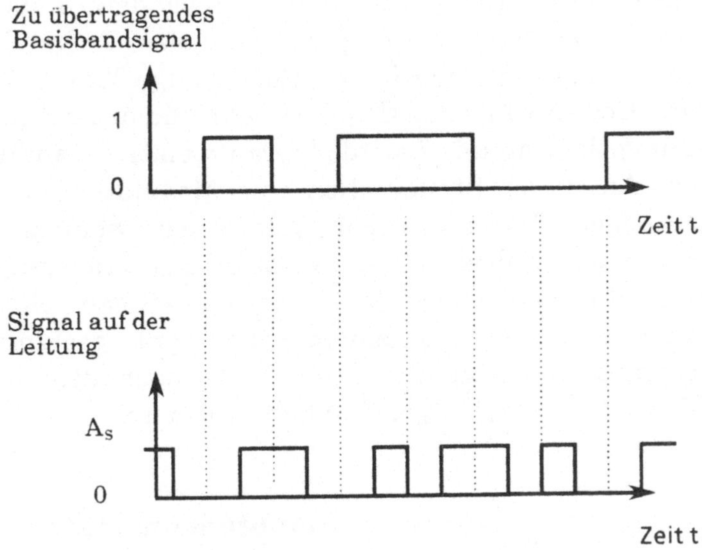

Abb. 5.14. Manchester Coding Verfahren

Beim Manchester Coding Verfahren enthält die erste Hälfte des Bitsignales das Komplement des zu übertragenden Bitwertes, die zweite Hälfte dagegen enthält den wirklichen Wert. Statt der Bezeichnung Manchester Coding wird dieses Verfahren auch als Bi-Phase-Format-Verfahren bezeichnet.

5.2.2 Breitbandverfahren

Während bei Basisbandverfahren nur ein Übertragungskanal den angeschlossenen Endsystemen zur Verfügung steht und von diesen anteilig genutzt werden kann, zeichnen sich Breitbandverfahren oder Modulationsverfahren durch verschiedene koexistente Kanäle, mittels Teilung des Frequenzbandes in separate Frequenzbereiche, aus. Bei Breitbandverfahren wird ein Träger (carrier) zur Übertragung von Basisbandsignalen verwendet. Als Träger werden sinusförmige Signale und pulsförmige Signale verwendet. Als Modulation wird die Änderung der Signalparameter des Trägersignales, entsprechend den zu übertragenden Signalen, bezeichnet. Signalparameter der Trägersignale sind Frequenz, Amplitude und Phase. Pulsförmige Träger finden durch die Pulse Code Modulation (PCM) zunehmend in der Telefonie große Bedeutung. In Kapitel 7 wird hierauf relativ ausführlich eingegangen. An dieser Stelle sollen nur Modulationsverfahren mit sinusförmigen Trägersignalen besprochen werden. Für diese Übertragungsverfahren werden sinusförmige Trägersignale, deren Frequenz für die Übertragung im jeweiligen physikalischen Kommunikationsmedium entsprechend gut geeignet ist, zur Übertragung von Signalen benutzt. Je nach dem beeinflußten Signalparameter des Trägers handelt es sich um

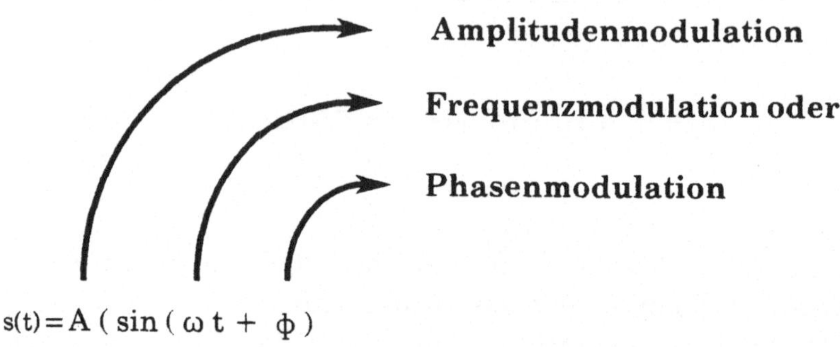

Senderseitig wird durch einen Modulator das Basisbandsignal einem Träger aufgeprägt, empfängerseitig wird hingegen in einem Demodulator das ursprüngliche Basibandsignal aus dem modulierten Träger zurückgewonnen. Sehr häufig sind in Sende- und Empfangsstationen **Mo**dulatoren und **Dem**odulatoren in eine Einheit integriert, die als **Modem** bezeichnet wird (Abb. 5.15).

Zur Übertragung digitaler Basisbandsignale auf Sinusträgern werden Umtastungsverfahren (shift keying) angewendet. Im einfachsten Falle genügen zwei Zustände eines veränderlichen

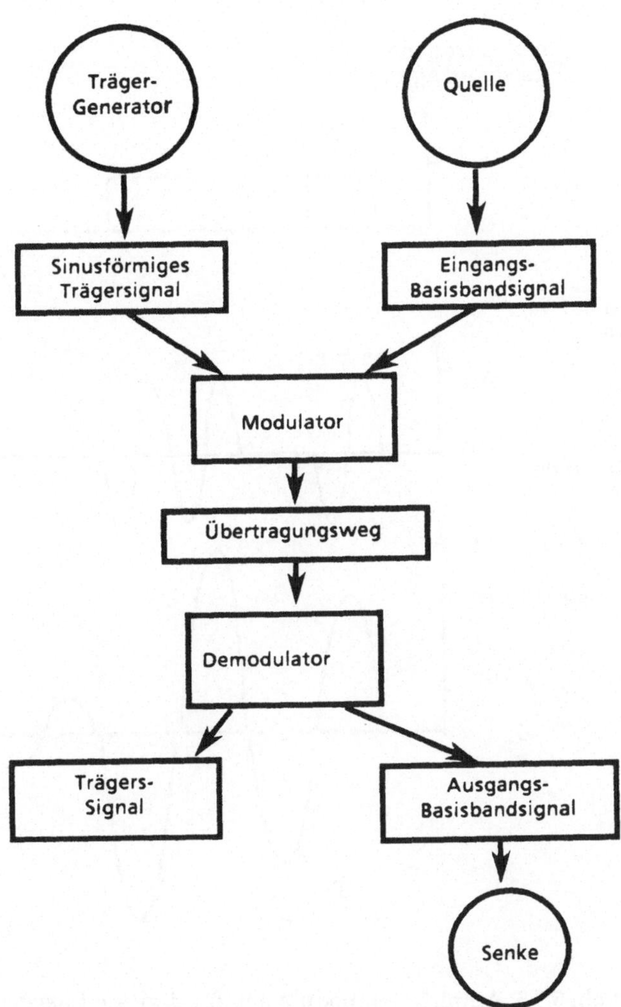

Abb. 5.15. Prinzip der Modulation

Trägersignalparameters, um die Binärwerte eines digitalen Signales zu übertragen. Die einfachste **Amplitudenmodulation** (Abb 5.16) für digitale Signale besteht darin, den Binärwert 1 durch ein Trägersignal einer bestimmten Amplitude darzustellen und dieses zur Darstellung des Binärwertes 0 abzuschalten. Bei mehrwertigen Modulationsverfahren können durch verschiedene Amplitudenwerte bestimmte Kombinationen von mehreren Binärsignalen dargestellt werden.

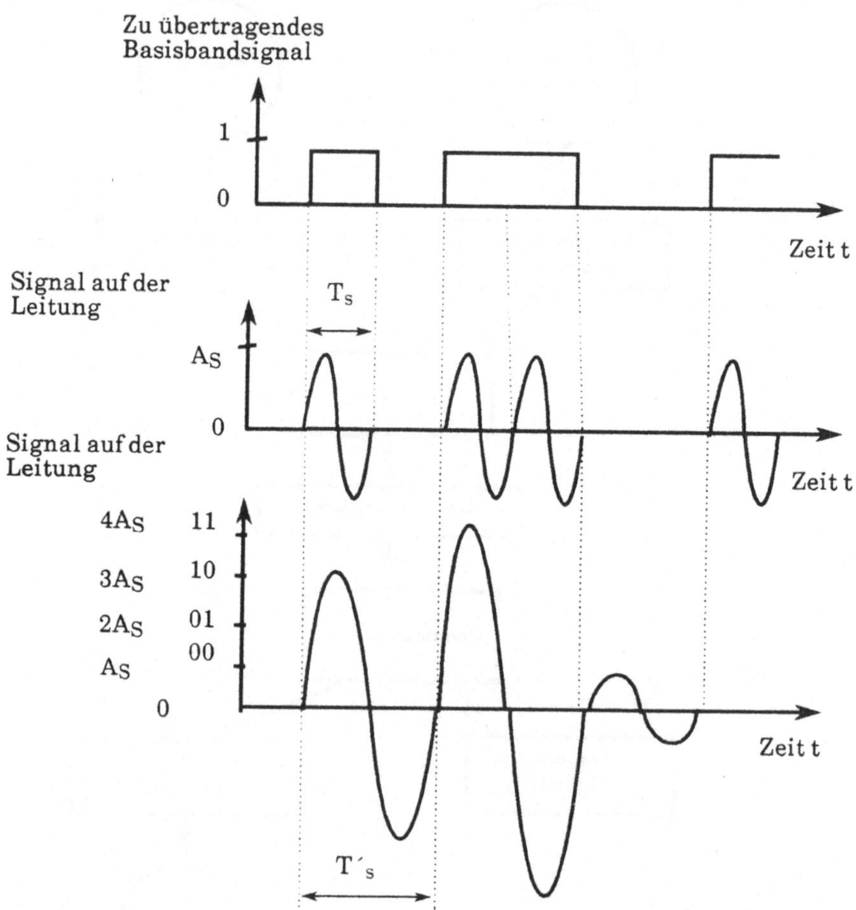

Abb. 5.16. Amplitudenmodulation für digitale Basisbandsignale

In jedem Schritt kann ein Amplitudenwechsel vorgenommen werden. Für die Wahl der Schrittdauer sind die übertragungstechnischen Merkmale des Übertragungsweges (Störcharakteristik) wesentlich sowie die Fähigkeit des Empfängers, Amplitudenänderungen zu erkennen.

Bei der **Frequenzmodulation** zur Übertragung binärer Signale besteht die Möglichkeit einer Umtastung fester Frequenzen zur Codierung der Binärwerte O und 1. Diese Methode wird auch

Frequency-Shift-Keying (FSK) genannt. Bei FSK hängt die Schrittdauer T_S von den technischen Gegebenheiten ab empfängerseitig eine Frequenzänderung zu erkennen (siehe Abb. 5.17).

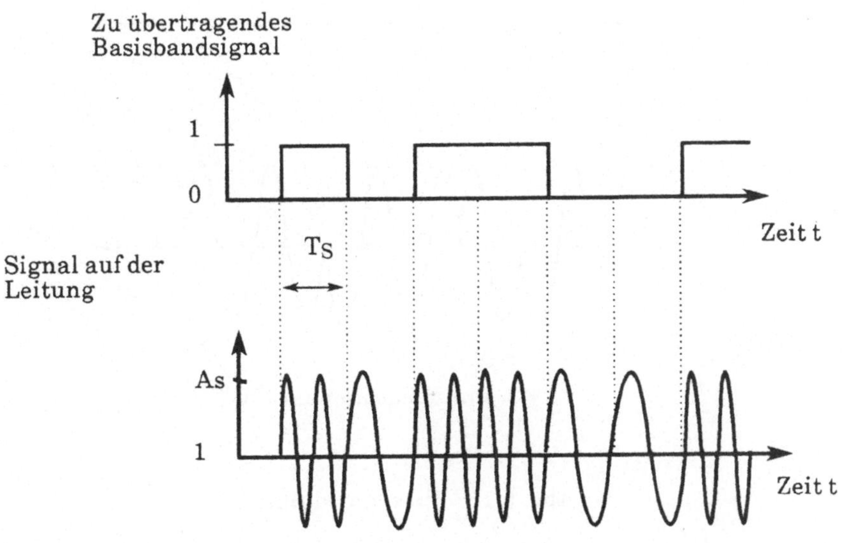

Abb. 5.17. Frequenzmodulation

Eng mit der Frequenzmodulation ist die **Phasenmodulation** verwandt. Entsprechend dem Basisbandsignal wird jedoch nicht die Frequenz, sondern der Phasenwinkel des Trägersignales verändert. Die maximale Abweichung des Phasenwinkels aus seiner Nullage wird als Phasenhub bezeichnet. Zur Übertragung digitaler Basisbandsignale wird auch hier Umtastung vorgenommen. Die Information wird in die Phase der Trägerfrequenz verlagert. Da die absolute Phase nur schwer zu bestimmen ist, bezieht man sich meist nur relativ auf die vorhergehende Phase als Bezugsphase. Diese Methode nennt man Phasendifferenzmodulation oder **Differential-Phase-Shift-Keying** (**DPSK**) (Abb. 5.18). Auch bei DPSK ist mehrwertige Modulation möglich, indem man n-Bit Kombinationen einem Trägerparameter aufprägt, der 2^n Zustände je Schritt annehmen kann.

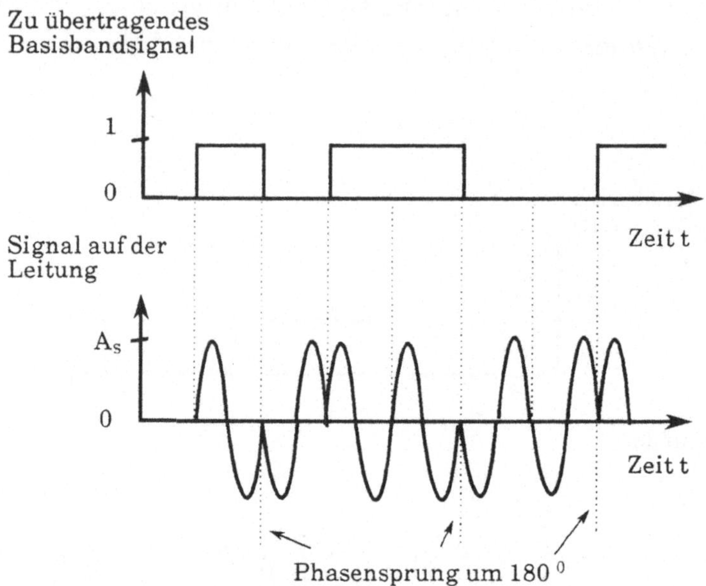

Abb. 5.18. Phasenmodulation

Bei Mischmodulationsverfahren werden sowohl die Amplitude als auch die Phase des Trägersignals in Abhängigkeit eines Basisbandsignals verändert. Ein bekanntes Verfahren dieser Klasse ist die Quadrature Amplitude Modulation (QAM). Diese Verfahren zeichnen sich dadurch aus, daß sie höhere Datenübertragungsraten ermöglichen.

5.3 Topologien und physikalische Signalankopplung

Die Netzwerktopologie beschreibt die Art und Weise wie die Endgeräte eines Netzwerkes physikalisch miteinander verbunden sind. Für lokale Computernetze haben sich einfache homogene Strukturen durchgesetzt. Vor allem vier Topologieformen sind gebräuchlich: Stern, Bus, Ring, Baum. Gegenüber vollvermaschten Systemen zeichnen sich diese durch einfache Flußkontrollmechanismen aus.

Der Transport der Information von der Medium-Zugriffssteuerung zum eigentlichen physikalischen Kommunikationsmedium erfolgt durch die Einheit für die physikalische Signalankopplung. Diese muß an die Topologieform und an das Medium (elektrische Leitung, lichtleitende Glasfaser) angepaßt sein. Für elektrische Leitungen kommen vor allem drei Ankoppelungsverfahren in Betracht: galvanische, induktive und kapazitive Ankopplung. Die wesentlichen Unterschiede dieser Ankoppelmöglichkeiten liegen in Robustheit und Toleranz gegenüber Störungen. Störungen, welche die Kommunikation beeinflussen und daher von der Ankoppelschaltung ausgeblendet werden müssen, sind externe Einkoppelungen, Übersprechen zwischen nebeneinanderliegenden Leitungen und Ströme auf der Masseleitung infolge von Potentialunterschieden. Durch hochfrequente Impulse an Schaltflanken der zu übertragenden Signale können auch Störungen von den Ankoppelschaltungen selbst erzeugt werden.

Bei der **galvanischen oder direkten Ankopplung** ist zwischen symmetrischen (z.B. verdrilltes Leitungspaar) und unsymmetrischen (z.B. Koaxialkabel) Leitungen zu unterscheiden. Drei Ankoppelungsarten kommen in Betracht, die nach der Art charakterisiert werden, wie die Ausgänge der Ankoppelschaltung elektrisch auf die Leitungen einwirken: **Spannungsausgang** (bei unsymmetrischen Leitungen), **Spannungsdifferenzausgang** (symmetrische Leitungen), **Stromausgang** (symmetrische Leitung). Durch jede Störung auf einer Leitung wird das Signal in bezug auf die (digitale) Entscheidungsschwelle verschoben. Bei unsymmetrischen Leitungen mit Spannungsausgang können solche Störungen und Induktionsspitzen an den Signalflanken sehr direkt das Signal verfälschen. Der differentielle Spannungsausgang, welcher mit einem Differenzeingang auf der Empfängerseite korrespondiert, kann Störungen aufgrund externer Einkoppelungen weitgehend unterdrücken, da diese Art von Störungen sich auf beide Adern einer symmetrischen Leitung gleichartig auswirken, und nur die Differenzspannung der beiden Leitungsadern als Nutzsignal betrachtet wird. Der Stromausgang treibt unabhängig vom logischen Wert einen Strom auf einer der beiden Leitungsadern. Als Rückleitung dient die Masseleitung. Damit läßt sich auf den beiden Leitungsadern und der Masseleitung ein konstanter Stromfluß, unabhängig vom logischen Wert, erreichen. Die Umschaltspitzen an den Signalflanken, die bei Spannungsausgang Störungen verursachen, sind bei diesem Verfahren weitgehend harmlos.

Bei der **induktiven oder transformatorischen Ankopplung** werden die Signale über Transformatoren angekoppelt. Der Transformator dient sowohl zur Ankoppelung als auch zur galvanischen Trennung zwischen Netz und Teilnehmer. Diese Art der Ankopplung hat vor allem im Bereiche der Prozeßdatenverarbeitung (Automatisierungstechnik) große Bedeutung erlangt. Vorteile sind hohe Zuverlässigkeit, geringer Leistungsbedarf und weitgehende Rückwirkungsfreiheit.

Bei der **kapazitiven Ankopplung** werden die Signale über Kondensatoren auf die eigentlichen Anschlußleitungen ein- und ausgekoppelt. Damit ist Potentialtrennung erreicht und Gleichstromübertragung, die die Entscheidungsschwelle der Empfängereinheit beeinflussen kann, ist nicht möglich. Dieses Verfahren eignet sich daher besonders gut für gleichstromfreie Übertragungstechniken (Manchester-Code). Zu beachten ist, daß sich durch den Koppelkondensator eine untere Grenzfrequenz für die Übertragung ergibt.

5.3.1 Sterntopologie

Bei der Sterntopologie sind alle Teilnehmer mit einem zentralen Knoten über Punkt-zu-Punkt Teilnehmer- Anschlußleitungen verbunden, der bei einem aktiven Stern die Vermittlungsaufgabe durchführt. Der Ausfall einer Teilnehmerstation bzw. einer Teilnehmeranschlußleitung bewirkt kaum Störungen für andere Stationen. Es ist jedoch möglich, daß die Erreichbarkeit vorübergehend durch einen Besetztzustand der Vermittlungsstelle eingeschränkt ist. Durch Ausfall nur einer Teilnehmeranschlußleitung wird der Verbindungsgrad reduziert. Für die Zuverlässigkeit eines Sternnetzes ist die Zuverlässigkeit des Vermittlungsknotens von zentraler Bedeutung. Qualitative und leistungsmäßige Kriterien werden im Gegensatz zu Bus- und Ringsystemen in erster Linie durch den Vermittlungsknoten bestimmt (Abb. 5.19).

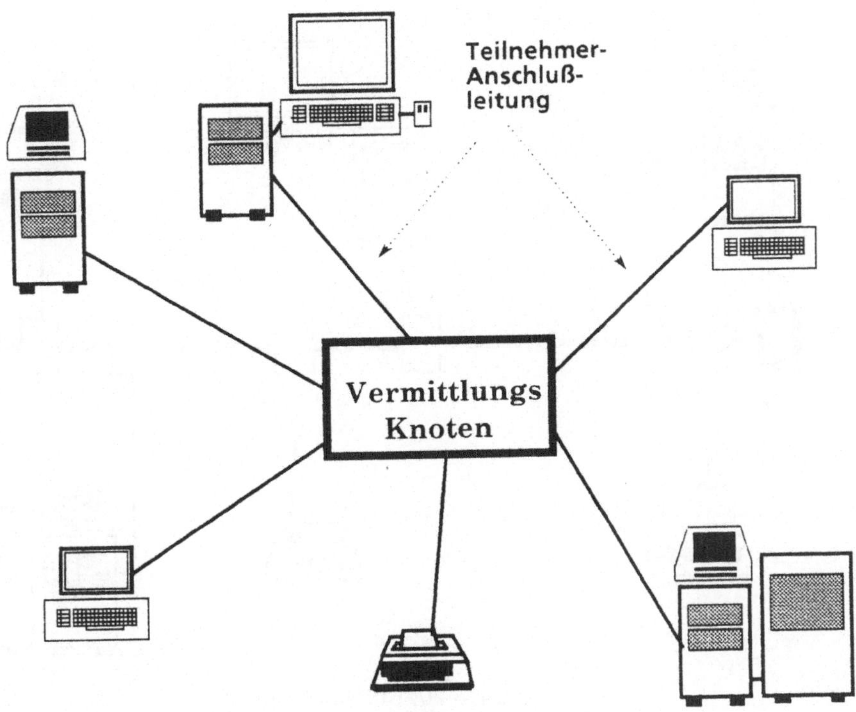

Abb.5.19. Sterntopologie

Neben aktiven Sternen gibt es auch passive Sterne, bei denen die zentrale Stelle keine Steuer- und Vermittlungsfunktion ausübt, sondern nur eine Verteilfunktion der Eingangssignale an alle Ausgänge erfüllt. Die Funktionsweise eines passiven Sternes entspricht daher der eines Busses.

5.3.2 Bustopologie

Bei der Bustechnologie haben alle Stationen prinzipiell gleichberechtigten Zugang zu einem gemeinsamen wechselseitig ausgeschlossen zu benutzenden Übertragungsmedium. Der Zugang kann durch starre Zuleitung, Wettbewerbs- oder Reservierungsverfahren geregelt werden. Alle Signale werden direkt von der

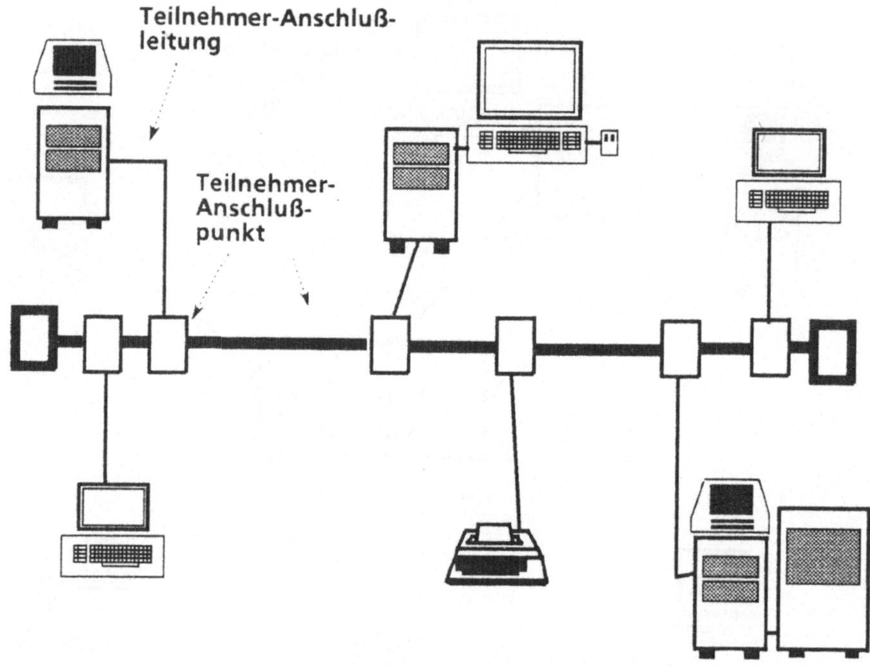

Abb. 5.20. Bustopologie

Quelle zum Ziel (ohne Zwischenschaltung einer zentralen Station) übertragen. Vorteilhaft an dieser Topologie ist die hohe Modularität. Das Leistungsverhalten läßt sich weitgehend durch nur einen Parameter, die Kanalkapazität des Busses, beeinflussen. Die Teilnehmeranschlußleitung und der Bus sind passiv. Signale werden also nicht regeneriert oder verstärkt. Für die räumliche Ausdehnung einer Bustopologie ist die Leistungsfähigkeit der Sendeverstärker der Teilnehmer, aber auch das Buszugriffsverfahren von Bedeutung (Abb. 5.20).

5.3.3 Ringtopologie

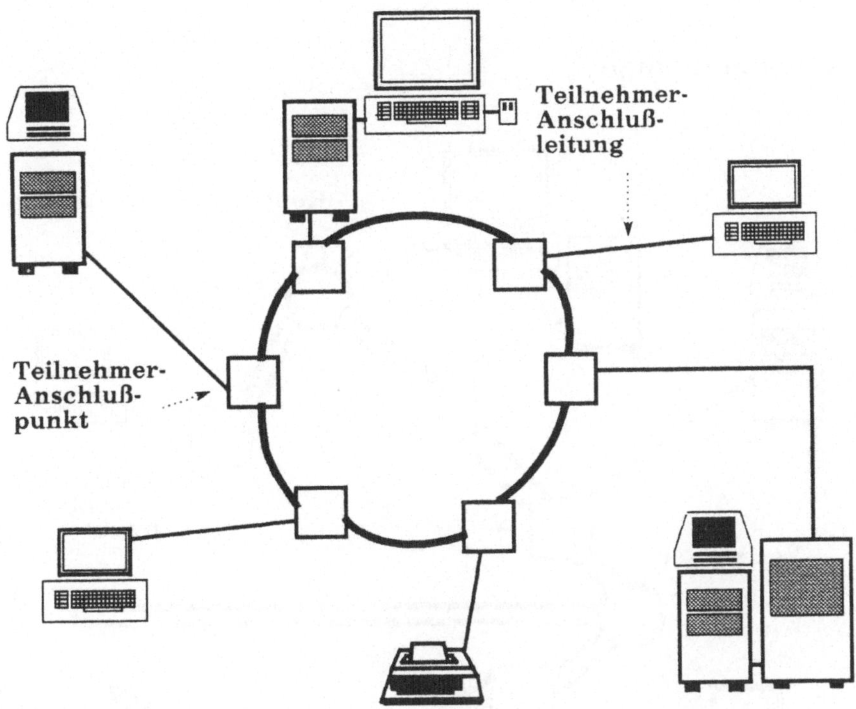

Abb. 5.21. Ringtopologie

Bei einer Ringtopologie hat jede Station genau einen linken und einen rechten Nachbar. Die Ringstruktur führt zu einer indirekten Verbindungsmöglichkeit „jeder mit jedem". Eine Nachricht wird am Weg durch den Ring in jedem zwischenliegenden Teilnehmer-Anschlußpunkt empfangen, regeneriert und weitergeschickt. Für die einzelnen Übertragungsstrecken lassen sich leistungsfähige Medien wie Lichtstellenleiter einsetzen.

Da die Teilnehmer-Anschlußpunkte (TAPs) ein aktives Verhalten aufweisen, wird offenkundig, daß sie für die Funktionsfähigkeit eines Ringes von zentraler Bedeutung sind. Ausfall nur eines TAPs bedeutet ein Zusammenbrechen des Ringes. Die Erweiterung eines Ringes bei laufendem Betrieb ist problematisch.

Um einen neuen Teilnehmer einzufügen, muß in der Regel der gesamte Betrieb unterbrochen werden (Abb. 5.21).

5.3.4 Baumtopologie

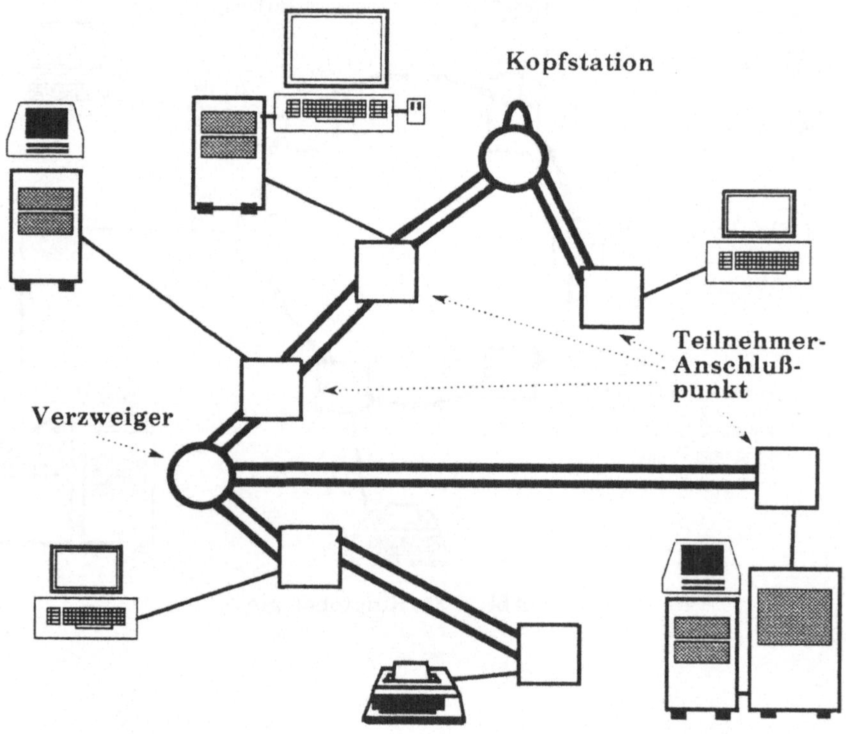

Abb. 5.22. Baumtopologie

Die Baumtopologie hat sich vor allem in Verteilkommunikationsnetzen wie Kabelfernsehnetzen durchgesetzt. Im Gegensatz zu Verteilkommunikationsnetzen, in denen nur von einer Zentrale Information an alle Teilnehmer gesendet werden kann, ist bei lokalen Computernetzen zweiseitige Kommunikation erforderlich. Um diese zweiseitige Kommunikation in der Baumtopologie zu ermöglichen, muß jeder Teilnehmer mit zwei entgegengesetzten Übertragungsmöglichkeiten verbunden sein. Auf der einen können die Teilnehmer nur senden, auf der anderen nur empfangen

(Abb. 5.22). In einer Kopfstation werden diese beiden Leitungswege gekoppelt. Die für die Baumtopologie typische Verzweigung erfolgt in Verzweigern (Splitter).

5.4 Mehrfachnutzung und Netzzugriffsverfahren

Wenn mehrere Teilnehmer gemeinsame Ressourcen (Übertragungseinrichtungen, Leitungen, Bandbreite) nutzen, können Konkurrenzsituationen entstehen. Eine Aufteilung, Zuteilung ist daher durch ein Zugriffsverfahren sicherzustellen, um diese Konkurrenzsituationen geordnet zu bewältigen. Dieses soll darüberhinaus auch sicherstellen, daß alle Teilnehmer möglichst effektiv bedient werden (übertragen können) und andererseits die gemeinsamen Ressourcen möglichst optimal genutzt werden.

Mehrfachnutzung einer Übertragungsstrecke bedeutet, daß auf dieser Signalfolgen verschiedener Herkunft und Art übertragen werden können und daß nach der Übertragung jede dieser Signalfolgen bei der entsprechenden Senke selektiv weiterverarbeitet werden kann. Verfahren der Mehrfachnutzung werden auch als Multiplexverfahren bezeichnet. Eine Fülle solcher sind bekannt. Einige von ihnen teilen die Übertragungskapazität statisch auf verschiedene Teilnehmer auf, die damit simultan ihre Kommunikationsvorgänge abwickeln können. Bei dieser Aufteilung wird jedem Teilnehmer ein bestimmter Anteil der Gesamtübertragungskapazität (je nach Bedarf fix) zugeteilt. Diese statische Zuteilung hat den Nachteil, daß nicht genutzte Übertragungskapazitäten verschwendet werden. Für moderne Kommunikationsnetze setzen sich daher mehr und mehr dynamische Zuteilungsverfahren durch, die diesen Nachteil nicht haben. Drei grundsätzlich verschiedene Verfahren existieren (Abb. 5.23):

1) **Raummultiplex**
2) **Frequenzmultiplex (Frequency Division Multiplexing - FDM)**
3) **Zeitmultiplex (Time Division Multiplexing - TDM)**

Bei **Raummultiplexverfahren** entspricht jeder durchgeschalteten Verbindung eine bestimmte räumlich fixierte Zuordnung. Diese Verfahren haben im Fernsprechbereich große Bedeutung erlangt, sie werden jedoch mehr und mehr verdrängt.

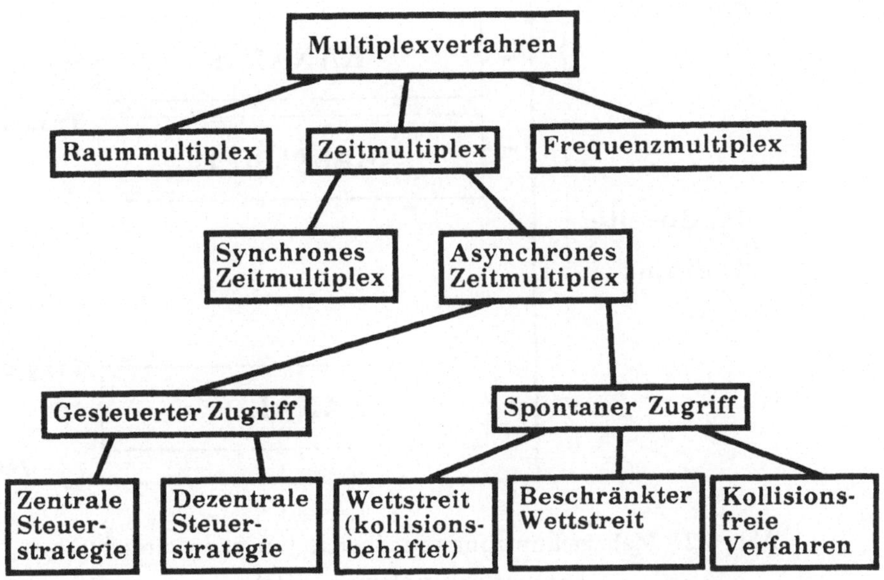

Abb. 5.23. Multiplexverfahren physikalischer Übertragungswege

Bei **Frequenzmultiplexverfahren** (**FDM**, Frequenzmultiplexing, Abb. 5.24) wird die gesamte verfügbare Bandbreite des Mediums (Gesamtübertragungskapazität) aufgeteilt in Kanäle bestimmter Bandbreite (Kanalkapazität). Jeder Kanal kann unabhängig von den anderen zur Übertragung eines Basisbandsignales benutzt werden. Hierfür muß dieses einer Trägerfrequenz (einem Träger) aufmoduliert werden, und auf der Empfängerseite muß es durch Demodulation rückgewonnen werden.

Beim **Zeitmultiplexverfahren** (**TDM**, Zeitmultiplexing, Abb. 5.25) werden unterschiedliche Signalströme durch eine zeitliche Verschachtelung unter Ausnützung jeweils der gesamten verfügbaren Bandbreite des Mediums übertragen. Zeitmultiplexverfahren eignen sich besonders gut für digitale Basisbandsignale. Durch die Pulscodemodulation wurde die Möglichkeit geschaffen diese Verfahren auch für analoge Basisbandsignale erfolgreich

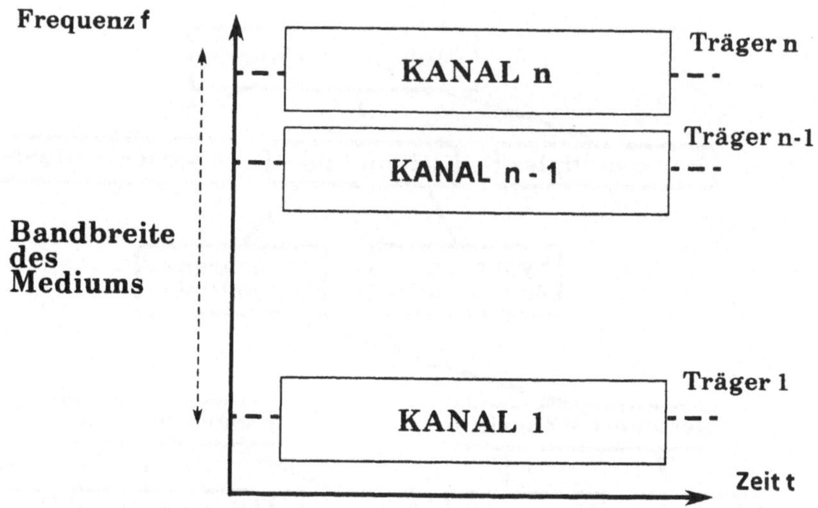

Abb. 5.24. Mehrfachnutzung von Übertragungskapazität durch Frequenzmultiplexing (FDM)

einzusetzen. Die Bandbreite des physikalischen Mediums wird in vollem Umfang für unterschiedliche Teilnehmerverbindungen zugeteilt. Durch die jeweilige Zuteilung der vollen Bandbreite entstehen Kanäle, die je nach Zuteilungsdauer der Bandbreite alle gleiche oder unterschiedliche Kanalkapazitäten (Bitraten, bit/sec) haben. Je nach dem, wie die Übertragungszeit zugeteilt wird, lassen sich die Zeitmultiplexverfahren weiter unterteilen. Beim **synchronen Zeitmultiplex (STDM)** werden die Eingangskanäle zyklisch reihum abgetastet. Jedem Kanal wird in einer Zeitscheibe ein Zeitschlitz (slot) zugeteilt. Beim **asynchronen (statistischen) Zeitmultiplex (ATDM)** werden nur Eingangskanäle abgetastet, (bedient) die Bedarf zum Senden haben. Dadurch ergibt sich eine dynamische Zuteilung der verfügbaren Kapazität des Übertragungsmediums.

Die verschiedenen Netzzugriffsverfahren, die insbesondere für lokale Computernetze von Bedeutung sind, basieren im wesentlichen auf speziellen Zeitmultiplexverfahren. Während bei den

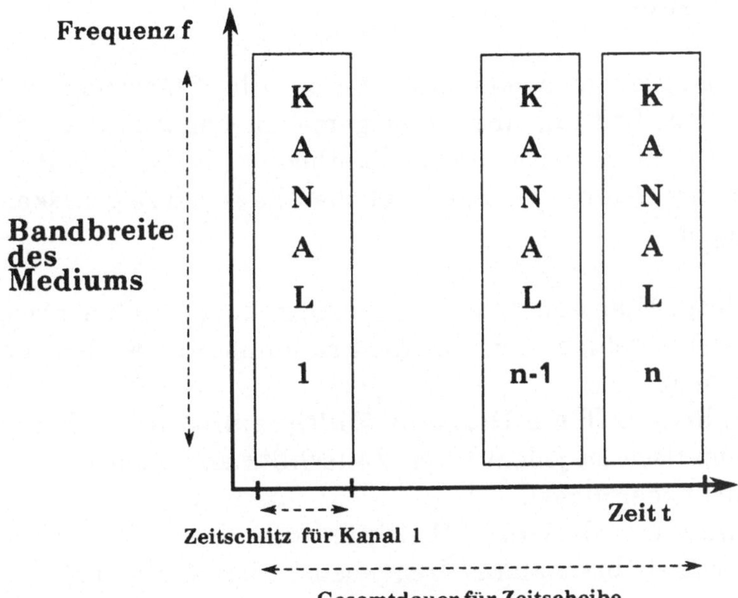

Abb. 5.25. Mehrfachnutzung von Übertragungskapazität durch Zeitmultiplexing (TDM)

Mehrfachnutzungsverfahren im wesentlichen die Zuweisung von Übertragungskapazitäten im Vordergrund der Betrachtung steht, ist bei den Netzzugriffsverfahren zu (lokalen) Computernetzen die Frage im Vordergrund, wer zu einem bestimmten Zeitpunkt Übertragungskapazität zugeteilt erhält (Media Access Control, Mediums-Zugriffssteuerung). Für die Behandlung dieser Verfahren gehen wir von der Annahme aus, daß mehrere Teilnehmer um eine gemeinsame Übertragungsmöglichkeit „konkurrieren". Zugangsverfahren sind eng mit der Topologie eines Netzes verknüpft.

5.4.1 Buszugriffsverfahren

Bei Bussystemen kommunizieren alle Stationen über eine gemeinsame Leitung, über einen gemeinsamen Kanal. Es gibt viele als klassisch zu bezeichnende Methoden, die verwendet werden können, um Ordnung in das mögliche Chaos von Zugriffskonflikten zu bringen:

Polling: Eine zentrale Stelle sendet kurze Pollnachrichten zu jedem Teilnehmer, um ihm die Erlaubnis zum Senden von Daten zu geben.
Synchrones Time Division Multiplexing: Jeder Benutzer ist automatisch zu jedem n-ten Zeitschlitz angeschaltet (ob er ihn braucht oder nicht).
Frequency Division Multiplexing: Jeder Teilnehmer hat dauernd ein bestimmtes Frequenzband zur Verfügung.

In den frühen 70-er Jahren entwickelten Norman Abramson (Abramson 1970) und seine Kollegen von der Universität Hawaii eine neue elegante Methode, um das Problem der möglichen Konflikte beim Mehrfachzugriff zu Bussen zu lösen - das Aloha Verfahren. Die Grundidee bei Aloha ist sehr einfach: jedes Paket, das gesendet wird, wird von allen angeschlossenen Stationen empfangen. Jeder Empfänger muß prüfen, ob eine Paket für ihn bestimmt ist oder nicht. Jeder Teinehmer kann senden, wann immer er will, es gibt keine Zugriffsrestriktionen oder Zugriffssteuerregeln. Es werden daher Kollisionen auftreten: das sind Überlagerungen von zwei oder mehreren Paketen. Die kollidierenden Pakete werden zerstört. Da jedoch jeder Sender selbst feststellen kann, ob sein Paket zerstört wurde oder nicht, kann er es im Zerstörungsfalle nach einer stochastisch angesetzten Wartezeit neu senden.

1972 schlug Roberts (Roberts 1972) eine Modifikation des Aloha-Verfahrens vor, bei dem jede Station nur nach Ablauf eines vorgegebenen Zeitintervalls auf den Kanal zugreifen darf: Slotted Aloha. Dadurch konnte die Kollisionshäufigkeit reduziert werden.

Die relativ große Anzahl auftretender Kollisionen bei Aloha und Slotted Aloha durch das Fehlen jeglicher Zugriffssteuermechanismen kann verbessert werden, indem die Stationen zuerst in den „Kanal horchen" (carrier sense), ob dieser frei oder besetzt ist, bevor sie zugreifen. Diese Verfahren heißen Carrier Sense Verfahren (Tobagi 1974). Sie sind zweckmäßig bei Kanälen, auf denen die Signalausbreitungsverzögerung kurz ist im Vergleich zur Paketübertragungszeit. Die Bezeichnung Carrier Sense ist unglücklich gewählt, da eigentlich kein Träger im Sinne des Frequenzmultiplex-Verfahrens vorhanden ist. Vielmehr wird abgefragt, ob ein Signal übertragen wird oder nicht.

Grundsätzlich kann man Zugriffsverfahren für Bussysteme in drei Klassen einteilen: **Wettstreit Zugriffsverfahren**, bei denen Kollisionen möglich sind, **kollisionsfreie Zugriffsverfahren** und **Verfahren mit beschränktem Wettstreit** (Limited Contention Protocols), das sind solche, die in geschickter Weise die Vorteile der beiden anderen Klassen von Verfahren kombinieren.

Wettstreit Buszugriffsverfahren

Zugriffsverfahren, bei denen die Stationen in den Bus hineinhorchen und die Zugriffsentscheidung vom empfangenen Signal abhängig machen, werden als Carrier Sense Verfahren bezeichnet. Bei diesen Verfahren kann es durch die endliche Signalausbreitungsgeschwindigkeit auf der Leitung trotzdem zur ungewollten Überlagerung (Kollision) mehrerer Pakete kommen. Der Kanal kann mit 3 Zuständen beschrieben werden:

- **Contention** (Wettstreit)
- **Transmission** (Übertragung)
- **Idle** (nicht belegt)

Je nach Art der Zugriffsentscheidung lassen sich drei Klassen von Carrier Sense Verfahren unterscheiden:

1-persistent CSMA (Carrier Sense Multiple Access): Die Stationen horchen dauernd in den Bus hinein. Hat eine Station ein Paket abzusetzen, tut sie dies, sobald sie den Bus idle (nicht belegt)

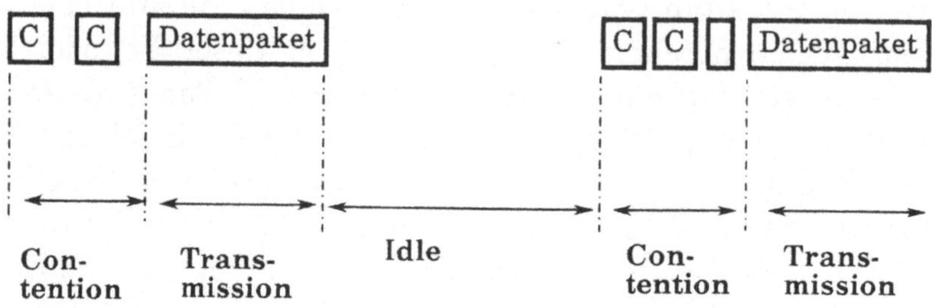

Abb.5.26. Carrier Sense Mechanismus allgemein

vorfindet. Tritt Kollision auf, wartet die Station eine zufällig bestimmte Zeit und versucht dann in gleicher Art und Weise das Paket abzusetzen.

nonpersistent CSMA: Im Gegensatz zum 1-persistent CSMA Verfahren horcht hier die Station nicht dauernd in den Bus hinein, sondern nur dann, wenn ein Paket abgesetzt werden soll. Wird der Bus als belegt erkannt, wird eine zufällig bestimmte Zeitdauer gewartet und dann neuerlich in den Bus gehorcht. Ist er idle, wird das Paket abgesetzt, wenn nicht, wird weiter gewartet.

p-persistent CSMA: Diese Verfahren werden vorwiegend für Busse mit Zeitschlitzen (slotted Bus: nur zum Beginn eines zyklisch wiederkehrenden Zeitschlitzes ist Zugriff möglich) verwendet. Wenn eine Station ein Paket fertig hat, horcht sie in den Bus. Ist dieser idle, wird er mit der Wahrscheinlichkeit p belegt, mit der Wahrscheinlichkeit (1-p) wird die Übertragung einen Zeitschlitz lang aufgeschoben. Ist dieser dann frei, wird wieder mit Wahrscheinlichkeit p übertragen bzw. mit 1-p weiter verzögert. Wird ein Schlitz belegt vorgefunden, so wird wie im Kollisionsfalle eine zufällig festgelegte Zeitdauer gewartet.

Ethernet: Ethernet ist ein spezielles 1-persistent CSMA-Verfahren. Eine Station, die ein Paket zu übertragen wünscht, horcht in den Kanal und handelt wie folgt:

1) Wenn der Kanal idle (nicht belegt) ist, beginnt sie mit der Übertragung.
2) Wird der Kanal als busy (belegt) erkannt, wird gewartet, bis er idle ist.
3) Wird eine Kollision während einer Übertragung erkannt, wird die Übertragung abgebrochen. Die Zugriffssteuerung der Station setzt eine zufällig gewählte Wiederholzeit fest, die von der Kollisionsvergangenheit der Station abhängt. Nach dieser Wiederholzeit wird wieder versucht, das Paket auf den "Ether" zu bringen (wie 1,2,3). Zum Wahrnehmen der Kollision benötigt die gestörte Station mindestens die Zeit, die für die Übertragung von einem Bit erforderlich ist. Nach Erkennen einer Kollision wird ein Jam-Signal ausgeschickt (ca.3 µsek), sodaß sichergestellt wird, daß alle Stationen die Kollision wahrnehmen (collision consensus reenforcement). Zur Bestimmung der Wiederholzeit nach einer Kollision (Retransmission Intervall) wird der Binary Exponential-Backoff-Algorithmus herangezogen. Die Wiederholzeit ist ein Vielfaches der Zeit, die für die Erkennung einer Kollision im schlimmsten Falle erforderlich ist (zweifache End to End Signallaufzeit am Kabel). Nach Ablauf der Wiederholzeit versucht die Station, entsprechend den üblichen Regeln, den Bus zu belegen.

Kollisionsfreie Buszugriffsverfahren

Wettstreit-Verfahren wie Ethernet arbeiten bewußt mit Kollisionen auf dem Medium. Bevor eine Station sendet, überprüft sie, ob nicht bereits eine andere Station das Medium beansprucht. Nur dann beginnt sie zu senden. Desgleichen kann jedoch auch eine zweite Station handeln, sodaß eine Kollision, eine Überlagerung auf dem Medium, auftritt. Diese wird von beiden beteiligten Stationen erkannt (Collision Detection) und nach unterschiedlichen Wartezeiten beginnt jede Station von neuem mit einem Sendeversuch. Bei vielen gleichzeitig sendewilligen Stationen häuft sich die Anzahl der Kollisionen und der effektive Datendurchsatz geht zurück, die Wartezeiten werden länger. Bei solchen Verfahren kann man insbesondere bei starker Verkehrslast nicht vorhersagen wie lange es dauert bis ein Paket dem Empfänger erreicht (stochastische Verfahren). Für Anwendungen insbesondere in Bereichen der Prozeßautomatisierung ist diese Situation nicht tragbar. Dort benötigt man Verfahren, bei denen auch für den ungünstigsten Fall die Zeit für die Übermittlung eines Paketes vorhersagbar (berechenbar) ist. Solche Verfahren bezeichnet man daher auch als deterministische Verfahren oder kollisionsfreie Verfahren.

Bei den kollisionsfreien Buszugriffsverfahren wird die Kanalkapazität von vornherein unterteilt in einen Teil, der für die Zugriffsreservation verwendet wird (Contention Periode, Reservationsphase) und einen zweiten Teil für die Übertragung von Datenpaketen selbst. Einige konkrete Verfahren sollen kurz besprochen werden:

Bit Map Protokoll: Bei diesem Verfahren besteht jede Contention Periode aus genau n Schlitzen, wobei n die Anzahl der angeschlossenen Stationen ist. Jeder Station ist ein bestimmter Schlitz fest zugeordnet. Wenn eine Station ein Paket abzusetzen hat, sendet sie ein 1-Bit während des ihr zugeordneten Zeitschlitzes der Contention Periode. Während der Contention Periode darf keine Station Datenpakete senden. Nachdem die n Contention Zeitschlitze vorbei sind, besitzt jede Station Kenntnis darüber, wer etwas zu senden hat, und sie beginnen der Reihe nach mit der Übertragung. Da alle Stationen wissen, wer zu übertragen wünscht, entstehen keine Kollisionen. Wenn die letzte Station übertragen hat (was von allen Stationen erkennbar ist), beginnt wieder eine Contention Periode (Abb.5.27).

Broadcast Recognition with Alternating Priorities - BRAP: Das Bit Map Protokoll besitzt mehrere Nachteile, z.B. die Unsymmetrie mit der Stationen behandelt werden: Stationen mit höherer Adresse bekommen schlechteres Service als solche mit niedrigerer. Zum anderen müssen Stationen (auch unter schwacher Verkehrslast) immer auf die Abarbeitung der gegenwärtigen Contention Periode warten. Dieser Nachteil wird beim Broadcast

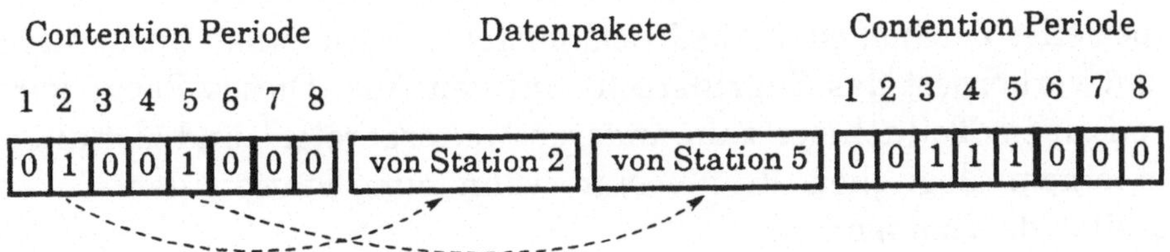

Abb. 5.27. Grundlegendes Bit Map Protokoll für 8 Stationen

Recognition with Alternating Priorities-Verfahren vermieden. In BRAP beginnt eine Station sofort nachdem sie ein 1-Bit in den Contention Schlitz abgelegt hat mit der Übertragung. Die Kanaleffizienz bei BRAP ist genau gleich wie bei dem vorher genannten Bit Map Protokoll. Die Verzögerungscharakteristik für die Stationen ist jedoch besser(Abb. 5.27).

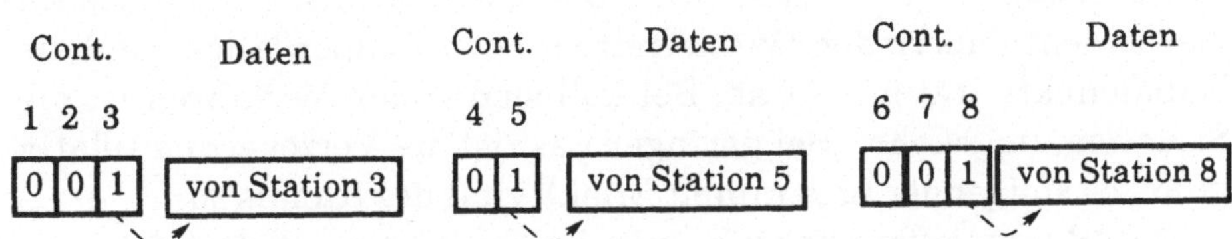

Abb. 5.28. Broadcast Recognition with Alternating Priorities - BRAP

Multi Level Multi Access Protocol: Dieses Verfahren ist ebenfalls ein modifizierter Bit Map Mechanismus. Anstelle eines Contention Schlitzes fester Länge wird hier der Contention Schlitz aus den Adressen der sendebereiten Stationen durch eine bestimmte Codierung gefüllt. Diese ist von variabler Länge. Eine Modifikation dieses Protokolls ist gegeben durch das Binary Countdown Protokoll.

Token-Passing-Bus: Ein bedeutungsvolles kollisionsfreies Verfahren ist das des Token-Passing-Bus. Der „Token" ist ein spezielles Zeichen oder Ausdrucksmittel in Form eines Bitmusters, und verkörpert das Zugriffsrecht auf den Bus. Dieses Recht wird von einem Teilnehmer zum anderen weitergereicht und zirkuliert in einem „logischen Ring". Nur wenn eine Station den Token besitzt, darf sie senden.

Buszugriffsverfahren mit begrenztem Wettstreit

Wettstreit und kollisionsfreie Buszugriffsverfahren können verglichen und bewertet werden in bezug auf die beiden wesentlichen Leistungsmerkmale:

- Verzögerung bei geringer Last
- Kanaleffektivität bei starker Last

Unter geringer Last sind Wettstreit Verfahren wegen der kurzen Verzögerung zu bevorzugen. Mit zunehmender Last werden jedoch die Contentionperioden (Wettstreitperioden) immer länger und die Kanaleffektivität nimmt ab. Bei kollisionsfreien Verfahren ist die Situation umgekehrt. Bei geringer Last ist die Verzögerung relativ groß, bei steigender Last nimmt Effektivität des Kanals zu.

Die Buszugriffsverfahren mit beschränktem Wettstreit versuchen die guten Eigenheiten der Wettstreit- und der kollisionsfreien Verfahren zu kombinieren. Die bisher betrachteten Carrier Sense Mechanismen sind symmetrisch in dem Sinne, daß jede Station mit einer für alle Stationen gleichen Wahrscheinlichkeit p auf den Bus zugreift. Es ist offensichtlich, daß die Wahrscheinlichkeit, daß eine Station erfolgreich auf den Bus zugreifen kann, größer ist, wenn weniger Stationen den Zugriff versuchen. Das zu erwirken, geschieht bei den Limited Contention Protokollen. Stationen werden zu Gruppen zusammengefaßt und um bestimmte Schlitze dürfen nur Stationen aus bestimmten Gruppen zum Wettstreit antreten. Das Problem ist, wie faßt man die Stationen zu Gruppen zusammen. Wichtig ist es, die Stationen dynamisch und optimal den Übertragungsschlitzen zuzuordnen, wobei viele

Stationen zusammengefaßt werden können, wenn die Last gering ist, und wenig zusammengefaßt werden sollen, wenn die Last groß ist.

Adaptive Tree Walk Protocol: Bei diesem Verfahren

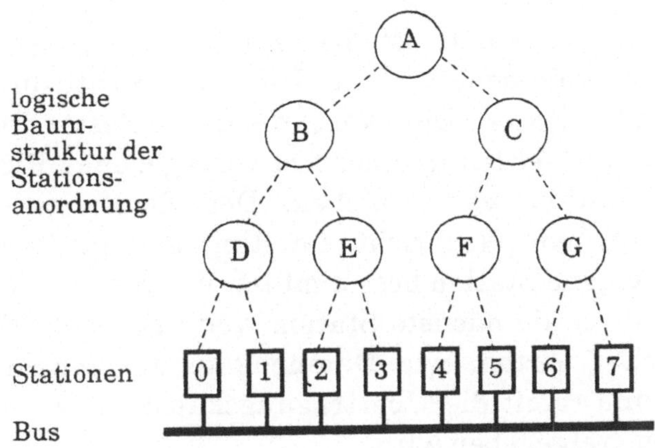

Abb. 5.29. Adaptive Tree Walk Protocol

betrachtet man die Stationen-Anordnung als Baumstruktur (siehe Abb. 5.29). Im ersten Contention Schlitz, der einer erfolgreichen Übertragung folgt, dürfen alle Stationen „mitmachen". Ist eine erfolgreich, gut. Ergibt sich Kollision, so dürfen während des nächsten Schlitzes nur mehr die Stationen, die unter Knoten B sind, "mitmachen". Ist eine Station erfolgreich, so gehört der nächste Schlitz den Stationen unter Knoten C. Jeder Contention Schlitz ist also einem bestimmten Knoten im Baum zugeordnet. Tritt Kollision auf, wird weiter abwärts gesucht. Das Suchen kann aufhören, wenn genau eine oder keine Station zugreifen will.

Urnen Protokolle: In einem von Yemini 1978 (Yemini 1978) vorgeschlagenen Verfahren betrachtet man die Stationen als in einem Kreis angeordnet. Ein „Fenster" der Länge n rotiert in diesem Kreis. Bei jedem Schlitz dürfen nur die Stationen in Wettstreit treten, die sich gerade im Fenster befinden. Ist eine erfolgreiche Übertragung abgeschlossen, wird die Fenstergröße mit n, der Anzahl der Stationen, festgelegt. Trat eine Kollision auf, wird die Fenstergröße halbiert.

5.4.2 Ringzugriffsverfahren

Der Kommunikationskanal ist bei Ringnetzen logisch und physikalisch eine geschlossene Schleife. Jede Station wird durch ein Ringinterface angeschlossen. Dieses ist integraler Bestandteil der Schleife. Datenpakete werden in einer fest vorgegebenen Richtung von Station zu Station weitergegeben. Der Empfangsteil des Interfaces empfängt jede Nachricht am Ring und prüft, ob die Nachricht für die eigene Station bestimmt ist. Wenn nicht, wird sie über den Sendeteil an die nächste Station weitergegeben. Es gibt nun grundsätzlich 2 Arten, wie Datenpakete aus einem Ring entfernt werden und somit die Übertragungskapazität wieder für anderen Stationen freigegeben wird:

1) Der Empfänger entfernt das Datenpaket
2) Die Quelle entfernt das Datenpaket, nachdem sie im geschlossenen Ring zu ihr zurückgekommen ist.

Bei Ringen der ersten Art ist offensichtlich die Bandbreite des Systems besser ausgenützt. Drei Haupttypen von Ring-Zugriffsverfahren werden unterschieden:

a) Newhall-Ringe
b) Pierce-Ringe
c) Delay Insertion-Loops

In **Newhall-Ringen** (Abb.5.30) wird ein Steuerzeichen, ein Token, von Ringinterface zu Ringinterface weitergegeben. Nur wenn eine Station den Token besitzt, ist es ihr erlaubt, eine Nachricht abzusetzen. Wenn die Übertragung der Nachricht abgeschlossen ist, wird der Token an die nächste Station weitergegen. Die Nachrichtenlänge kann variabel sein. Es ist in Newhall Ringen nicht erlaubt, daß in nichtüberlappenden Ringabständen verschiedene Nachrichten gleichzeitig übertragen werden. Grund-

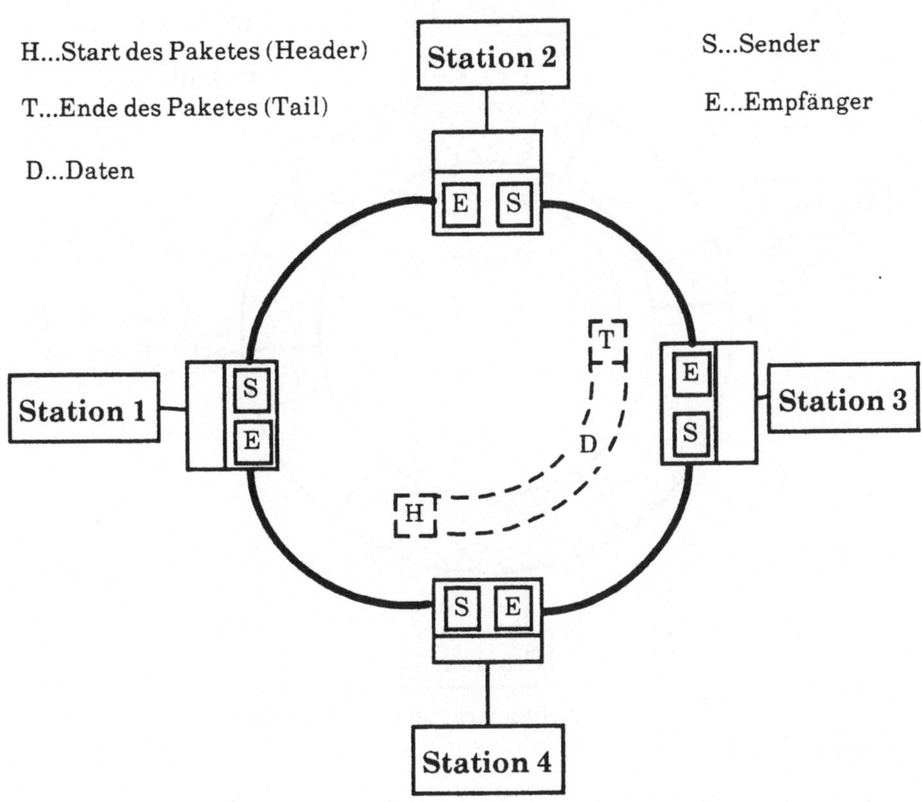

Abb. 5.30. Pakettransport in einem Newhall-Ring

sätzlich gibt es bei Newhall Ringen zwei Schemata wie der Token weitergegeben wird. Beim ersten hängt die Weitergabe davon ab, ob die Station, die den Token gerade besitzt, noch weitere Nachrichten zu übertragen wünscht. Bei der zweiten wird grundsätzlich nach jeder erfolgten Übertragung der Token weitergereicht. Das erste Newhall-Ringnetz wurde 1969 von Farmer und Newhall entwickelt.

Bei **Pierce-Ringen** (Abb.5.31) wird der Ring in eine ganzzahlige Anzahl von Schlitzen fester Länge unterteilt, in welche Nachrichten oder Nachrichtenpakete abgelegt werden können.

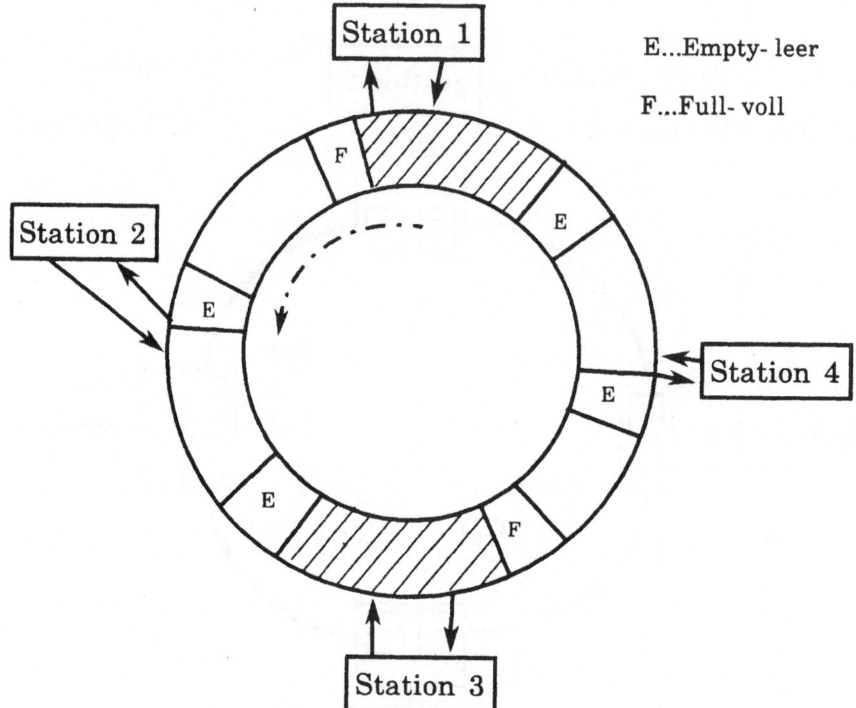

Abb. 5.31. Paketübertragung in Pierce-Ringen

Jeder Schlitz enthält ein Bit, welches anzeigt, ob er mit einem Paket gefüllt oder leer ist. Jede Station muß also die Nachrichten in Pakete unterteilen und warten, bis leere Schlitze kommen, die die Pakete aufnehmen können.

Delay Insertion-Loop: Dieses Zugriffsverfahren wurde gleichzeitig entwickelt von E. R. Hafner (für Telefon-Vermittlungs-systeme) und einer Forschungsgruppe an der Ohio State University für Distributed Loop Computer Network Systems. Die allgemeine Wirkungsweise läßt sich anhand des von Hafner entwickelten Schleifenkommunikations-Systems veranschaulichen. Er hat es als „Loope Extension Strategy" bezeichnet (siehe Abb. 5.32). Das Receiving Shift Register (RSR) ist dauernd mit der Eingangsleitung verbunden und kann sowohl Nachrichten vom Ring empfangen als

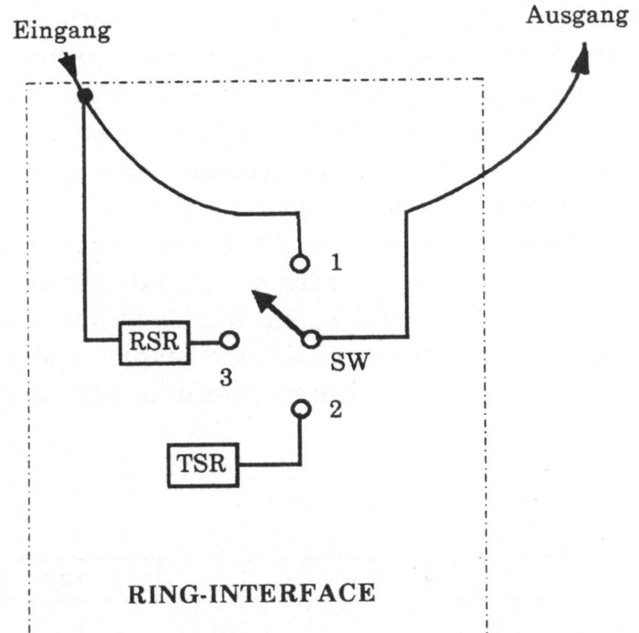

Abb. 5.32. Loop Interface für Loop Extension Strategy in Delay Insertion- Loops (Ringen)

auch entfernen. Das Transmitting Shift Registert (TSR) kann Nachrichtenblöcke in den Ring einfügen. Senden und Empfangen wird gesteuert durch einen Schalter SW. Dieser hat drei Stellungen und der Ablauf ist in etwa wie folgt:

Der Schalter SW ist ursprünglich in Stellung 1. Wenn eine Nachricht abzusetzen ist, öffnet der Schalter die Schleife für eine fest vorgegebene Zeit. Da der Informationsfluß am Ring nicht unterbrochen werden kann, wird die Information im RSR gespeichert. Der Schalter geht in Stellung 2, die abzusetzende Nachricht wird in die Schleife eingefügt. Sofort danach geht der Schalter in Stellung 3 und die dort zwischengespeicherte Nachricht wird verzögert um eine „Nachrichtenlänge" abgesetzt. Ringe dieser Art werden auch als „Register Insertion Rings" bezeichnet.

Die Funktionstüchtigkeit von Ringen hängt vom zuverlässigen Funktionieren aller aktiven Elemente, das sind die Ring-Interface

Einheiten, ab. Diese sind daher entsprechend zuverlässig auszuführen. Trotzdem kann man jedoch Störungen nicht ausschließen. Damit im Störungsfall auch nur einer Ring-Interface-Einheit nicht der gesamte Ringverkehr zusammenbricht, wurden verschiedene Methoden entwickelt. Die Gängigste dieser Methoden bedient sich eines zweiten Ringes, der in der Gegenrichtung zum ursprünglichen Ring verläuft (Abb. 5.33). Der Ausfall einer Station oder die Unterbrechung einer Verbindungsleitung bewirkt, daß die Signale bei der letzten Station vor der Fehlerstelle auf den Gegenring umgeschaltet werden. Dort werden die Signale bis zur Station nach der Störstelle weitergeleitet, wo sie wieder in den ursprünglichen Ring einmünden. Im Fehlerfalle werden bei dieser Methode nahezu die doppelte Anzahl von Ring-Interface-Einheiten durchlaufen.

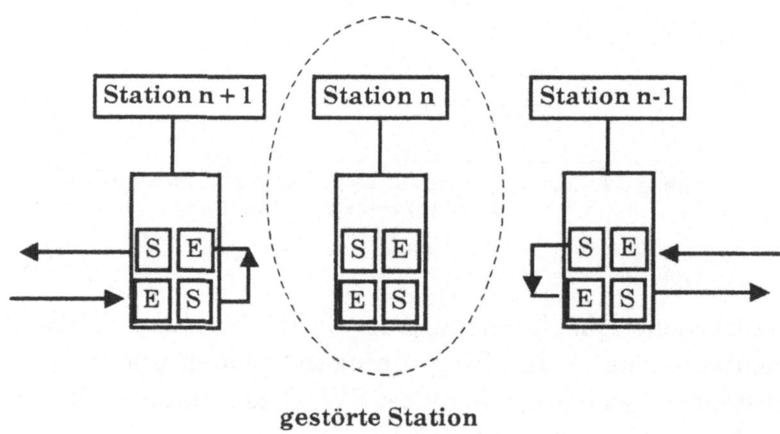

Abb. 5.33. Ausfallsicherung in einem Ring durch Gegenring

Eine andere Möglichkeit ist dadurch gegeben, von jeder Station in der Vorwärtsrichtung mehrere Leitungen abgehen zu lassen: eine zur nächsten Station, die zweite zur übernächsten und gegebenenfalls weitere zu den nachfolgenden. Dadurch ergibt sich eine Verzopfung mit Umgehungsleitungen, die es ermöglicht, den Ring funktionstüchtig zu erhalten, auch wenn mehrere Stationen ausfallen (Abb. 5.34).

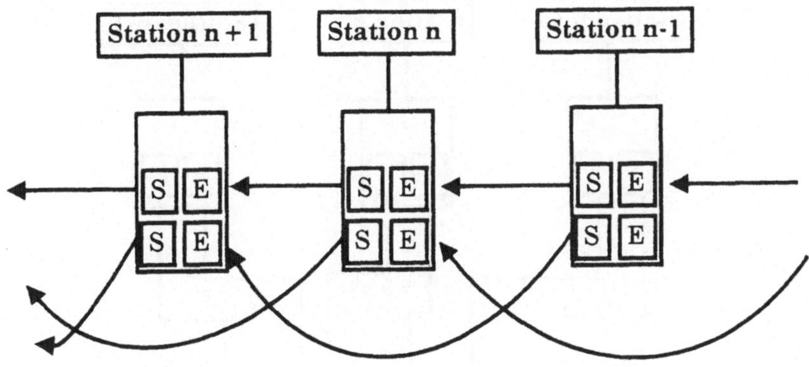

Abb. 5.34: Verzopfter Ring mit Umgehungsleitung

Eine sehr wirkungsvolle Möglichkeit, die Ausfallssicherheit zu erhöhen, besteht darin, gestörte Ring-Interface-Einheiten durch ein Überbrückungsrelais zu umgehen (Abb. 5.35). Es ergibt sich zum eigentlichen Ring ein innerer passiver Überbrückungsring. Das den inneren Ring bildende Überbrückungsrelais wird von der jeweiligen Ring-Interface-Einheit gesteuert. Wenn dieses tätig wird, muß es zugleich auch den eigenen Sendeteil vom Ring abkoppeln. Das erfordert einen gewissen Aufwand, ist aber technologisch machbar.

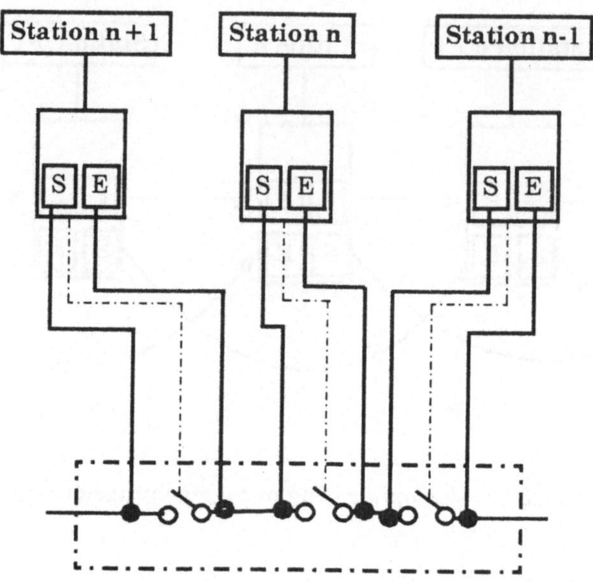

Abb. 5.35. Ring mit inneren passiven Überbrückungsringen

5.5 Lichtwellenleiter LANs

Lichtwellenleiter LANs (LANs mit lichtleitenden Glasfasern als physikalisches Kommunikationsmedium) gewinnen mit der zunehmenden Verfügbarkeit kostengünstiger und leistungsfähiger lichtleitender Glasfasern zunehmend an Bedeutung. Die

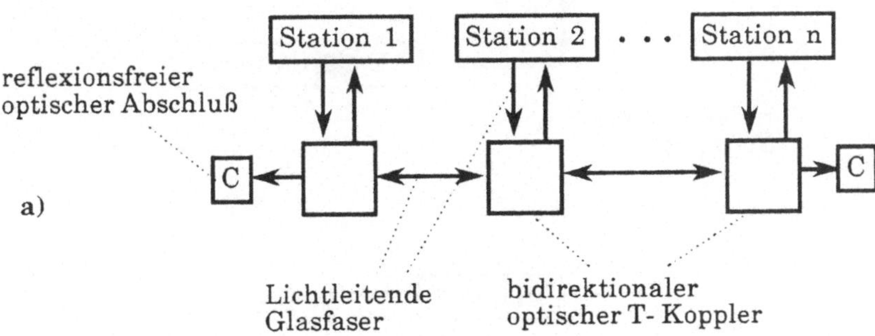

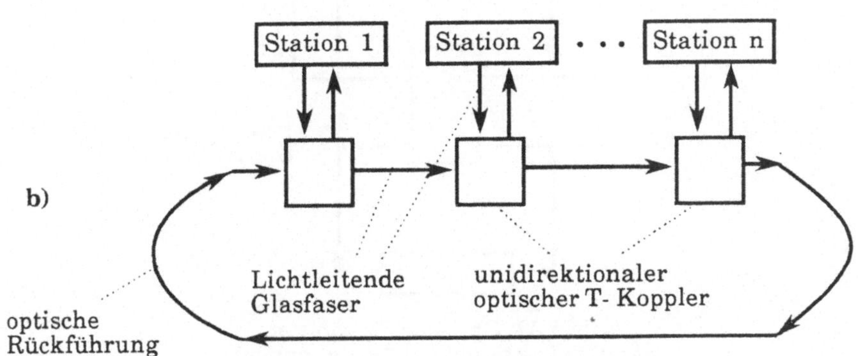

Abb.5.36. Optisches Busnetz mit T-Kopplern
a) bidirektionaler optischer T- Koppler
b) unidirektionaler optischer T- Koppler

Informationsübertragung mit lichtleitenden Glasfasern hat gegenüber drahtgebundenen Leitungen (verdrillte Aderpaare, Koaxialkabel) eine Fülle von Vorteilen: erhöhte Störsicherheit, große Betriebssicherheit und Fehlertoleranz, Abhörsicherheit, Hochspannungsfestigkeit (wichtig im Zusammenhang mit Blitzschutz) und große Kanalkapazität.

Für den Aufbau von Netzen mit lichtleitenden Glasfasern sind

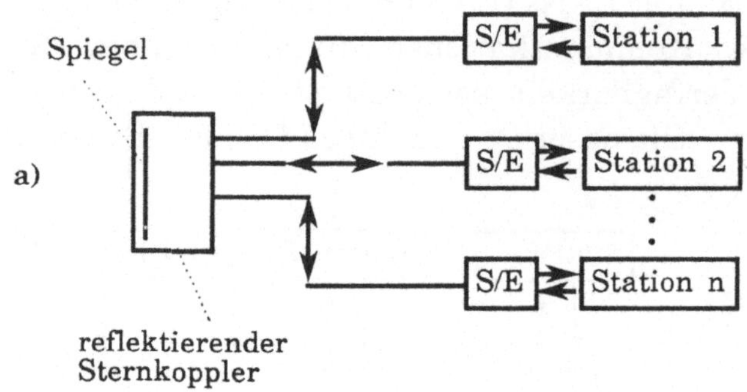

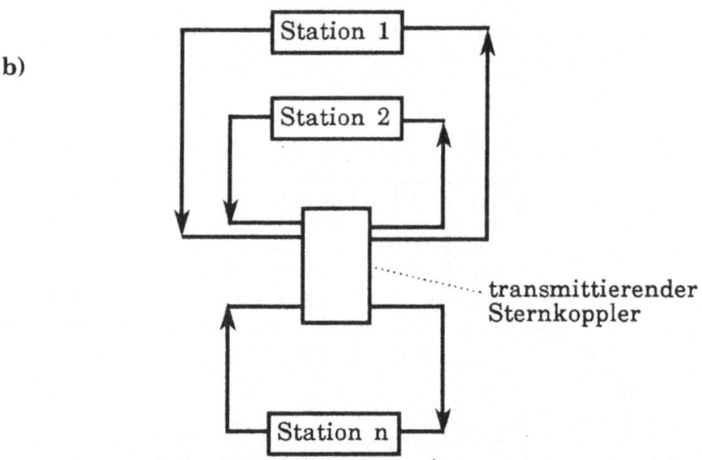

Abb. 5.37. Optische Sternnetze
a) mit reflektierendem Sternkoppler
b) mit transmittierendem Sternkoppler

optische Verzweiger (optische Koppler) erforderlich. Sofern sich die Vernetzung auf Punkt-zu-Punkt-Verbindungen beschränkt, d.h. auf die Verbindung jeweils eines bestimmten Senders mit einem bestimmten Empfänger (z.B. für Ringtopologien), besteht kein Bedarf an optischen Verzweigern. Sobald man jedoch über eine Faser Licht in beiden Richtungen übertragen will, oder mehrere

Sender und Empfänger über eine Bus- oder Sterntopologie zusammenschalten will, sind derartige Bausteine erforderlich.

Die einfachste Art und Weise, eine Bustopologie mit optischen Komponenten aufzubauen, ist mit bidirektionalen oder unidirektionalen T- Kopplern (Abb. 5.36). Um eine große Anzahl von Stationen anzuschließen, ist eine große Anzahl von T-Kopplern einzufügen. Die Kopplerverluste sind leider bei den derzeit kommerziell verfügbaren Kopplern noch sehr hoch. Die Streckendämpfung des Busses ist daher von der Anzahl angeschlossener Stationen abhängig. Ein anderes Problem bei dieser Art, optische Busse aufzubauen, stellen die Reflexionen an den Verbindungsstellen dar.

Optische Sternnetze (Abb. 5.37) haben gegenüber optischen Busnetzen Vorteile durch eine gleichmäßige Lichtverteilung. Die Vernetzung erfolgt im wesentlichen durch optische Sternkoppler. Grundsätzlich gibt es zwei Arten von Sternkopplern: den reflektierenden und den transmittierenden Sternkoppler. Beim reflektierenden Sternkoppler ist jede Station über eine Faser mit diesem verbunden. Es gibt nur eine Kopplerseite mit n (n die Anzahl der Stationen) Anschlußmöglichkeiten. Beim transmittierenden Sternkoppler ist jede Station über zwei Fasern an diesem angeschlossen: eine an der Sender- und eine an der Empfängerseite.

5.6 Datenflußsteuerung - Leitungssicherung

Der Vorteil einer klaren Gliederung der komplexen Kommunikationsaufgaben in hierarchische Schichten wird an den beiden untersten besonders deutlich: Verschiedene Kommunikationsmedien, physikalische Übertragungsformen und Datenflußsteuermechanismen können unabhängig voneinander behandelt und somit auch nahezu beliebig miteinander kombiniert werden. Als einzige eindeutige Schnittstelle zwischen beiden ist ein serieller Bitstrom definiert. Während sich die physikalische, die Bitübertragungsebene, eines Kommunikationsnetzes mit den übertragungstechnischen Details der Kommunikation befaßt (Leitungsankopplung und Signaldarstellung), ist die Sicherungsebene (Leitungssicherungsebene, Data Link Layer) vor allem mit dem logischen Informationsfluß, mit der Datenflußsteuerung betraut. Sie soll trotz möglicher Störungen auf der Leitung den sicheren Transport der Daten gewährleisten. Die Sicherungsebene gehört zu jenen Teilen der Ebenenhierarchie, die bei allen Teilnehmern an jeder Übertragung beteiligt ist, weil erst hier unter anderem entschieden wird, ob eine empfangene Nachricht für den betreffenden Teilnehmer bestimmt ist oder nicht.

Die wichtigste Aufgabe der (Leitungs-) Sicherungsebene besteht darin, unabhängig von der physikalischen Übertragungstechnik, beliebige serielle Bitfolgen zuverlässig zu übermitteln. Daraus resultieren im einzelnen folgende Teilaufgaben:

- Formatierung eines Rahmens, in den die Information eingeschlossen wird (Kennzeichnung von Beginn und Ende der Übertragung),
- Kennzeichnung bestimmter Funktionen für die Übertragungssteuerung und den Netzzugriff,
- Angabe der Teilnehmeradressen,
- Bearbeitung von Alarmen,
- Fehlersicherung durch Hinzufügen von Prüfsummen beim Senden und durch Prüfung beim Empfangen einer Nachricht,
- Fehlerbehandlung, d.h. Maßnahmen zur Korrektur erkannter Fehler.

Im Laufe der Entwicklung der Datenkommunikationstechnik entstand eine Fülle von Datenübertragungsprotokollen für die Sicherungsebene. Bei lokalen Netzen ist diese Ebene in zwei Subebenen unterteilt:

- Die **Medium Access Control** - Subebene, die die Zugriffsverfahren exekutiert und die
- **Logical Link Control** - Subebene, die für unterschiedliche Zugriffsverfahren gleich sein kann, und für den sicheren Transport der Daten zuständig ist.

Bei Punkt-zu-Punkt-Verbindungen, wenn also eine Leitung exklusive zwei kommunizierenden Stationen zur Verfügung steht, ist diese Unterteilung nicht erforderlich.

Als wesentliche Unterscheidungskriterien für Datenübertragungsprotokolle der Sicherungsebene sind die folgenden zu betrachten:

- synchrones oder asynchrones Übertragungsverfahren
- zeichen- oder bitorientierte Datenübertragung
- die Fehlersicherungsmethode

Asynchrone Übertragungsverfahren sind wesentlich älter als synchrone. Sie stammen noch gewissermaßen aus der Anfangszeit der Datenkommunikation mit Punkt-zu-Punkt-Verbindungen, für die sie sehr gut geeignet sind. Kennzeichnend für asynchrone Verfahren ist, daß jedes Zeichen mit einem eigenen Startschritt (Startbit) zur Synchronisierung des Teilnehmers versehen ist. Sie verwenden durchwegs genormte Codes (ASCII, EBCDIC, ISO-7-Bit-Code etc.) und arbeiten mit relativ niedrigen Übertragungsraten (im allgemeinen bis 96oo bit/s). Synchrone Übertragungsverfahren sind hingegen dadurch gekennzeichnet, daß zwischen allen Kommunikationspartnern die Synchronisation aufrecht erhalten wird. Damit entfällt die Notwendigkeit, für jedes Zeichen zusätzlichen Synchronisationsaufwand zu treiben. Die Kanalkapazität wird daher besser genutzt. Eine Nachricht wird innerhalb eines festgelegten Zeitrasters als sogenannter Datenblock übertragen.

Bei synchronen Übertragungsverfahren unterscheidet man zeichenorientierte und bitorientierte Verfahren. Unter zeichenorientierter Datenübertragung versteht man das Faktum, daß die gesamte zu übertragende Nachricht aus Zeichen eines bestimmten Codes (Zeichenvorrat) zusammengesetzt ist. Die verwendeten Codes enthalten neben dem Alphabet zur Darstellung der eigentlichen Nachricht noch spezielle Zeichen zur Steuerung der Übertragung (z.B. SOH - Start of Header, Beginn der Kopfinformation; STX - Start of Text; ACK - Acknowledge, positive Quittung einer empfangenen Nachricht).

Bei bitorientierten Verfahren (Protokollen) wird Beginn und Ende einer Nachricht durch spezielle Zeichen markiert (man findet mit wesentlich weniger Steuerzeichen das Auslangen als bei zeichenorientierten Protokollen). Nachrichten werden in wohldefinierten Rahmen vorgegebener Länge eingebettet, wobei das eigentliche Informationsfeld variable Bitlänge ermöglicht. Die Ablaufkontrolle erfolgt durch ein Steuerfeld innerhalb des Rahmens.

Für die Fehlersicherung von Nachrichten fügt der Sender eine Prüfinformation (Prüfbits oder Prüfworte) der übertragenen Nachricht hinzu, während sie der Empfänger benutzt, um die Fehlerfreiheit der Übertragung zu prüfen.

Für zeichenorientierte Protokolle ist die bekannteste Methode das Paritätsbit am Ende eines Zeichens, das im allgemeinen so gebildet wird, daß die Quersumme immer ungerade (oder gerade) ist. Diese Methode wird auch als Quer- Parity oder Vertical Redundancy Check (VRC) bezeichnet. Bei der Längsparitätsprüfung (Longitudinal Redundancy Check - LRC) wird die Summe jeweils über die gleichen Bitstellen aller übertragenen Zeichen eines ganzen Blockes gebildet. Das Resultat ist ein Blocksicherungszeichen mit derselben Breite wie der Code. Eine Kombination beider Verfahren ist die Kreuzsicherung, die Einfachfehler korrigieren und Doppelfehler erkennen kann.

Bei den bitorientierten Protokollen finden verschiedene zyklische Sicherungscodes (Cyclic Redundancy Check - CRC) Anwendung. Ein CRC-Prüfzeichen wird über den gesamten Nachrichtenblock gebildet und diesem beigefügt. Der Nachrichtenblock wird als ein binäres Wort betrachtet, das durch ein sogenanntes Generatorpolynom dividiert wird. Der Rest ergibt das CRC-Prüfzeichen. Je nach Generatorpolynom unterscheidet man verschiedene Verfahren, wobei mehrere genormt sind.

Zu den bekanntesten Protokollen der Sicherungsebenen sind sicherlich BSC und HDLC zu zählen. BSC (Binary Synchronous Protocol, auch Bisync bezeichnet) ist ein zeichenorientiertes Protokoll, welches von IBM entwickelt wurde und bereits 1968 erstmals eingesetzt wurde. HDLC steht als Abkürzung für High-Level-Data-Link-Control. Dieses Protokoll gilt als Vorläufer aller bitorientierten Datenübertragungsprotokolle.

Für lokale Computernetze stellt die Logical Link Control-Subebene zwei Typen von Diensten der Netzwerkebene zur Verfügung:

- **verbindungslose Dienste** oder **Datagramme** und
- **verbindungsorientierte Dienste**

Bei einem Datagramm wird eine Protokoll- Dateneinheit zwischen LSAPs übermittelt ohne vorherigen Aufbau einer Verbindung. Jedes Datagramm ist durch das Mitführen der vollständigen Adressen von Absender und Empfänger selbstbeschreibend, um damit den Weg im Netz zwischen Sender und Empfänger zu finden. Es existiert dabei kein Bezug zu vorangegangenen oder folgenden Datagrammen. Die zeitliche Reihenfolge beim Senden von Datagrammen wird dem Empfänger nicht garantiert. Ein Datagramm wird dem Empfänger mit hoher Wahrscheinlichkeit zugestellt. Ein Verlust im Netz kann jedoch nicht ausgeschlossen werden.

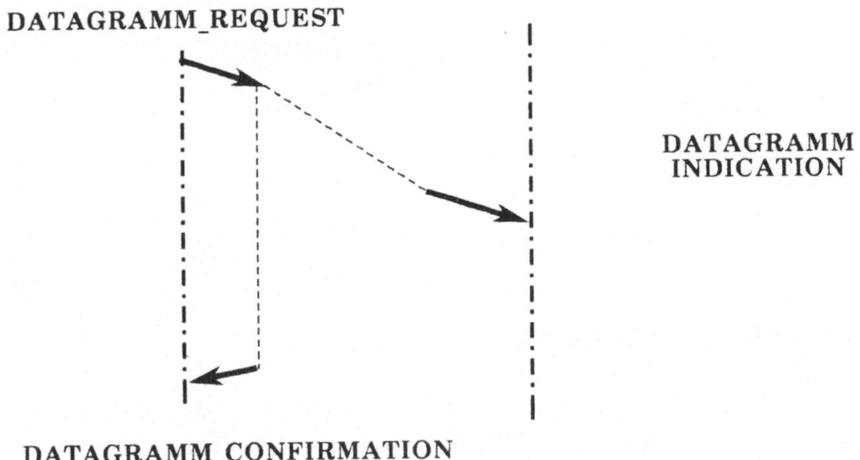

Abb. 5.38. IEEE 802 Datagramm-Dienst

Der Dienstleistungsanbieter garantiert nur die Lieferung von Datagrammen, nicht den Empfang. Die Dienstleistungsgrundelemente für diesen Dienst sind in Abb. 5.38 dargestellt. Durch REQUEST wird der Dienstleistungsanbieter aufgefordert, ein Datagramm zu senden. INDICATION signalisiert die Ankunft eines Datagramms bei der Senke, und CONFIRMATION bestätigt, daß der Dienst ausgeführt wurde. Bei der Versendung eines Datagramms signalisiert CONFIRMATION nur, ob die lokale

Station des Dienstleistungsanbieters dieses gesendet hat oder nicht. Nichts wird durch CONFIRMATION darüber ausgesagt, ob die Partnerinstanz des Dienstleistungsanbieters ordnungsgemäß funktioniert oder ob das Datagramm angenommen wurde. Zwischen INDICATION und CONFIRMATION besteht daher keine eindeutige Beziehung (z.B. in bezug auf den zeitlichen Verlauf). Es könnte durchaus vorkommen, daß CONFIRMATION vor INDICATION ausgestellt wird.

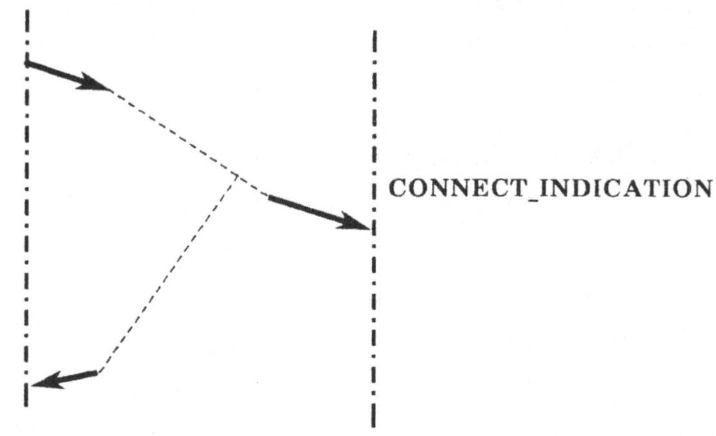

Abb. 5.39. IEEE 802-Verbindungsaufbau

Verbindungsorientierte Dienste basieren auf ähnlichen bitorientierten synchronen Datenübermittlungsprotokollen, wie HDLC. Eine Verbindung ist eine Übereinkunft zwischen zwei Instanzen über die Reservierung von Kommunikationsressourcen (z.B. Datenpuffer) zu ihrer ausschließlichen Benutzung, um ordnungsgemäße Kommunikation zu gewährleisten und im Fehlerfall Statusinformationen zur Verfügung zu stellen. Bevor Nachrichten zwischen Sender und Empfänger ausgetauscht werden können, muß eine Verbindung aufgebaut werden. Diese unterstützt dann einen sicheren, reihenfolgeerhaltenden und flußgeregelten Nachrichtenaustausch zwischen den Partnerinstanzen. Nach

Beendigung des Nachrichtenaustausches muß die Verbindung wieder aufgelöst werden. Der Aufbau einer Verbindung erfolgt durch eine CONNECT_REQUEST (Abb. 5.39). Kann eine Verbindung vom Dienstleistungsanbieter aufgebaut werden, wird an die entfernte Benutzereinheit ein CONNECT_INDICATION geschickt, was die Herstellung einer Verbindung ausdrückt. Nach dem CONNECT_INDICATION erhält die die Verbindung anfordernde Benutzereinheit eine CONNECT_CONFIRMATION. Dadurch wird nur ausgedrückt, daß eine Verbindung hergestellt wurde. Es wird jedoch nichts über den Status der entfernten Benutzereinheit ausgesagt (ob sie Daten empfangen will oder empfangen kann etc.). Diese Informationen müssen wie Benutzerdaten über die Verbindung ausgetauscht werden.

6. Ausgewählte lokale Computernetze

Zur Konkretisierung und zur Veranschaulichung der in Kapitel 5 behandelten technischen Prinzipien und Komponenten werden in diesem Kapitel einige am Markt angebotene lokale Computernetze genauer beschrieben. Da inzwischen eine Vielzahl von Herstellern lokale Netze anbietet, können nicht alle angeführt werden. Bei der Auswahl wurde auf typische Vertreter alternativer Systemklassen Rücksicht genommen. Die Reihenfolge der Behandlung orientiert sich an Verwandtschaften unter technischen Aspekten, bringt aber auf keinen Fall irgendeine Wertung oder Bevorzugung zum Ausdruck.

6.1 Ethernet, IEEE 802.3

Ein sehr verbreitetes und attraktives LAN-System ist Ethernet. Die experimentellen Arbeiten für Ethernet wurden in den frühen 70-er Jahren im Xerox Palo Alto Research Center (Xerox-PARC) in Californien gestartet. Sie sind zurückzuführen auf eine sich offensichtlich als richtig erwiesene Einschätzung der Entwicklung der Personal Computer durch Xerox im Zusammenhang mit der Entwicklung des Xerox Altos PC. 1976 wurde Ethernet durch eine Publikation von R.M. Metcalfe und D.R. Boggs (Metcalfe 1976) öffentlich vorgestellt. Als Kommunikationsmedium verwendet Ethernet ein Koaxialkabel, die Topologie ist ein Bus, das Zugriffsverfahren ist ein CSMA/CD Mechanismus. Das experimentelle Ethernet war durch folgende Merkmale gekennzeichnet:

- maximal 256 Stationen
- maximal 1 km Koaxialkabellänge
- 3 Mbit/s Datenrate

1980 wurde eine erweiterte 1. Version von Ethernet vorgestellt (DIX 1980), die sich für den Büro- und Verwaltungsbereich als de facto Industriestandard entwickelt hat. Die Firmen Digital Equipment und Intel haben sich mit Rank Xerox (kurz DIX bezeichnet) zu dieser Entwicklung zusammengeschlossen. In der Zwischenzeit haben mehr als 100 Firmen eine Ethernet Lizenz genommen (Mit der Lizenznahme erhält man einen individuellen Adreßraum). Der DIX Standard (Ethernet Version 1) ist durch folgende Merkmale geprägt:

- maximal 1024 Stationen
- maximale Entfernung zwischen 2 Stationen 2,5 km
- 10 Mbit/s Datenrate

In einem Ethernet sind die Stationen durch einen gemeinsamen Kommunikationskanal, einen „verzweigenden Äther" (Englisch: Ether) verbunden. Der Begriff Äther stammt noch aus den Anfangsjahren der Funktechnik, als die Ausbreitung elektromagnetischer Schwingungen durch den völlig leeren Raum gedankliche Schwierigkeiten bereitete. Man nahm deshalb die Existenz eines auch den leer erscheinenden Raum erfüllenden und alle Körper durchdringenden Stoff an, den man als Weltäther oder Äther bezeichnete, und der für die Übertragung von elektromagnetischen Wellen (Kraftwirkungen) von einem Ort zum anderen verantwortlich sein sollte. Bei Ethernet wird dieser „verzweigende Äther" durch ein Koaxialkabel realisiert. Es handelt sich also um ein passives Kommunikationsmedium. Für die Zuverlässigkeit des Gesamtsystems ist dies vorteilhaft. In Abb. 6.1 ist ein Implementierungs- Referenzmodell gemeinsam mit einem, die wesentlichen Funktionen umfassenden Blockschaltbild und der schematischen Darstellung eines typischen Aufbaues eines Ethernet Anschlusses, dargestellt.Wichtige Kenngrößen für das Koaxialkabel (Buskabel) sind

- mechanische Festigkeit,
- Verlegungsvorschriften (z.B. minimaler Krümmungsradius, Befestigungshinweise),

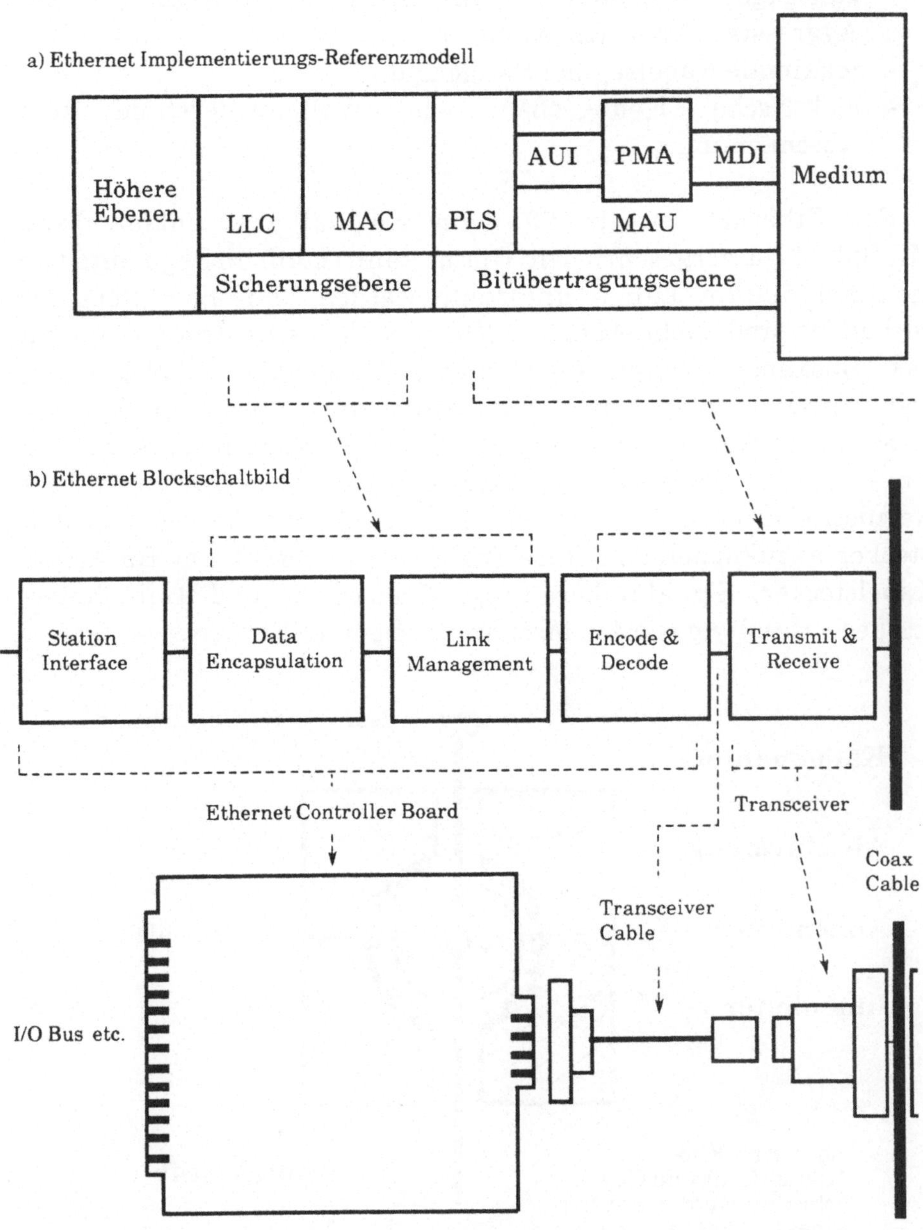

Abb. 6.1. Typischer Aufbau wesentlicher Funktionen und Implementierungs-Referenzmodell eines Ethernet-Anschlusses

- zulässige Umgebungsbedingungen (Feuchtigkeit oder Aggressivität der Atmosphäre),
- maximale Kabelsegmentlänge und
- elektrische Kenngrößen wie Wellenwiderstand und Abschirmung

Für Ethernet ist ein 50 Ohm Koaxialkabel entsprechend Mil.Std.C17-E vorgeschrieben. Dieses kann (muß) in Segmente von maximal 500 m Länge unterteilt werden, die über Repeater verbunden sind (siehe Abb. 6.3). Die physikalische Ankopplung an das Buskabel erfolgt über einen Buskoppler (Transceiver: transmitter-receiver) durch Einpressen eines speziellen Steckers direkt in das Kabel (siehe Abb. 6.2). Dadurch kann die Ankopplung eines neuen Endgerätes praktisch ohne Unterbrechung des Netzbetriebes erfolgen. Die elektrische Aufbereitung des über den Stecker anzukoppelnden Bussignals erfolgt direkt am Buskabel. Kabelstecker, Signalaufbereitung, Transceiver und Teilnehmersteckerverbindung werden mechanisch zu einer Einheit.

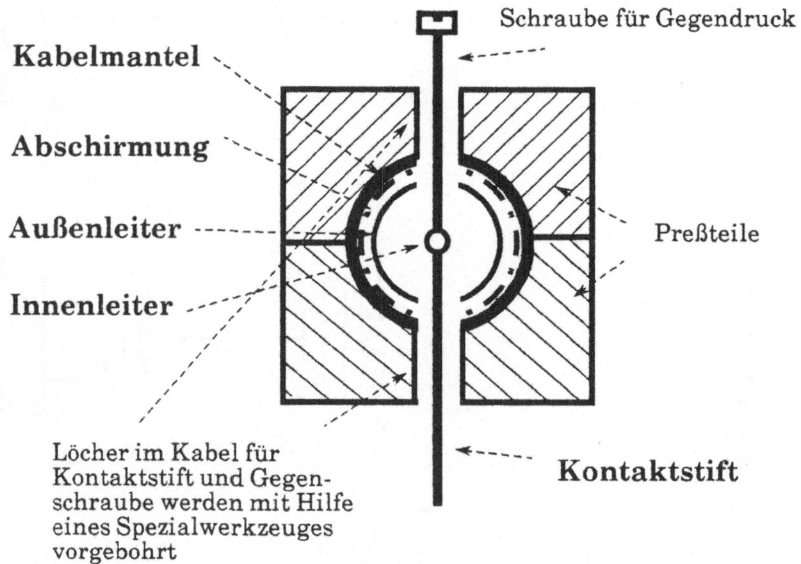

Abb. 6.2. Schematische Darstellung einer nichtunterbrechenden Ankopplung an ein Buskabel

Die elektrischen Signalpegel der im Manchester Code vorliegenden Daten bewegen sich zwischen -0.225 V und -1.825 V, die Datenrate beträgt 10 Mbit/s. Der Transceiver ist mit einem Transceiver Kabel (vier verdrillte Leitungspaare - twisted pairs) mit der eigentlichen Übertragungssteuerungseinheit (Ethernet Controller Board) verbunden. Die maximale Länge dieses Kabels darf 50 m nicht überschreiten. Folgende Signale werden übertragen:

- Stromversorgung für den Transceiver (15V/ 0,5A)
- Transmit Signal (zu sendendes Signal)
- Receive Signal (empfangenes Signal)
- Collision Presence Signal (Kollision)

Die Übertragungssteuereinheit ist zuständig für die Umwandlung der bitseriellen Bussignale in eine parallele Darstellung der Daten wie sie in der Teilnehmerstation weiterverarbeitet werden können (bzw. umgekehrt). Hierzu sind folgende Hauptaufgaben (Funktionen) zu erfüllen:

- Encode & Decode: Manchester Codierung und -Decodierung
- Link Management: CSMA/CD Zugriffssteuerung
- Data Encapsulation: Formatierung und Deformatierung der Pakete
- Station Interface: Schnittstelle zur Datenendeinrichtung

Das Data Link Layer Protokoll ist ein Carrier Sense Verfahren mit Kollisionserkennung, wobei jede Übertragungssteuereinheit dauernd in den Kanal hineinhorcht und nach Freiwerden des Kanals auf diesen zugreift, wenn sie ein Paket abzusetzen hat. Da die Übertragungssteuereinheit über ihren Transceiver auch während der eigenen Übertragung in den Kanal horcht, ist es ihr möglich, eine Kollision (Überlagerung) wahrzunehmen. In so einem Falle bricht sie sofort die Übertragung ab, um den Kanal nicht zu lange durch fehlerhafte Kommunikation zu blockieren. Eine Station, die ein Paket zu übertragen wünscht, horcht also in den Kanal hinein und handelt wie folgt (Abb. 6.4):

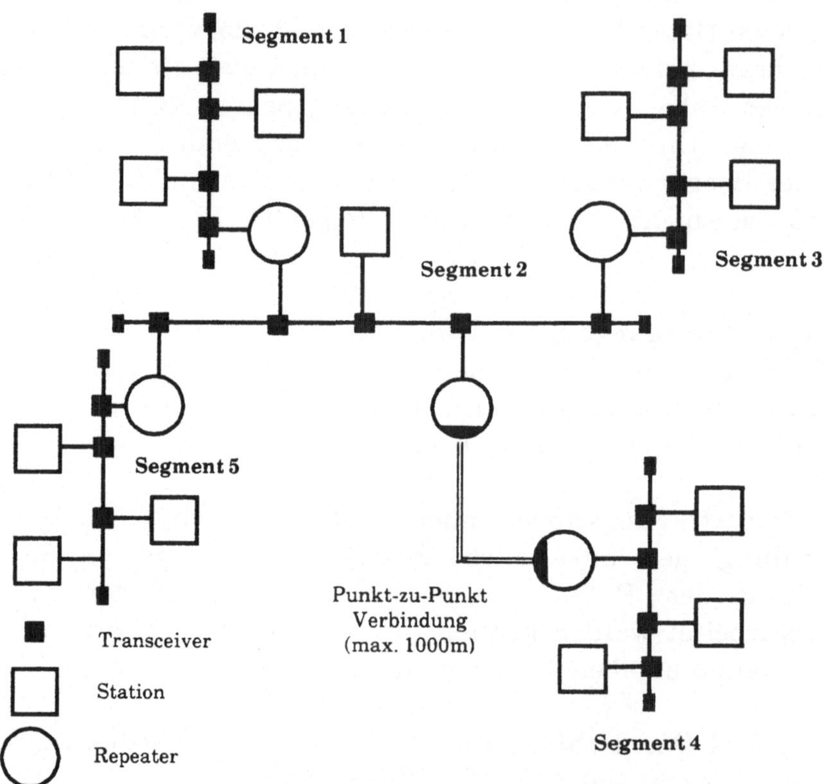

Abb. 6.3. Segmentiertes Ethernet

1) Ist der Kanal „Idle" (nicht belegt), beginnt sie mit der Übertragung.
2) Ist der Kanal „busy" (belegt), wird gewartet bis er „Idle" ist.
3) Im Kollisionsfalle wird die Übertragung abgebrochen. Die Übertragungssteuereinrichtung setzt eine zufällig gewählte Wiederholzeit fest, die von der Kollisionsvergangenheit der Station abhängt. Nach dieser Wiederholzeit wird erneut versucht, das Paket auf den „Ether" zu bringen (wie 1,2,3). Zum Wahrnehmen der Kollision benötigt die gestörte Station eine gewisse Zeit. Nach Erkennen einer Kollision wird ein JAM- Signal ausgeschickt, sodaß sichergestellt wird, daß alle Stationen die Kollision wahrnehmen (Collisions Consensus Reeforcement).

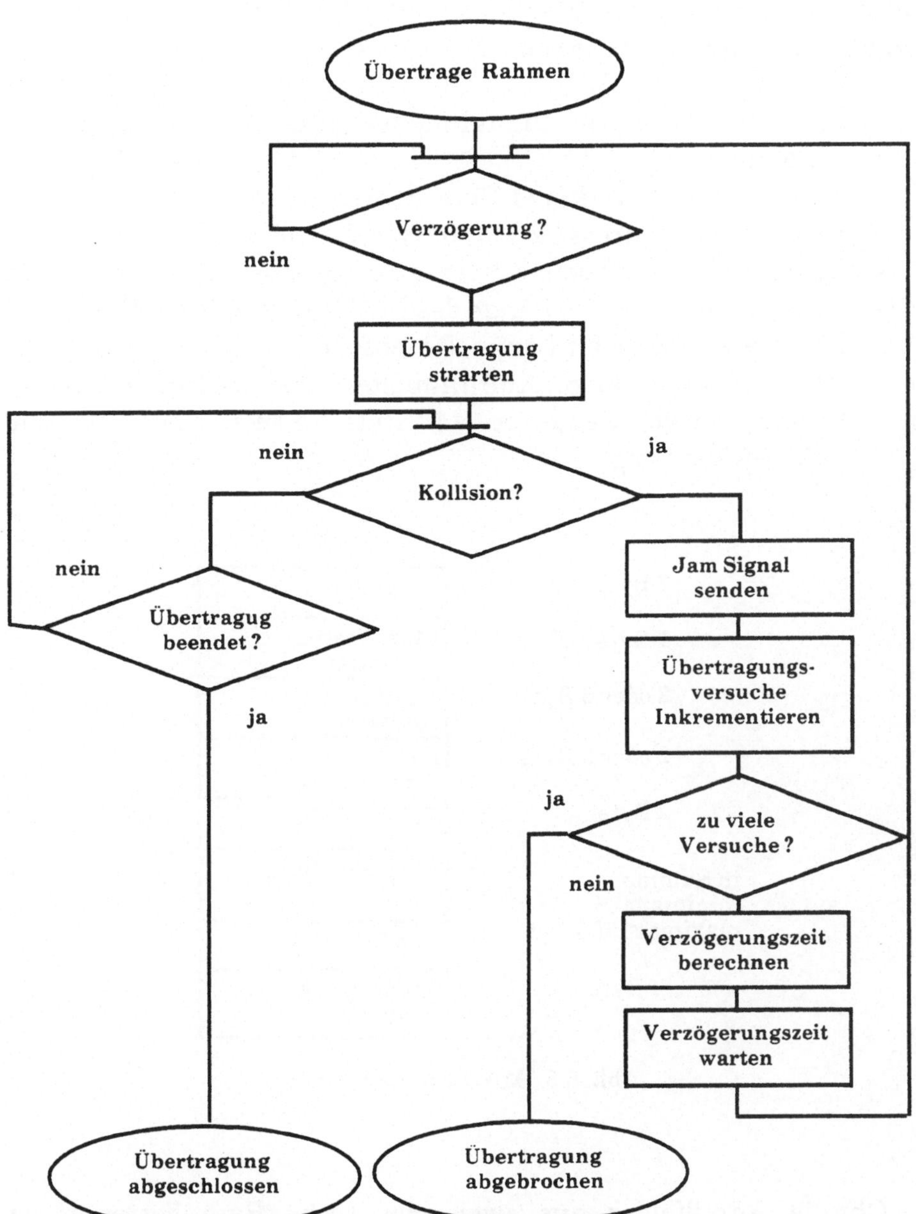

Abb. 6.4. Ethernet Transmit Link Management Verfahren

Die Datenpakete, die von den Übertragungssteuereinrichtungen aufbereitet und untereinander ausgetauscht werden, haben folgendes Format (MAC-Frame Format, siehe Abb. 6.5):

- Preamble (7 Byte, Signalmuster zum Einschwingen des Empfängers)
- Start Frame Delimiter (1 Byte, Startzeichen)
- Destination Address (2 oder 6 Byte, Zieladresse)
- Source Address (2 oder 6 Byte Quelladresse)
- Length Field (2 Byte, Länge des LLC Datenfeldes in Byte)
- LLC Data (variabler Länge, Datenfeld)
- Pad (variabler Länge, Auffüllmuster für kurze Datenpakete)
- Frame Check Sequence (4 Byte, Prüfzeichen für die Fehlererkennung)

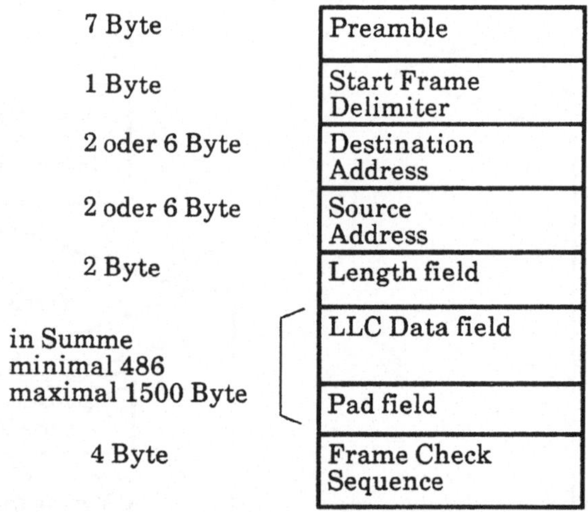

Abb. 6.5. MAC-Frame Format

Ob die Adreßfelder aus zwei oder sechs Byte bestehen ist implementierungsabhängig. Durch die ersten beiden Bits des Zieladreßfeldes werden die Adreßangaben genauer spezifiziert. Aus Gründen in bezug auf das Leistungsverhalten ist die Rahmenlänge nach oben und nach unten begrenzt. Die maximale Rahmenlänge beträgt 1518 Byte, die minimale 512 Byte. Bei zu kurzen

Datenfeldern muß daher durch ein Pad-Feld (ein Auffüllmuster) die minimale Rahmenlänge generiert werden.

Die maximale Entfernung, die zwischen zwei Datenendgeräten mit einem Ethernet überbrückt werden kann, beträgt 2500 m, maximal 1024 Datenendgeräte dürfen angeschlossen werden. Durch physikalische Gegebenheiten (Leistung der Transmitter, Eingangsimpetanz der Receiver) ist jedoch die Kabellänge mit 500 m beschränkt und es dürfen nur 100 Stationen (Endgeräte) über ein Kabelsegment dieser Länge zusammenwirken. Um diese engen Restriktionen zu überwinden, gibt es die Möglichkeit der Segmentierung, d.h. gleichartige Segmente können über Repeater (Regeneratoren) verbunden werden (siehe Abb. 6.3). Über Repeater können z.B. Segmente in verschiedenen Stockwerken aber auch verschiedenen Gebäuden verbunden werden (maximale Verbindungslänge 1000m).

Ethernet hat schon sehr früh große Beachtung erlangt und es entwickelten sich auch eine Reihe von Abarten, denen allen das CSMA/CD-Verfahren gemeinsam ist. Sie verwenden jedoch unterschiedliche physikalische Ebenen (Datenrate, Medium) und teilweise auch unterschiedliche Rahmenformate.Ethernet wurde weitgehend vom Arbeitskreis IEEE 802.3 übernommen. Es wurde jedoch auch erweitert. Nach der IEEE 802.3 Spezifikation sind sowohl Basisband als auch Breitbandbetrieb (mehrere Kanäle) vorgesehen. Im Basisbandbetrieb kann die Datenrate wahlweise 1, 5, 10 und 20 Mbit/s betragen, im Breitbandbetrieb 10 Mbit/s (bei 6 MHz Bandbreite je Kanal). Unterschiedliche physikalische Medien stehen zur Auswahl.

6.2 Token-Bus, IEEE 802.4

Wettstreit-Verfahren wie Ethernet arbeiten bewußt mit Kollisionen auf dem Medium. Bei vielen gleichzeitig sendewilligen Stationen häuft sich die Anzahl der Kollisionen und der effektive Datendurchsatz geht zurück, die Wartezeiten werden länger. Bei solchen Verfahren kann man insbesondere bei starker Verkehrslast nicht vorhersagen, wie lange es dauert, bis ein Paket den Empfänger erreicht (stochastische Verfahren). Für Anwendungen insbesondere in Bereichen der Prozeßautomatisierung ist diese

Situation nicht tragbar. Dort benötigt man Verfahren, bei denen auch für den ungünstigsten Fall die Zeit für die Übermittlung eines Paketes vorhersagbar (berechenbar) ist. Solche Verfahren bezeichnet man als deterministische Verfahren. Ein bedeutungsvolles deterministisches Verfahren wird beim Token-Passing-Bus angewendet. Der IEEE-Standard 802.4 basiert auf so einem Verfahren. Dieses sieht im gesamten Netz keine Station vor, die über besondere Steuerungs- oder Überwachungskompetenzen verfügt. Das Verfahren wird vielmehr dezentral abgewickelt, d.h. jede Station ist in der Lage, die erforderlichen Steuerungs- und Überwachungsaufgaben wahrzunehmen. Unter dem Begriff „Token" versteht man ein Zeichen oder Ausdrucksmittel in Form eines speziellen Bitmusters, das das Zugriffsrecht auf den Bus verkörpert.

Dieses Recht wird von einer Station zur anderen weitergereicht und zirkuliert in einem „logischen Ring" (Abb. 6.6). Nur wenn eine Station den Token besitzt, darf sie senden. Nach dem Senden wird der Token an die nächste Station weitergegeben. Hat eine Station nichts zu senden, gibt sie den Token sofort weiter. Die Übertragung einer Nachricht besteht also aus zwei Phasen: der Datentransferphase und der Token-Weitergabephase.

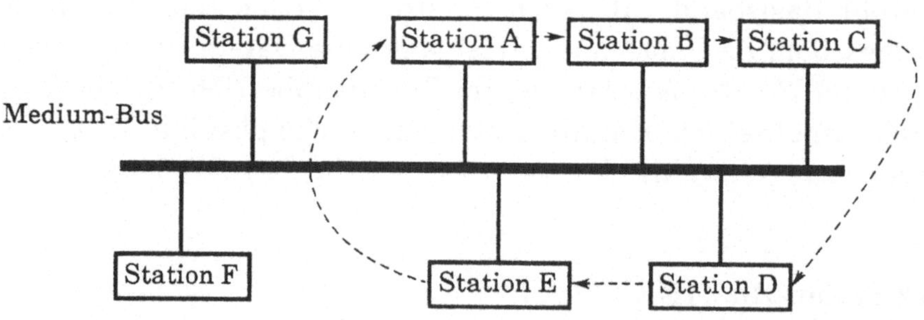

Abb. 6.6. Logischer Ring, basierend auf einem physikalischen Bus

Die wesentlichen Token-Passing spezifischen Funktionen werden von der Buszugriffssteuerung (MAC - Medium Access Control) durchgeführt. Diese werden durch sogenannte „logische Maschinen" (endliche Automaten) realisiert (Abb 6.7).

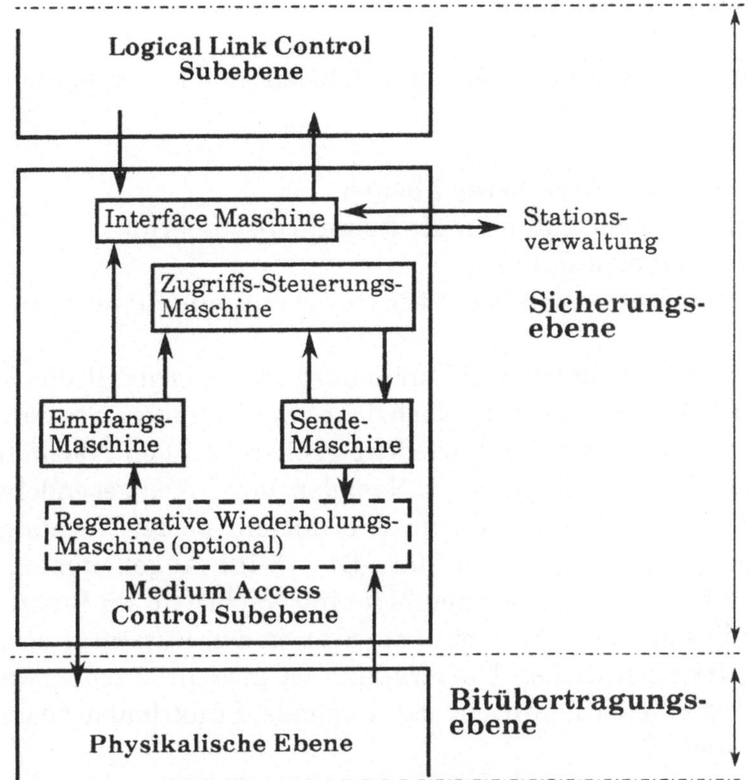

Abb. 6.7. Funktionelle Zerlegung der Buszugriffssteuerung (MAC- Medium Access Control)

Die Buszugriffssteuerung umfaßt folgende Teilfunktionen:

- Lost Token Timer („Time-out" Überwachung für Tokenempfang)
- Token Holding Timer („Time-out" Überwachung für Tokenbesitz)
- Distributed Initialization (verteilte Initialisierung)
- Limited Data Buffering (begrenzte Datenzwischenspeicherung)
- Frame encapsulation including token preparation (Paketierung, Depaketierung, Aufbereitung des Tokens)
- FCS generation and checking (Fehlererkennung)

- New ring member addition (Einfügen neuer Teilnehmer in den logischen Ring)

Vier verschiedene Arten von Nachrichtenpaketen werden unterschieden:

- Daten für die Höheren Ebenen
- Steuernachrichten für die Buszugriffssteuerung
- Managementdaten
- Nachrichten, reserviert für eine eventuelle Erweiterung

Im normalen Betriebsablauf sendet im Bedarfsfall die Station, die den Token besitzt, eine Nachricht an eine andere Station. Dann wird der Token mit der Nachricht „Token" an den Nachfolger im logischen Ring weitergereicht. Nachdem der Token gesendet wurde, hört die Station den Bus ab, um zu ermitteln, ob der Nachfolger den Token korrekt empfangen hat. Dies wird angenommen, wenn innerhalb einer vorgegebenen Zeit eine Nachricht am Bus zu hören ist. Ist dies nicht der Fall, muß die Station den Busstatus ermitteln. Neben der eigentlichen Übertragung ist also die Busüberwachung von großer Wichtigkeit, in der folgende Funktionen zusammengefaßt sind:

- Aufbau des logischen Ringes für die Token-Weitergabe,
- Einfügen neuer und Abschalten bestehender Teilnehmer, sowie
- Behandlung verlorener Token und duplizierter Token.

Um einen logischen Ring aufbauen zu können, muß zunächst dafür gesorgt werden, daß ein Token existiert. Dieses muß kreiert werden. Da es in einem Token-Bus-Netz keine zentrale Station (keinen Master) gibt, der für die Erzeugung des ersten Tokens verantwortlich ist, muß jede Station für sich in der Lage sein, einen Token, z.B. nach einem Netzzusammenbruch, zu generieren. Da alle Stationen, die an einen Bus angeschlossenen sind, nur diesen für die Kommunikation und ihre Koordinierung untereinander verwenden können, muß es eine Möglichkeit geben, sich auch ohne Token untereinander zu einigen, welche Station als erste einen Token generiert. Existiert dann ein Token, so existiert immer noch kein logischer Ring. Dieser muß erst durch das koordinierte Zusammenwirken aller angeschlossenen Stationen aufgebaut werden.

Die Initialisierung eines logischen Ringes kann als Spezialfall des Einfügens neuer Stationen betrachtet werden. Neue Stationen werden in den Ring durch eine Wettbewerbsprozedur unter Verwendung eines Response Windows (Antwortfenster) eingefügt, nachdem sie eine „Claim Token" Nachricht (beanspruche Token) abgesendet haben. Das Antwortfenster ist ein definiertes Zeitintervall nach dem Senden einer Steuernachricht, in der die sendende Station den Bus abhört. Innerhalb des Antwortfensters muß die antwortende Station mit dem Aussenden der Nachricht beginnen. Die Antwortfenster werden mit den beiden Nachrichten „Solicit-Successor-1" und „Solicit- Successor-2" (suche Nachfolger 1, suche Nachfolger 2) für diejenigen Stationen geöffnet, die sich dem logischen Ring anschließen wollen. In den beiden Nachrichten ist durch die Quell- und Zieladresse eine Adreßraum definiert. Stationen, deren Adressen zwischen diesen Adressen liegen, dürfen auf die Nachricht mit einer Anforderung, Nachfolger zu werden, antworten. Hört der Sender einer Nachricht „Solicit-Successor" eine korrekte Anforderung innerhalb des Antwortfensters, sendet er die Nachricht „Token" an seinen neuen Nachfolger, der damit Mitglied des Rings wird. Da es vorkommen kann, daß mehrere Stationen gleichzeitig Mitglieder des Ringes werden wollen, kann es zu Konflikten kommen. Um diese effektiv beheben zu können, gibt es zwei Nachrichten der Art „suche Nachfolger" und eine Nachricht „Resolve-Contention" (Konfliktauflösung).

Die Initialisierung ist insofern ein Spezialfall des Einfügens neuer Stationen, daß beim Einschalten nach Ablauf eines Zeitgliedes in jeder Station eine Nachricht „Claim Token" ausgesendet wird.

In Abb. 6.8 ist der Zustandsgraph des Token-Bus MAC-Protokolls dargestellt. Eine ausführliche Beschreibung würde den Rahmen dieser Arbeit sprengen. Diese findet man im IEEE 802.4 Bericht.

Durch die Zuordnung von zu übertragenden Nachrichten in acht „Service Classes" (Dienstklassen) ist es möglich, gewisse Nachrichten bevorzugt zu behandeln. Dies geschieht durch die Vergabe von Prioritäten an diese Dienstklassen. Die MAC-

Subebene (Bus-Zugriffssteuerung) bietet der LLC-Subebene acht Prioritäts-Dienstklassen an, für die eigentliche Busübertragung werden jedoch nur vier „Access Classes" (Zugriffsklassen) unterschieden. Ziel der Prioritätssteuerung ist es, die Übertragungskapazität den Nachrichten mit hoher Priorität bevorzugt zuzuweisen. Die Stationen müssen von dieser Prioritätssteuerung nicht Gebrauch machen, sie ist optional. Wenn eine Station davon Gebrauch macht, funktioniert dies wie folgt: Jede Zugriffsklasse verfügt über eine Warteschlange der zu sendenden Nachrichten. Drei Zugriffsklassen mit niedriger Priorität ist je ein „Token Rotation Timer" zugeordnet (Token-Umlauf-Zeitglieder). Erhält eine Station den Token, wird zunächst die Warteschlange mit der höchsten Priorität bedient. Die Station kann so lange senden, bis entweder die Warteschlangen leer sind oder eine vom Station- Management vorgegebene „Hi-Pri-Token-Hold-Time" abgelaufen ist. Die Abarbeitung der Warteschlangen erfolgt in der Reihenfolge ihrer Priorität.

IEEE 802.4 definiert den Token Bus für verschiedene physikalische Kanäle (Koaxialkabel mit 75 Ohm):

- Für Basisband-Implementierungen: 1, 5 oder 10 Mbit/s
- Für Breitband-Implementierungen sind mehrere Modulationsverfahren, Bandbreiten und zugehörige Datenraten festgelegt (1, 5, 10, 20 Mbit/s).

In der industriellen Automatisierungstechnik gewinnt das von General Motors in den USA konzipierte Kommunikationskonzept für die automatische Fabrik - MAP (Manufacturing Automation Protocol) zunehmend an Bedeutung. MAP basiert auf dem ISO Referenzmodell und verwendet für die einzelnen Ebenen die international entstehenden Standards. Für die beiden unteren Ebenen wird ein Breitband Token- Bus- Verfahren nach IEEE 802.4 verwendet.

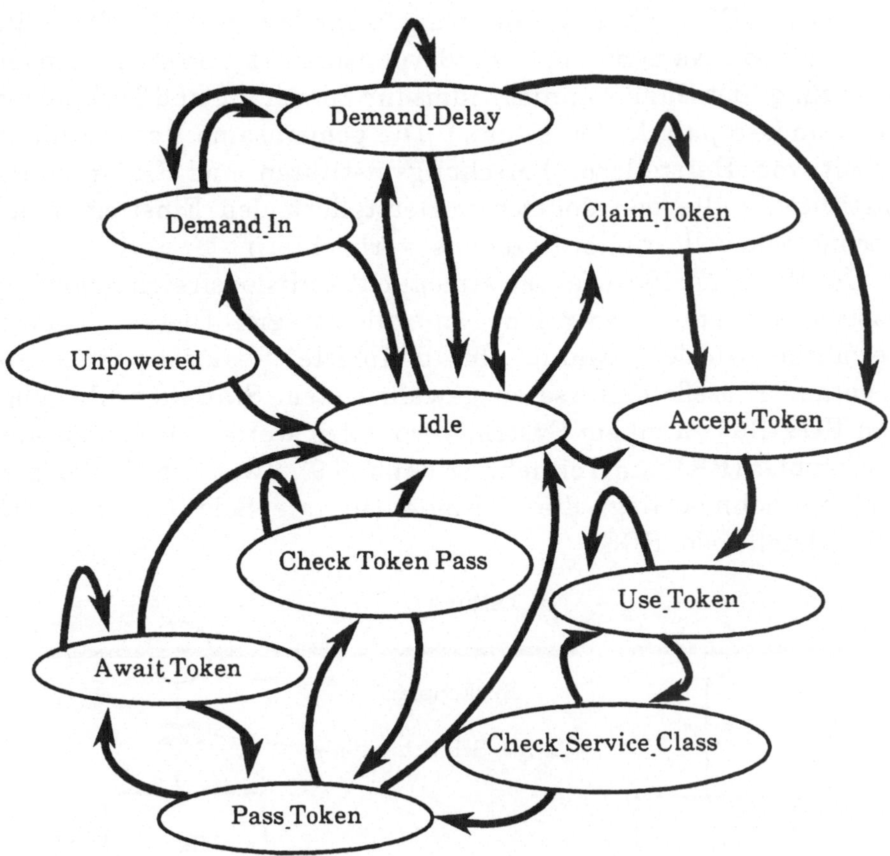

Abb. 6.8. Zustandsgraph des IEEE 802.4 Token-Bus MAC-Protokolls

6.3 PDV-Bus, DIN 19241, Proway

Der PDV-Bus (Walze 1980) wurde mit der Zielsetzung erarbeitet, möglichst auf internationaler Ebene einen Standard für Übertragungssysteme zur Steuerung industrieller Prozesse zu erreichen. In der BRD wurde dieses Ziel auf nationaler Ebene weitgehend erreicht; die Arbeit mündete in eine nationale DIN-Norm, DIN 19241 „Bitserielles Prozeßbus-Schnittstellensystem". International konnte diese Konzeption zur Geltung gebracht werden durch die starke Beeinflussung des „PROWAY"- Entwurfs, der bei der IEC zur Standardisierung behandelt wird. Der PDV- Bus hat seinen Namen vom Förderungsprojekt „Prozeßdatenverarbeitung" des Bundesministeriums für Forschung und Technologie der Bundesrepublik Deutschland. Die gemeinsame Entwicklungsarbeit von Herstellern, Forschungsinstituten und Universitätsinstituten sollte den deutschen Herstellern den Einstieg in die Technologie vollserieller Datenbusse erleichtern.

Das Bus-Zugriffsverfahren ermöglicht kollisionsfreien Zugriff, es basiert auf einer zentralen Kontrollstrategie. Dieses Zugriffsverfahren wurde gewählt, um definierte Reaktionszeiten auf spontane Prozeßereignisse zu gewährleisten. Stationen, die über den PDV-Bus zu einem System verbunden werden, bestehen aus: Buskoppler (BK) und Teilnehmer (Abb. 6.9). Zwischen Buskoppler und Teilnehmer liegt die „Serielle Digitale Schnittstelle" (SD-Schnittstelle oder SDS).

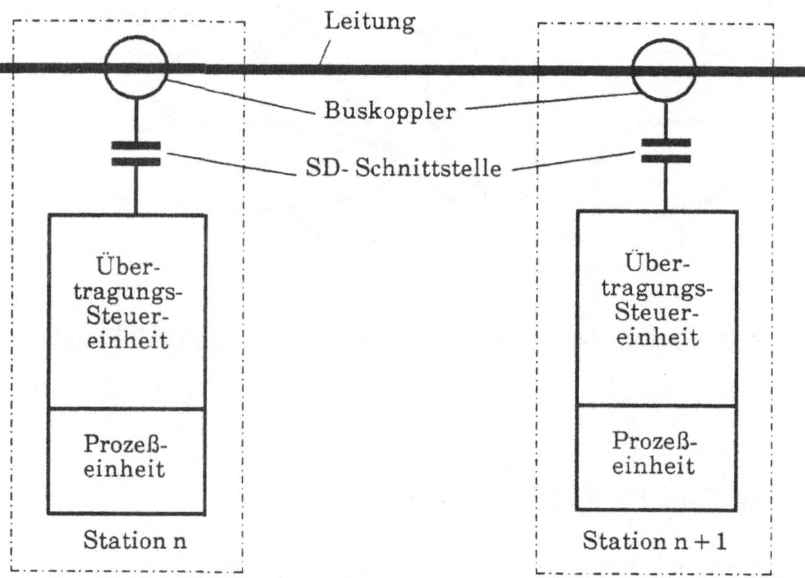

Abb. 6.9. Struktur der PDV-Bus-Teilnehmerankopplung

Sieben verschiedene Stationstypen werden beim PDV-Bus unterschieden, die einer der beiden Gruppen **Unterstationen** oder

Leitstationen angehören. Für sie ist jeweils ein bestimmter Umfang an Funktionen definiert (Abb. 6.10).

Stationsfunktionen	Stationstypen (Beispiele)						
	Unterstation				Leitstation		
	Einfacher Mithörer	Einfacher Antworter	Antworter mit Alarmgabe	Unterstation mit Querverkehr	Einfache Leitstation	Leitstation für Querverkehr	Zuteilende Leitstation
Mithören	x	x	x	x	x	x	x
Antworten auf Aufrufe		x	x	x	x		x
Alarmgeben			x	x	x		x
Aufrufen				x	x	x	x
Deligieren der Aufruffunktion						x	x
Alarmbehandlung					x	x	x
Zuteilen von Leitfunktionen							x
Überwachen von Nachrichten-Übertragungen					x	x	x

Abb. 6.10. Stationstypen und Stationsfunktionen am PDV-Bus

Eine Leitstation übt die Funktion der Busverwaltung aus und überwacht alle Vorgänge auf dem Bus. Unterstationen empfangen Befehle von der Leitstation, führen sie aus und senden Anworten an die Leitstationen. Die Kommunikation auf dem PDV-Bus läuft in Nachrichtenzyklen ab, wobei die Initiative jeweils von der Leitstation ausgeht. Aufgrund einfacher unkomplizierter Protokollregeln kann die Fehlerbehandlung einfach gestaltet werden. Nach dem Prinzip „im Zweifel tue nichts" wird ein fehlerhaft empfangener Aufruf weder ausgeführt noch beantwortet. Da die Leitstation innerhalb einer festen Zeitschranke eine Antwort erwartet, wird sie beim Ausbleiben der Antwort den Aufruf wiederholen. Das gleiche gilt für gestörte Antworten. Wiederholungen von Nachrichten müssen jedoch immer als solche gekennzeichnet sein. Insgesamt sind vier verschiedene Zeitschranken definiert, abgestuft nach der Hierarchie der Stationsfunktionen (Abb. 6.11).

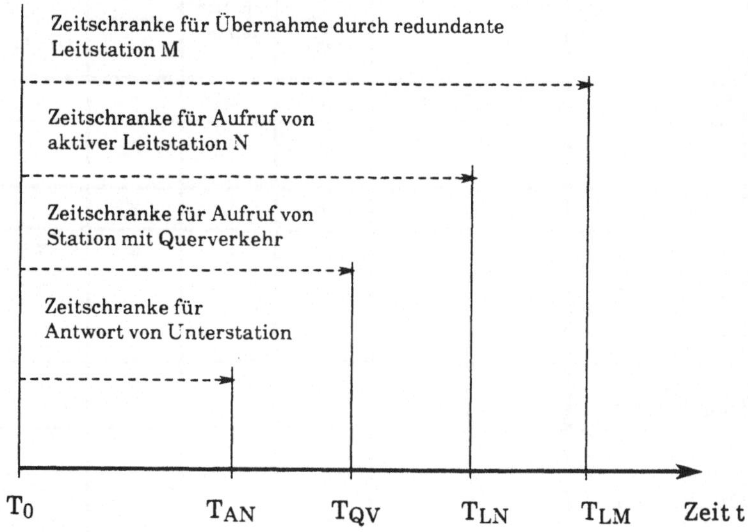

Abb. 6.11. Zeitschranken beim PDV-Bus

Einige wesentliche technische Details:

- rückwirkungsfreie An-/Abkopplung einzelner Stationen während des Betriebes (induktive- transformatorische Ankopplung)
- variable Nachrichtenlänge
- 1 Mbit/s Datenrate
- bis 100 Teilnehmer
- Leitungslänge bis zu 3 km

Die Marktsituation zum Zeitpunkt der Entwicklung des PDV-Busses veranlaßte die an der Entwicklung beteiligten Hersteller, parallel zur Gemeinschaftsarbeit für ihre firmenspezifischen, im Entstehen begriffenen Prozeßleitsysteme eigene Kommunikationssysteme zu entwickeln. Diese wichen mehr oder weniger von der im PDV-Endbericht und in DIN 19241 spezifizierten Fassung ab. Großer Erfolg war diesem Projekt eher nicht vergönnt, die zukünftigen Entwicklungsmöglichkeiten werden eher schlecht eingeschätzt. Ganz ähnlich sieht es auf der internationalen Ebene mit Proway (Process Data Highway) aus. Für die Proway Entwicklung ist innerhalb der Internationalen Elektrotechnischen Kommission (IEC) das Subkomitee 65 (SC-65: Digital Data Communication for Measurement and Control Systems) zuständig. Konkret wird die Arbeit durch die Arbeitsgruppe 6 (WG 6: Industrial-Process Computer Inter-Subsystem Communication, „Proway") koordiniert. Die Arbeit der WG 6 begann (etwa ein Jahr nach Beginn der Arbeiten am PDV-Bus) mit der Erfassung und Formulierung funktioneller Anforderungen an einem Prozeßbus. Als bei anschließenden Marktuntersuchungen kein Bussystem gefunden wurde, das allen Anforderungen entsprach, begann die WG 6 eigene Konzeptentwicklungen, die zu den Entwürfen Proway A und Proway B führten (DIN/IEC 65 C(CO)3). Der rasche und erfolgreiche Fortgang des IEEE Projektes 802 brachte ein Umdenken. Es entstand ein neuer Entwurf auf der Basis des IEEE 802.4 Token-Busses: Proway C.

6.4 Arcnet

ARC - Attached Resource Computer - ist ein von Datapoint Corp. seit 1975 entwickeltes System für die distribuierte Datenverarbeitung. ARC-Systeme sind weit verbreitet, mehr als 5000 Netze sind installiert. Arcnet basiert auf einer Basisbandtechnologie mit 93 Ohm Koaxialkabeln. Diese Kabel sind die Grundlage für den „Interprozessor Bus" (IPB), der im wesentlichen aus 3 Komponenten besteht: Resource Interface Modul (RIM), Koaxialkabel, aktive/ passive HUB's (Zusammenschaltpunkte).

Diese Komponenten bilden ein „Übermittlungssystem" für digitale Signale. Mit ihnen lassen sich Baumstrukturen aufbauen, die von Datapoint als Mehrfachsystem bezeichnet werden. Zugriff erfolgt durch ein Token-Verfahren. In einem Arcnet werden immer nur Rechner als Ressourcen verbunden, und es lassen sich relativ leicht Rechner (Ressourcen) hinzufügen (daher die Bezeichnung ARC - Attached Resource Computer). Als ARC bezeichnet man die Summe aller Rechner, Anwendungen und die erforderliche Netzsoftware mit den Protokollen (Abb. 6.12).

Die RIM's verfügen über Intelligenz (Prozessor) und Bufferspeicher. Sie sind die verteilt angeordneten Manager im Arcnet. In einem Netz können bis zu 255 RIM's vorhanden sind. Datenrate auf dem Kabel ist 2,5 Mbit/sec. Jeder RIM kann bis zu sechs Rechner an das Arcnet anschießen. Ein RIM kann entweder ein eigenes Gerät oder als Komponente (im wesentlichen ein Chip) in einem Rechner integriert sein. Zwei Typen von HUB's sind verfügbar:

a) Passive Hubs: Diese können maximal 4 RIM's unterstützen, die maximale Übertragungsentfernung zwischen 2 RIM's, die über einen passiven HUB verbunden werden, beträgt 60 m.
b) aktive Hub's: Diese unterstützen bis zu 8 RIM's und die Anschlußlänge beträgt bis zu 600 m.

Zwischen zwei kommunizierenden RIM's dürfen bis zu 10 HUB's vorhanden sein, die maximale Entfernung zwischen Rechnern ist mit 6,5 km beschränkt. Die Informationen werden in Paketen bis zu 256 Bytes übertragen. Die Zugriffssteuerung erfolgt distribuiert in den RIMs durch ein Token-Verfahren, wodurch Arcnet zu einem „logischen Ring" wird.

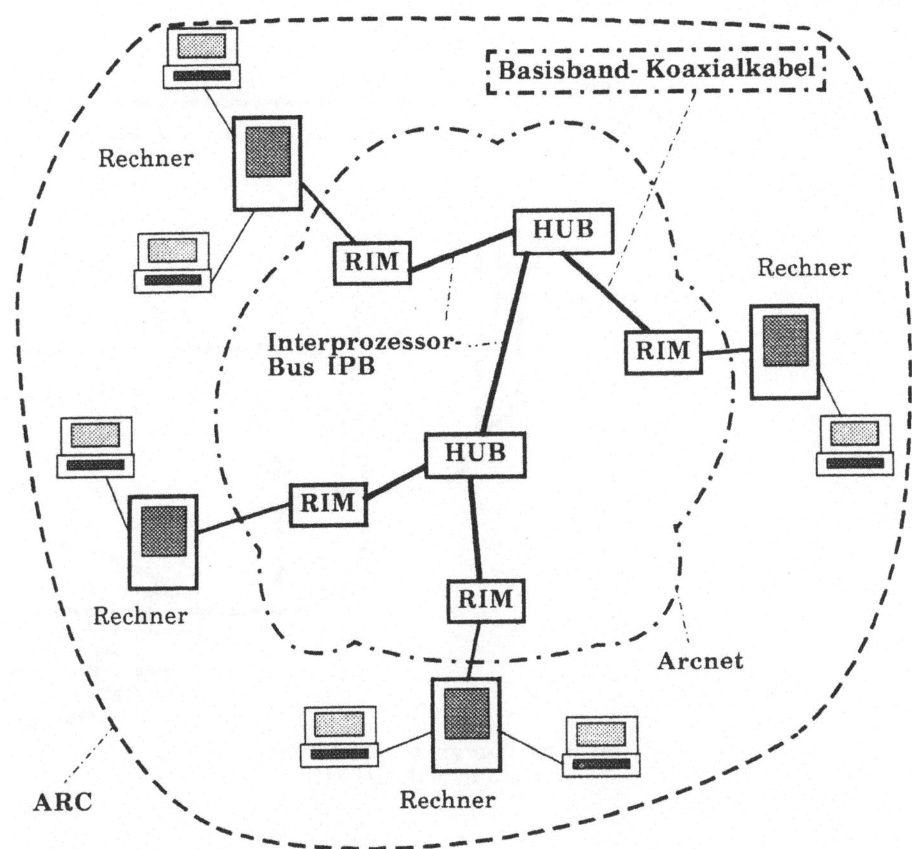

RIM...Resource Interface Module HUB...Zusammenschalteinheit

Abb. 6.12. Allgemeiner Aufbau eines ARC

6.5 Wangnet

1981 kündigte die Firma Wang Laboratories Inc. ihr lokales Netzwerk „Wangnet" an. Erste Installationen begannen im Jahre 1982. Ziel der Wangnet-Entwicklung war und ist es, für die Marktsegmente der Firma Wang (hauptsächlich im Bürobereich) eine Lösung zu bieten, die es erlaubt, Sprach-, Daten-, Text- und Videoinformationen simultan zu übertragen. Wangnet basiert auf einem doppelt verlegten Breitband-Koaxialkabel. Die Bandbreite liegt im Bereich von 10 MHz bis 400 MHz, die Topologie des Netzes entspricht der eines Baumes (Abb. 6. 13.).

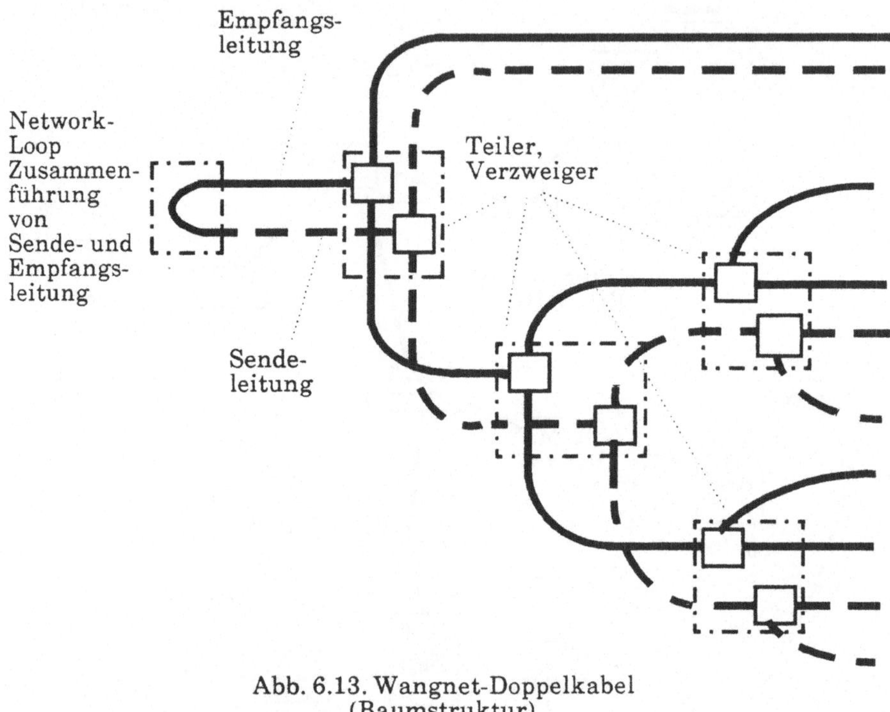

Abb. 6.13. Wangnet-Doppelkabel (Baumstruktur)

Es wird ein herkömmliches 75 Ohm Koaxialkabel verwendet, wie es auch für Kabelfernsehen (CATV) verwendet wird. Die gesamte verfügbare Bandbreite wird auf vier spezielle Bandbreitenbereiche (Frequenzbänder) aufgeteilt (Abb. 6.14.). Im einzelnen sind dies:

- Utility-Band (Video Band, 174-216 MHz)
- Interconnect-Band (Non-Wang Band, 10-20,6 MHz sowie 49,6-81,6 MHz)
- Wang-Band (216-243 MHz)
- Peripheral- Attachment- Band (93,5 - 149,4 MHz)

Mit dieser Aufteilung sind nur 45 % des Frequenzbereiches vergeben. Wangnet verwendet die bewährte Technologie aus dem

Bereiche des Kabelfernsehens. Es ist also ausgelegt als Verteilungsnetz. Für die Hin- und Rücklieferung von Infor-

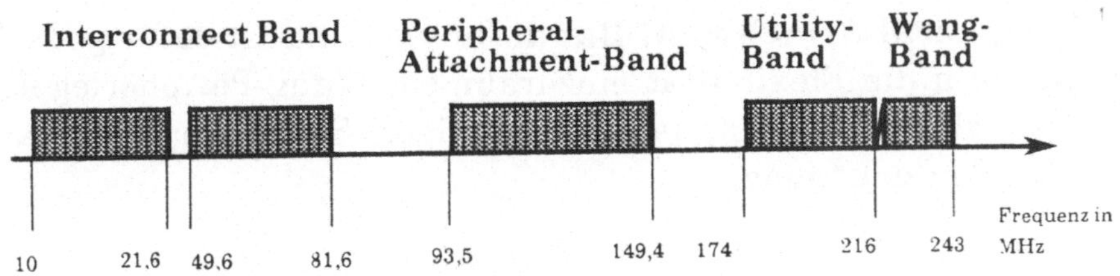

Abb. 6.14. Wangnet-Frequenzbandaufteilung

mationen sind daher 2 Kabel erforderlich. Die Netzschleife (Network Loop, Kopfstation) verbindet die beiden Verteilnetze und formt daraus ein Ganzes. Auf der Senderseite werden Signale zur Netzschleife gesendet, auf der Empfangsseite gehen die Signale von ihr aus. Der Anschluß an das Netz erfolgt durch einen vierfach (achtfach) TAP (Abb. 6.15). Für jedes der 4 Bänder existieren spezifische Anschlußmöglichkeiten.

Wangband: Dieses Band ist speziell für das Vernetzen von Wangsystemen bestimmt. Es arbeitet mit 12 Mbit/sec, das Zugriffsverfahren ist ein CSMA/CD Mechanismus. Für den Anschluß an das Wangband ist eine Cable Interface Unit (CIU) erforderlich. Bis zu 65 535 (64 K) Wangsysteme lassen sich über das Wangband verbinden. Eine CIU erlaubt jeweils nur den Anschluß eines Wangsystems (Wangsysteme sind jedoch als Mehrplatzsysteme konzipiert, wodurch also mehrere Benutzer diesen Anschluß verwenden können).

Interconnect Band: Dieses Band ermöglicht drei unterschiedliche Verbindungsmöglichkeiten.

a) 64 festgeschaltete Verbindungen mit einer Datenrate bis 9,6 kbit/sec (im Frequenzbereich von 10 bis 12 MHz) mit V.24 Schnittstelle.
b) 16 festgeschaltete 64 kbit/sec Verbindungen (im Frequenzbereich von 12-20,6 MHz) mit V.35 Schnittstelle

c) 256 Wählverbindungen mit einer Datenrate bis 9,6 kbit/sec (im Frequenzbereich von 49,6-81,6 MHz) mit V.24 (V.25) Schnittstellen.

Peripheral Attachment Band: Dieses Band ist dafür gedacht, Anwendern die Flexibilität einzuräumen, Wang-Peripheriegeräte mit serieller Schnittstelle an beliebiger Stelle an das Kabel anschließen zu können.

Utility Band: Das Utility Band ermöglicht auf 7 Kanälen (je 6 MHz Bandbreite) die Kommunikation von Videosignalen. Es ist für standardmäßige Kabelfernsehsende- und Empfangsgeräte ausgelegt.

6.6 Cambridge-Ring

Der Cambridge Ring ist ein lokales Netz mit Ringtopologie und dezentraler Kommunikationssteuerung. Er wurde in den 70-er Jahren vom Computer Laboratory der Cambridge University (England) entwickelt, erprobt und eingesetzt. Mittlerweile wird das Konzept kommerziell verwertet. In der ersten experimentellen Version wurde in Anlehnung an SILK der Schweizer Kommunikationsfirma Hasler ein Register Insertion Zugriffsverfahren implementiert. Dieses wurde jedoch auf ein „Empty Packet" Ringverfahren (Pierce Ring) abgeändert. Der Ring ist logisch in eine Anzahl von Schlitzen unterteilt, die Pakete aufnehmen können (Minipakete, siehe Abb. 6.15.). Eine konstante Anzahl von Minipaketen zirkuliert ununterbrochen auf dem Ring, damit der Informationsaustausch zwischen den Stationen ermöglicht wird. Stationen, die zum Senden bereit sind, warten auf einen leeren Schlitz, kennzeichnen diesen als „voll" und setzen ein Minipaket in den leeren Schlitz ab. Dieses wird über die Ringleitung zur Empfangsstation weitergeleitet, wo das Paket kopiert wird. Es geht sodann im Normalfall, durch die Response Bits markiert, an die Sendestation weiter, wo es wieder auf „leer" geschaltet wird. Somit steht dieser Schlitz nach einem Ringumlauf erneut für den Transport eines Minipaketes zur Verfügung.

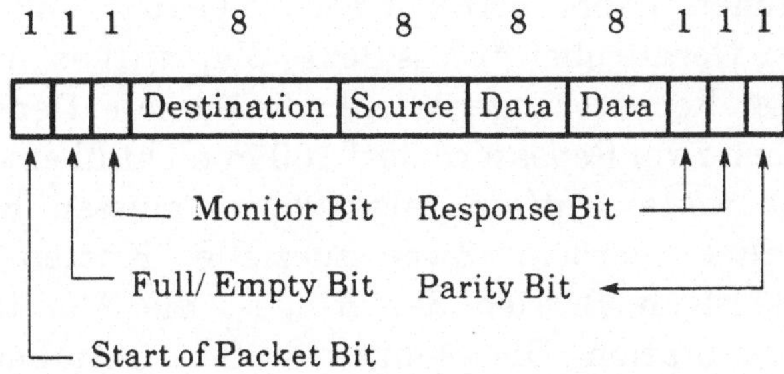

Abb. 6.15. Cambridge Ring Minipaket Format

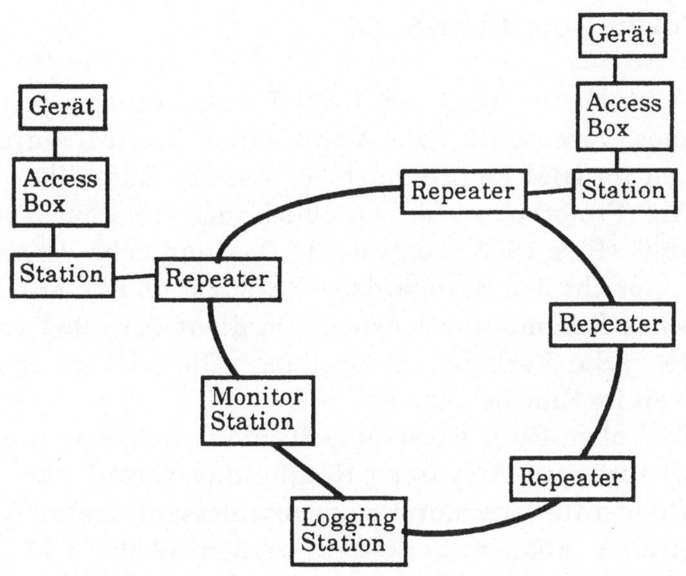

Abb. 6.16. Beispiel eines Cambridge-Ringes

Die Datenrate auf dem Ring beträgt 10 Mbit/s. Übertragungstechnik ist ein Basisbandverfahren mit zwei verdrillten Adernpaaren, wie sie für die Verkabelung von duplex Teletyps verwendet werden. Ein „1" Bit wird durch einen gleichzeitigen Zustandswechsel auf beiden Paaren signalisiert, „0" Bit durch den Zustandswechsel auf abwechselnd einem Paar.

In einem Cambridge Ring sind verschiedene Knotentypen vorhanden (Abb. 6.16): Über Repeater und Stationseinheiten werden Geräte über Access Boxes (Zugriffsboxen) an den Ring angeschaltet. Repeater regenerieren die Signale. Der maximale Abstand zwischen zwei Repeatern darf 100 m nicht überschreiten. Sind zwei Geräte weiter entfernt als 100 m, müssen Repeater zwischengeschaltet werden. Zwei spezielle Knoten sorgen für den zuverlässigen Betrieb des Ringes: die Monitorstation und die Logging Station. Die Monitor Station initialisiert den Ring und überwacht den Betrieb, die Logging Station dient zur Störungslokalisierung.

6.7 IBM Token-Ring, IEEE 802.5

IBM hat im Herbst 1985 ein LAN System auf der Basis eines Token-Ringes vorgestellt. Die Vorarbeiten hierfür wurden im wesentlichen im IBM Forschungslabor Zürich- Rüschlikon durchgeführt. Als Prototyp wurde anläßlich der Telecom 1983 der „Zürich-Ring" (Bux 1983) vorgestellt. Das nunmehr vermarktete System entspricht den Standards IEEE 802.5 und ECMA 89. Als physikalisches Kommunikationsmedium dient das 1984 von IBM vorgestellte IBM-Verkabelungssystem. Die Übertragungsgeschwindigkeit im Ring beträgt 4 Mbit/s.

Der IBM Token-Ring weist eine Kombination von Ring- und Sternverkabelung auf. An passive Ringleitungsverteiler können bis zu acht Endgeräte sternförmig angeschlossen, mehrere Ringleitungsverteiler können verkettet werden (Abb. 6.17). Jedes Endgerät ist über eine Hin- und eine Rückleitung mit dem Verteiler verbunden und wird so in den Ring eingefügt. Der Ring wird dadurch zwar quasi „ausgebeult", es ergibt sich dadurch jedoch in eleganter Weise die Möglichkeit, einen passiven Überbrückungsring für den Störfall aufzubauen. Fehlerhafte Anschlußleitungen oder Endgeräte lassen sich in einer zentralen Stelle überbrücken, Messungen lassen sich einfach vornehmen und zusätzliche Anschlüsse können einfach eingefügt werden.

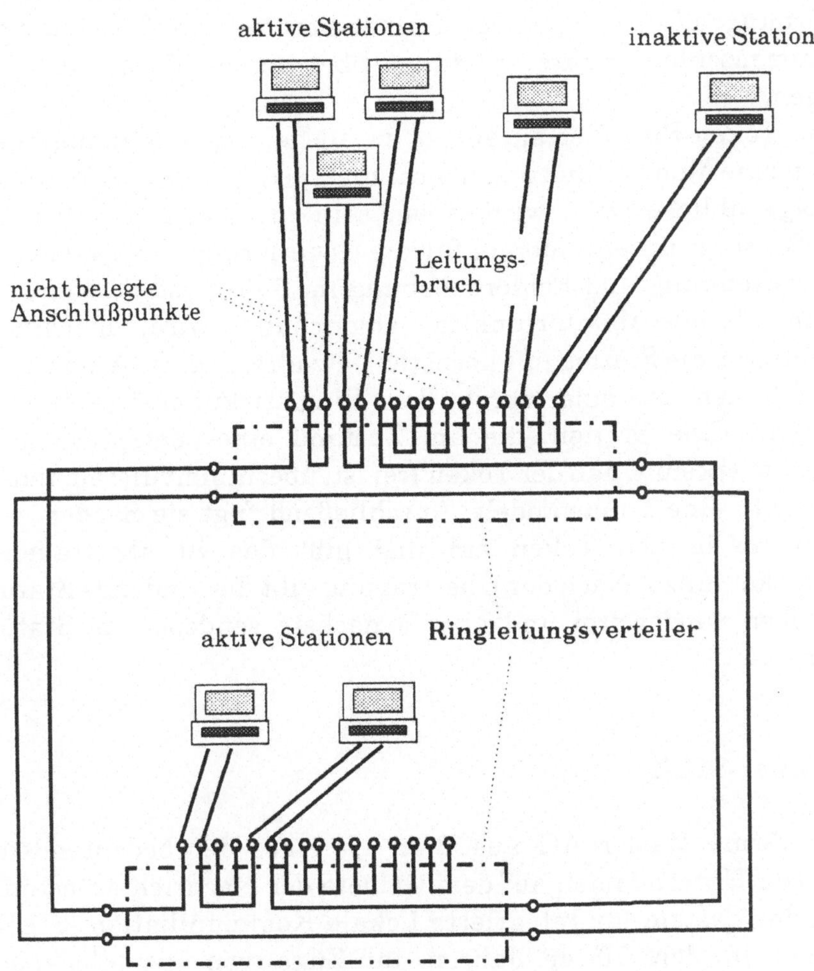

Abb. 6.17 Die Stern-Ring-Topologie des IBM Token-Ringes (mit zwei Ringleitungsverteilern)

Ein typischer Ring besteht aus 100 bis 200 angeschlossenen Stationen. Dieses Limit ist nicht architekturbedingt, es erweist sich vielmehr unter Berücksichtigung von Zuverlässigkeit, Auslastung, Wartung und Netzwerkmanagement als günstig (Strole 1983). Übersteigen die Kommunikationsanforderungen die zweckmäßige

Belastbarkeit eines Ringes, oder sind die zu überbrückenden Entfernungen für Gruppen von Teilnehmern sehr groß, so kann der Zusammenschluß mehrerer Ringe über einen Backbone Ring erfolgen.

Das Token-Ring-Verfahren ist so ausgelegt, daß immer eine Station eine Monitorfunktion übernimmt. Jede Station ist hierzu in der Lage, üblicherweise wird es jene sein, die zuerst eingeschaltet wird. Sie sorgt unter anderem für die Generierung des Tokens, die Fehlererkennung und Fehlerbehebung im Störungsfall. Wenn die Station mit der Monitorfunktion abgeschaltet wird, übernimmt automatisch die Station mit höchster Netzadresse diese Aufgabe.

Der Token ist eine durch den Ring zirkulierende Steuernachricht. Eine Station, die am Zustand eines entsprechenden Steuerbits erkennt, daß der Token frei ist, übernimmt diesen, indem sie die 0 in eine 1 umwandelt. Anschließend fügt sie Sender- und Zieladresse in den Token ein und gibt das zu übertragende Datenpaket hinzu. Nach der Übertragung gibt die sendende Station den Token wieder frei und an die nächste sendebereite Station weiter.

6.8 Hasler-SILK

Die Firma Hasler AG aus Bern ist eines der bedeutendsten Schweizer Unternehmen auf dem Gebiete der Nachrichtentechnik. SILK, das System für Integrierte Lokale Kommunikation (SILK), entstand in den 70 er Jahren im Zuge von grundlegenden Forschungs- und Entwicklungsarbeiten für die „Integrierte Sprach- und Datenvermittlung und Übertragung". Silk basiert auf der PCM Technologie und verwendet ein Zeitmultiplexverfahren mit adreßcodierten Informationspaketen variabler Übertragungsraten und variabler Paketlängen. Die Vermittlungs- und Übertragungsfunktionen von SILK sind dezentral implementiert. Die Topologie ist ein Ring und das Zugangsverfahren ist ein Register Insertion Verfahren (Delay Insertion Loop). Seit 1980 ist SILK bei verschiedenen Projekten und unterschiedlichen Anwendungsbereichen im Einsatz.

Der Zugang zum Ring erfolgt über Lokal- und Hauptblöcke. Bis zu 150 Lokalblöcke können über ein 75 Ohm Koaxialkabel (RG 59) verbunden werden. Die Blöcke führen eine Signalregenertation durch, die maximal empfohlene Kabellänge zwischen zwei Lokalblöcken beträgt für das von Hasler empfohlene Kabel 200 m. Pro Ring wird mindestens ein Hauptblock benötigt, der die zentrale Taktversorgung und Überwachungsfunktionen ausführt. Für die Ausfallssicherung wird eine Dreifachverzopfung eingesetzt (siehe Kapitel 5.4).

7. Nebenstellenanlagen

7.1 Einführung

Nebenstellenanlagen sind private Vermittlungseinrichtungen, die aus dem Fernsprechwesen bekannt und bewährt sind. Sie haben sich jedoch auch im Fernschreibwesen (Telex) durchgesetzt und gewinnen für den Datenverkehr als Variante von und als Alternative zu lokalen Computernetzen zunehmend an Bedeutung. Eine Nebenstellenanlage ist ein sternförmiges lokales Kommunikationsnetz, in dem die Teilnehmer- Endeinrichtungen (Endstellen, Nebenstellen) über einen zentralen Vermittlungsknoten verbunden werden können. Der Anschluß erfolgt über Nebenstellenanschlußleitungen. Über Hauptanschlußleitungen (Amtsleitungen) ist eine Verbindung mit öffentlichen Netzen und deren Teilnehmer-Endeinrichtungen möglich.

Nebenstellenanlagen haben eine große Bedeutung erlangt, da in den verschiedensten Institutionen der interne Informationsverkehr einen hohen Anteil des gesamten Informationsverkehrs ausmacht, und über Nebenstellenanlagen kostengünstig (gebührenfrei) abgewickelt werden kann. Darüber hinaus ermöglichen sie zusätzlichen individuell abgestimmten Komfort (Leistungsmerkmale wie Anklopfen, automatischer Rückruf, individuelle Sprechberechtigung, Kettengespräche, Konferenzschaltungen, Wahlwiederholungen und andere mehr) der von öffentlichen Netzen nicht (bzw. noch nicht) angeboten wird. Im englischen Sprachgebrauch werden Nebenstellenanlagen als Private Branch Exchange (PBX) oder Private Automatic Branche Exchange (PABX) bezeichnet. Für moderne Anlagen ist auch die Bezeichnung Computerized Private Branche Exchange (CPBX) eingeführt.

Fernsprecheinrichtungen allgemein - und somit auch Fernsprechnebenstellenanlagen - wurden bereits sehr früh (siehe

Kapitel 3) für andere Zwecke als für die reine Telefonie verwendet. Über technische Zusatzeinrichtungen wie Modems lassen sich mit ihrer Hilfe auch Dateneneinrichtungen vernetzen. Der wesentliche Grundgedanke hierbei ist, bereits vorhandene Ressourcen auch für andere Zwecke mitzubenutzen und somit gesonderte Leitungsnetze und Vermittlungseinrichtungen einzusparen. Das Angebot von Nebenstellenanlagen ist besonders vielfältig. Im wesentlichen werden drei Klassen von Systemen (Baustufen) unterschieden:

Kleinanlagen mit 1 bis 4 Amtsleitungen und 5 bis 14 Nebenstellen.

Mittlere Anlagen mit 2 bis 10 Amtsleitungen und 10 bis 100 Nebenstellen.

Großanlagen mit 10 bis 20 Amtsleitungen und mehreren 100 Nebenstellen.

Die Nebenstellentechnik hat in ihrer hundertjährigen Entwicklungsgeschichte immer wieder die neuen Technologien genützt und man könnte auch sagen, deren Entwicklung gefördert. Aus technologischer Sicht hatten elektromechanische Schaltelemente sehr lange eine dominierende Stellung in der Fernsprech-Nebenstellentechnik. Durch die stürmische Entwicklung der Halbleitertechnik hat sich in jüngster Zeit jedoch ein Wandel zugunsten der Elektronik vollzogen, der nicht nur technologische, sondern vor allem auch strukturelle und leistungsmäßige Auswirkungen mit sich brachte. Durch die technologische Entwicklung entstanden verschiedene Generationen von Nebenstellenanlagen:

1) **Die erste Generation** umfaßt die Nebenstellenanlagen mit analoger Übertragungstechnik und elektromechanischer Vermittlungstechnik. Der rein mechanische Verbindungsaufbau erfolgt schrittweise und der Vermittlungsvorgang wird zusammen mit der Vermittlungsaktion direkt gesteuert. Anlagen dieser Art sind noch sehr weit verbreitet, werden aber mit der Zeit verschwinden.

2) **Zur zweiten Generation** zählen die Nebenstellenanlagen mit elektronischer Technik und speicherprogrammierter Steuerung. Diese Anlagen arbeiten überwiegend auf analoger aber teilweise

auch schon auf digitaler Basis. Diese Anlagen werden noch in großen Stückzahlen produziert und daher noch lange im Einsatz sein.

3) **Die dritte Generation** besteht aus integrierten digitalen Anlagen. Zwei Arten von Integration (Besier 1980) werden in diesem Zusammenhang unterschieden: Die Integration 1. Art betrifft die Vermittlungs- und Übertragungstechnik. International werden solche Netze als IDN-Netze bezeichnet (Integrated Digital Network). Kennzeichen dieser Netze ist, daß sowohl die Übertragungstechnik als auch die Vermittlungstechnik voll digitalisiert ist. Die Integration 1. Art sieht jedoch eine getrennte Vermittlung von verschiedenen Diensten (Fernsprechen, Fernschreiben, Daten) vor. Die Integration 2. Art beinhaltet die verschiedenen Dienste (Dienstintegration) in einem Netz. Die international gebräuchliche und von CCITT geprägte Abkürzung für Netze dieser Integrationsstufe ist ISDN (Integrated Services Digital Network). In ISDN-Netzen werden alle Dienste zusammengefaßt und in einem gemeinsamen Netz übertragen und vermittelt. Neben technischen und betrieblichen, bieten sich hierbei vor allem wirtschaftliche Vorteile, da solche Netze flächendeckend den Anschluß vieler Teilnehmer ermöglichen und eine gute Auslastung der gemeinsamen Ressourcen sicherstellen.

Eine typische Nebenstellenanlage wie sie im Fernsprechbereich benutzt wird, läßt sich in drei Ebenen gliedern (siehe Abb. 7.1). Ebene 1 umfaßt die vermittlungstechnische Hardware. Sie enthält die Koppeleinrichtung und die daran über Teilnehmer- und Amtssätze angeschlossenen peripheren Endgeräte. Die Koppeleinrichtung ist eine aus Koppelelementen zusammengesetzte Einrichtung zum Verbinden von Leitungen und Zwischenleitungen. Voraussetzung für die Verwendung einfacher kommerzieller elektronischer Koppelelemente in der Koppeleinrichtung ist die Teilnehmer- und Amtssatz- Technik (Loewen 1979). Sie ermöglichen am Anschlußpunkt der Nebenstellenanlage eine Trennung zwischen Nutzsignal (Sprachsignal) und Steuersignal. Die mit relativ geringem Nutzpegel auftretenden Nutzsignale läßt man hier in die Koppeleinrichtung durch, während die im Pegel höher liegenden Steuersignale (z.B. Rufstrom) davon ferngehalten und

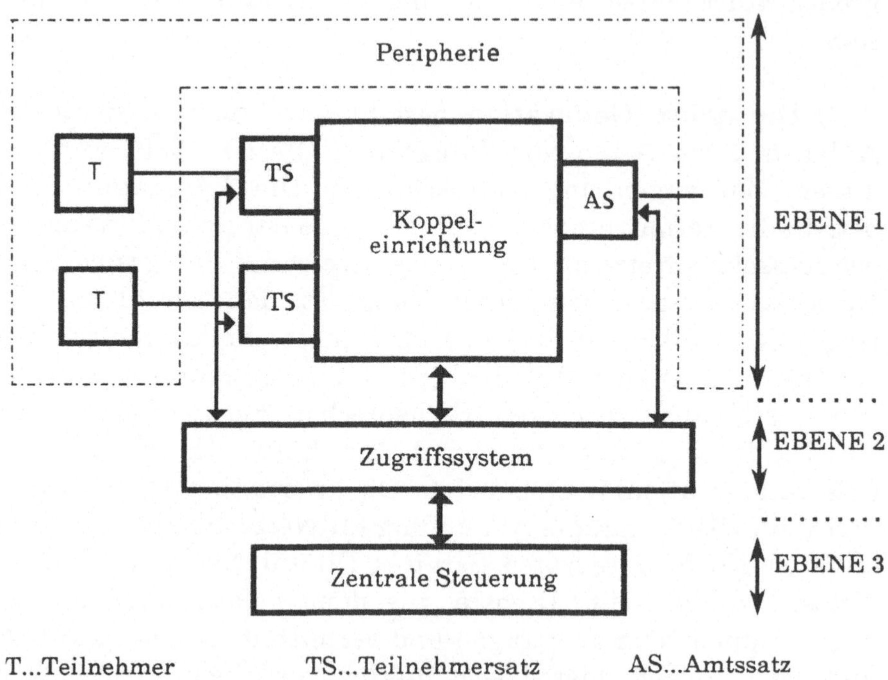

Abb. 7.1. Struktur und Blockschaltbild einer Nebenstellenanlage

dezentral angeschaltet werden. In der Ebene 2 sind die dezentralen Steuerungen der Peripherie und der Koppeleinrichtung angeordnet. Nach dem heutigen Stand der Technik handelt es sich dabei um Mikroprozessorapplikationen, die die logischen Abläufe der einzelnen Module steuern. Ebene 2 bildet die Verbindung zwischen der vermittlungstechnischen Hardware und der zentralen Systemsteuerung der Ebene 3, die für den Ablauf aller übergeordneten Vorgänge im vermittlungstechnischen Geschehen verantwortlich ist.

Anhand der in Abb. 7.1 dargestellten strukturellen Komponenten läßt sich die technologische Entwicklung der Nebenstellenanlagen genauer beschreiben (Abb. 7.2). Demnach erfolgte die Ablösung der elektromechanischen Kontakte zuerst im Funktionsbereich der Steuerung. Mit fortschreitender Entwicklung der Halbleitertechnik auf dem analogen Sektor gelang es, später auch die Durchschaltung von Signalwegen (Koppelelemente) mit

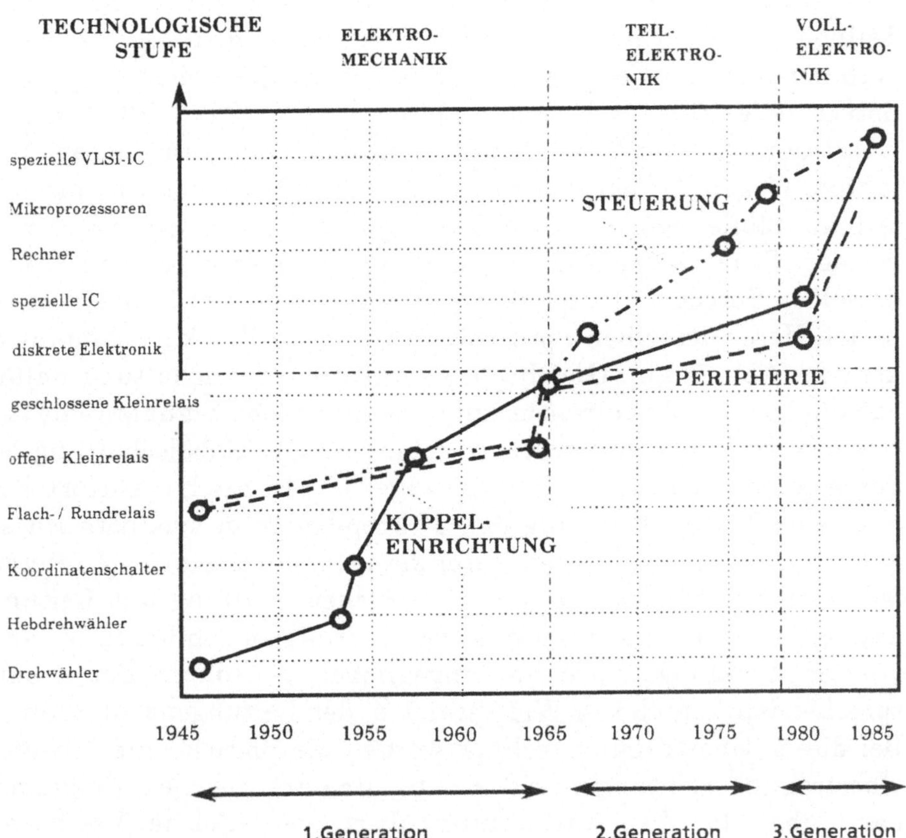

Abb. 7.2. Die technologische Entwicklung von Nebenstellenanlagen

elektronischen Schaltmitteln zu realisieren. Mittlerweile ist es möglich die wesentlichen Funktionen eines Telefons auf einem VLSI Chip integriert zu realisieren (Mielke 1981; Baxter 1981; Markt und Technik 1983).

7.2 Übertragungstechnik in Nebenstellenanlagen

Aufgrund der rasanten technologischen Evolution findet man heute bei Nebenstellenanlagen sowohl analoge als auch digitale

Übertragungstechniken. Die einfachste Verbindung zwischen zwei Sprechstellen in der Telefonie ist eine Vierdrahtleitung. Beide Teilnehmerendgeräte sind durch vier Leitungen miteinander verbunden, wobei je zwei Leitungen vom Mikrophon der einen Sprechstelle zum Hörer der anderen führen (Abb. 7.3.a). Diese Übertragungstechnik bezeichnet man als Raumgetrenntlageverfahren. Wegen der geringeren Leitungskosten werden im Normalfall an Stelle von Vierdrahtleitungen Zweidrahtleitungen verwendet. Eine Gabelschaltung entkoppelt Mikrophon und Hörer derselben Sprechstelle, sodaß die Ströme aus dem Mikrophon nicht in den Hörer derselben Sprechstelle gelangen (Rückhördämpfung) können (Abb. 7.3.b). Gleichzeitig sorgt die Gabelschaltung dafür, daß die über die Zweidrahtleitung ankommenden Signalströme der Gegensprechstelle in den Hörer gelangen. Die Gabelschaltung ist durch einen Transformator (Überträger U) technisch realisiert, der über eine Mittenanzapfung den Mikrophonstrom symmetrisch so aufteilt, daß im zugehörigen Hörer keine Spannung auftritt. Hierzu ist es jedoch erforderlich, daß die Brückenschaltung aus Leitung und erster Wicklungshälfte sowie Leitungsnachbildung Z und zweiter Wicklungshälfte gut abgeglichen ist (durch einen entsprechenden komplexen Widerstand Z, der Leitungsnachbildung). Bei dieser Übertragungstechnik werden die Sprachsignale beider Übertragungsrichtungen gleichzeitig und im gleichen Frequenzband über die Zweidrahtleitung übertragen. Solche Verfahren bezeichnet man daher als Gleichlageverfahren.

Während man bei Vierdrahtleitungen ohne weiteres in jeder Richtung Verstärker vorsehen kann, muß man bei einer Zweidrahtleitung die beiden Verstärker für jede Richtung entkoppeln. Zu diesem Zweck sind wieder Gabelschaltungen entsprechend Abb. 7.4 erforderlich, die im Prinzip Brückenschaltungen (wie die bei der Rückhördämpfung) sind. Diese Brückenschaltungen bestehen im wesentlichen aus Transformatoren. Bei der Aussteuerung dieser mit einem sinusförmigen Strom treten durch die nichtlineare Magnetisierungskennlinie Oberschwingungen auf, die nichtlineare Verzerrungen bewirken.

Neben dem Gleichlageverfahren sind noch das Frequenzgetrenntlageverfahren und das Zeitgetrenntlageverfahren geeignete Techniken, die es ermöglichen, Signale in beiden Richtungen auf einer Zweidrahtleitung zu übertragen. Im

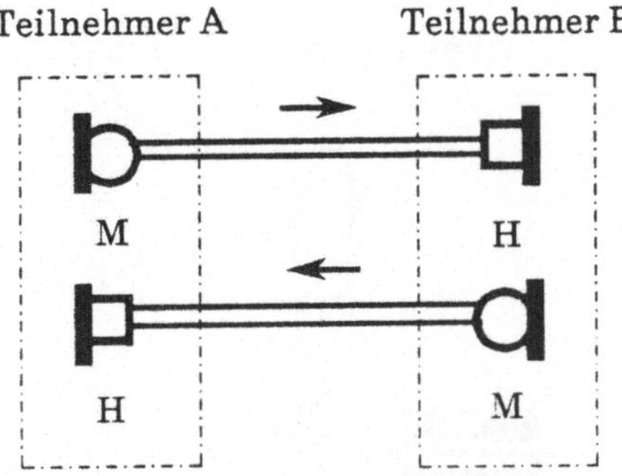

Abb. 7.3 a. Vierdrahtleitung: Raumgetrenntlageverfahren

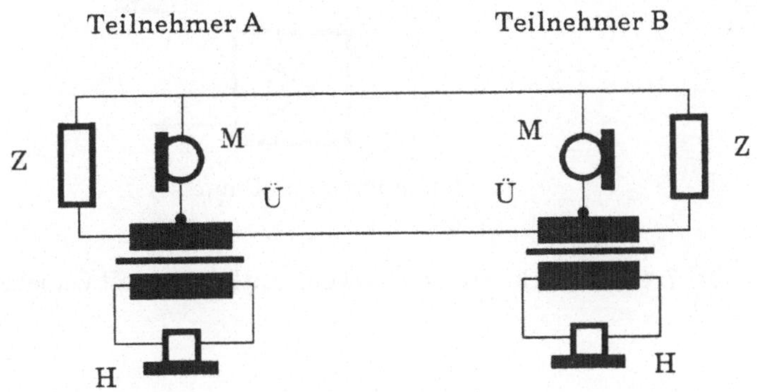

M...Mikrophon; H...Hörer;
Ü...Transformator (Übertrager- Gabelschaltung)

Abb. 7.3 b. Zweidrahtleitung mit Rückhördämpfung: Gleichlageverfahren

Frequenzgetrenntlageverfahren werden die Signale der beiden Übertragungsrichtungen in unterschiedlichen Frequenzbändern übertragen, beim Zeitgetrenntlageverfahren ist bei analogen Signalen eine Zeitdiskretisierung (Abtastung) erforderlich, und die

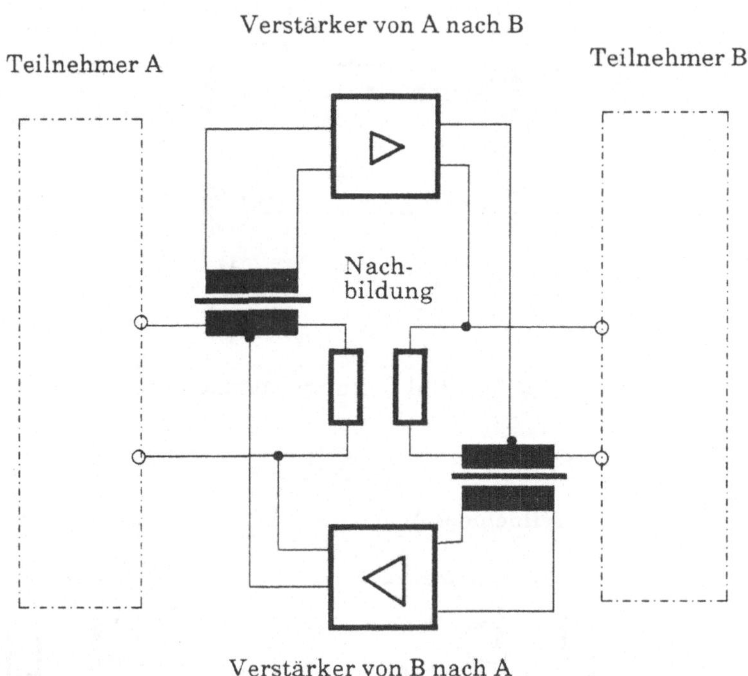

Abb. 7.4. Verstärker in einer Zweidrahtleitung mit Gabelschaltung

Übertragungsrichtung für die abgetasteten Signale wechselt zyklisch in festgelegten Zeitabschnitten.

Die soeben besprochenen Verfahren ermöglichen die Übertragung analoger Signale. Ein Nachteil der analogen Übertragungstechnik ist die große Störungsanfälligkeit bei langen Leitungen. Der Erfinder der Pulscodemodulation A. H. Reeves hatte sich daher vor etwa 50 Jahren von digitalen Übertragungsverfahren vor allem eine Minimierung der Störanfälligkeit und eine Verbesserung der Übertragungsqualität erhofft. Dank der einfachen Regenerationsmöglichkeit digitaler Signale ermöglichen digitale Übertragungsverfahren eine praktisch distanzunabhängige Übertragungsqualität. Schon sehr früh (Ende der 60-er Jahre) wurde es jedoch auch klar, daß die digitale Übertragung neben Qualitätsverbesserung auch und vor allem wirtschaftliche

Vorteile durch die Ermöglichung effizienter Multiplextechniken mit sich bringt.

Grundlage der digitalen Übertragungstechnik analoger Signale ist das Abtasttheorem. Es gibt an, mit welcher Mindestfrequenz ein analoges Signal in äquidistanten Zeitintervallen abzutasten ist, damit ohne Informationsverlust aus den Abtastwerten wieder das ursprüngliche analoge Signal gewonnen werden kann: Die Abtastfrequenz f_A muß größer sein als das Zweifache der höchsten, im analogen Signal enthaltenen Frequenz fs :

$$f_A > 2\,fs.$$

Für das in der Fernsprechtechnik benutzte Frequenzband von 300 Hz bis 3400 Hz wurde eine Abtastfrequenz f_A von 8000 Hz international festgelegt. Daraus ergibt sich ein zeitlicher Abstand zwischen zwei aufeinanderfolgenden Abtastwerten eines Fernsprechsignals (Abtastperiode T_A) von

$$T_A = 1/f_A = 1/8000\,\text{Hz} = 125\,\mu s$$

Die Abtastung erfolgt durch einen elektronischen Schalter, der mit der Abtastfrequenz von 8000 Hz gesteuert ist und so alle 125 µs einen Abtastwert dem Fernsprechsignal entnimmt. Auf diese Weise erhält man am Ausgang des elektronischen Schalters ein pulsamplitudenmoduliertes Signal: das PAM-Signal.

In der Regel ist dem elektronischen Schalter ein Tiefpaßfilter vorgeschaltet, welches Störfrequenzen unterdrückt. Das PAM-Signal ist immer noch ein analoges Signal. Der erste Schritt für die Umwandlung in ein digitales erfolgt durch die Quantisierung. Hierfür wird der Gesamtbereich der möglichen Signalwerte in Quantisierungsintervalle unterteilt. Durch Codierung der quantisierten Signale (Abtastwerte) ergibt sich schließlich ein digitales Codewort, ein PCM-Signal (Pulse-Code-Modulation Signal). Dieser Vorgang der Erzeugung eines PCM-Signals aus einem analogen Fernmeldesignal ist in Abb. 7.5 dargestellt. Bei der PCM-Technik werden Abtastwerte eines analogen Signales also nicht durch Impulse unterschiedlicher Amplitude übertragen (wie bei der PAM-Technik) sondern durch binäre Codewörter.

Die Digitalisierung der Übertragungstechnik im Fernsprech-

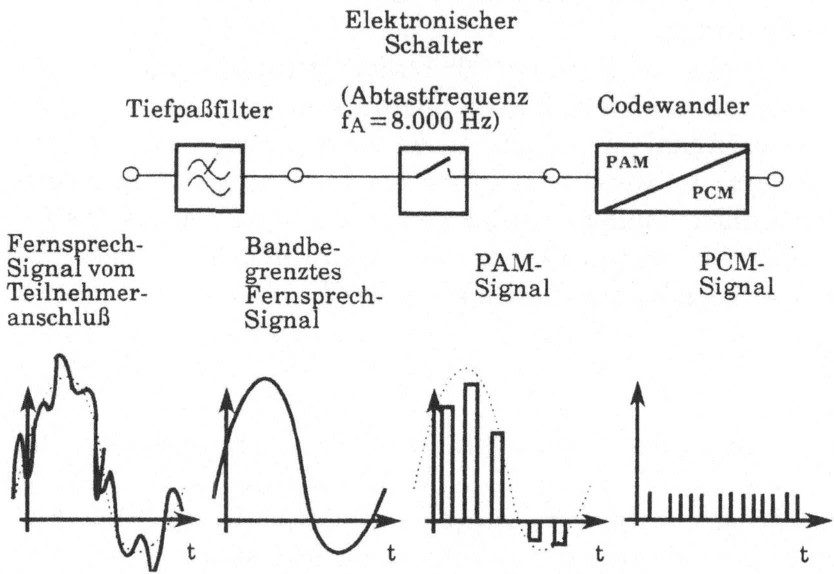

Abb. 7.5. Erzeugung eines PCM-Signals aus einem analogen Fernsprechsignal

bereich begann mit der Einführung des von CEPT und CCITT standardisierten Übertragungssystems PCM 30. Hierbei wird der Gesamtbereich der möglichen Signalwerte in 256 ungleich große Quantisierungsintervalle (nichtgleichmäßige Quantisierung) unterteilt:

- kleine Quantisierungsintervalle im Bereich kleiner Signalwerte
- größere Quantisierungsintervalle im Bereich größerer Signalwerte

Die nichtgleichmäßige Quantisierung wird durch eine Kennlinie festgelegt, die in der CCITT Empfehlung C.711 festgelegt ist. Für Europa gilt die „13-Segment-Kennlinie" (A-Gesetz für das PCM-30 Übertragungssystem). Sie besteht aus jeweils sieben geradlienigen Abschnitten im positiven und negativen Bereich. Die beiden am Nullpunkt liegenden Abschnitte bilden zusammen ein geradliniges Segment. Damit setzt sich die Kennlinie aus insgesamt 13 geradlinigen Segmenten zusammen (daher „13-Segment-Kennlinie"). Die Zuordnung der Quantisierungsintervalle zu den Signalwerten ist so, daß größere Signalwerte mit grobem Raster und kleine Signalwerte mit feinem Raster quantisiert werden.

Die Quantisierungsintervalle ergeben Codewörter von 8 bit. Bei einer Abtastfrequenz von 8 kHz und einem Codewort von 8 bit je Abtastwert ergibt sich für einen Fernsprechkanal also eine Bitrate von 64 kbit/s für jede der beiden Richtungen, eines in digitalen Übertragungssystemen geführten Fernsprechkanals.

Für die Übertragung digitaler PCM-Signale auf Zweidraht-

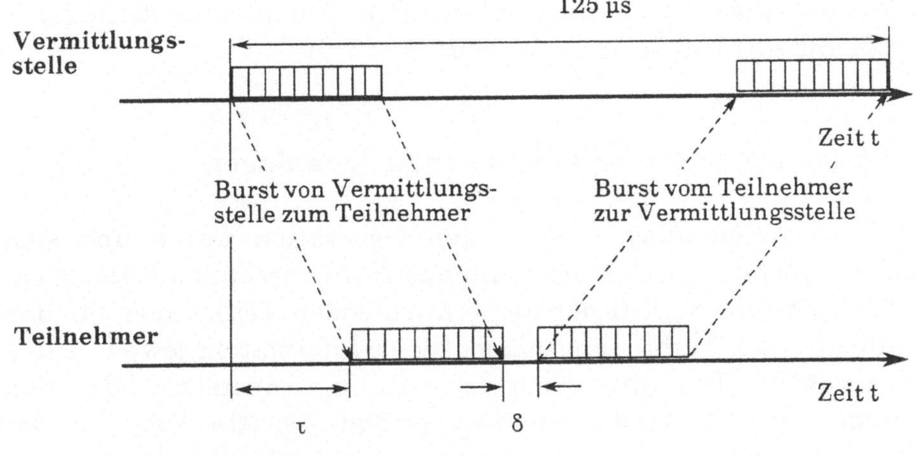

Abb. 7.6. Zeitdiagramm für ein Zweidraht-Zeitgetrenntlageverfahren

leitungen bieten sich die gleichen Verfahren an wie für die Übertragung analoger Signale: Frequenzgetrenntlageverfahren, Zeitgetrenntlageverfahren und Gleichlageverfahren (Siemens 1980).

Im Frequenzgetrenntlageverfahren werden die Digitalsignale der Sende- und Empfangseinrichtung in unterschiedlichen Frequenzbändern übertragen. Beim Zeitgetrenntlageverfahren, das in der Literatur auch als „ping-pong"- Technik oder als „burst-mode" bezeichnet wird, wechselt in eindeutig festgelegten

Zeitabständen die Übertragungsrichtung auf der Zweidraht-Anschlußleitung. Innerhalb der festgelegten Rahmendauer wird von der Vermittlungsstelle ein Burst (z.B. bestehend aus 10 bit) ausgesandt und nach einer Laufzeit von ca. 5-7 µsec/km Leitungslänge von der Endstelle empfangen. Nach einem kleinen Schutzintervall sendet die Endstelle einen Burst zur Vermittlungsstelle zurück. Dort muß dieser Burst rechtzeitig eingetroffen sein, sodaß er nicht vom nächsten Sendeburst beeinträchtigt wird (siehe Abb. 7.6). Dieses Verfahren findet bei den meisten digitalen Nebenstellenanlagen Anwendung.

Durch die Laufzeit der Signale (5 bis 7 µs/km) und die Datenrate auf der Anschlußleitung ergibt sich eine Begrenzung für deren maximal zulässige Leitungslänge (damit sich aufeinanderfolgende PCM-Bursts nicht beeinträchtigen).

7.3 Vermittlungstechnik in Nebenstellenanlagen

Nebenstellenanlagen der ersten Generation waren und sind gekennzeichnet durch schritthaltende Wählertechnik mit Hebdreh- und Drehwählern, bei der die vom rufenden Teilnehmer für den Aufbau einer Verbindung eingegebene Information jeweils einen bestimmten Teil der Koppeleinrichtung einstellt. Der rein mechanische Verbindungsaufbau erfolgt schrittweise, und der Vermittlungsvorgang wird zusammen mit der Vermittlungsaktion direkt gesteuert.

Um 1940 wurde zum ersten Mal eine zentrale Steuerung eingesetzt, bei der die Steuerungsfunktion getrennt von der Vermittlungsaktion durchgeführt wird. Diese Anlagen sind durch teilelektronische oder vollelektronische Zentralsteuerungen und durch Relaiskoppelpunkte gekennzeichnet. Die Entwicklung der Digitaltechnik brachte für die Vermittlungs- und Nebenstellentechnik den nächsten Wandel. Mit etwa 10 Jahren Abstand auf die digitale Übertragungstechnik sind digitale Vermittlungsanlagen wirtschaftlich geworden. Die Digitalisierung des Fernsprechnetzes begann mit der Einführung der von CEPT und CCITT standardisierten Übertragungssysteme PCM 30. Im nächsten Schritt kam es zum Einsatz von PCM-Vermittlungssystemen, die eine Voraussetzung für die Digitalisierung des gesamten

Fernsprechnetzes darstellten (Schosnig 1980). Dabei spielen Nebenstellenanlagen, die man als unterste Ebene des Fernsprechnetzes betrachten kann, eine wichtige Rolle. Mikroprozessortechnik, speicherprogrammierte Steuerung (stored program control - SPC), elektronische Koppelpunkte und zeitdiskrete Vermittlung erweitern die Möglichkeiten des Telefons in den Nebenstellenanlagen der jüngsten Generation (Besier 1980; Hirschman 1980; Becker 1980) und machen Nebenstellenanlagen auch für die Text-, Festbild- und Datenkommunikation sehr leistungsfähig.

Die 8 bit PCM Codewörter von mehreren Fernsprechsignalen lassen sich, um die übertragungstechnischen Einrichtungen optimal auszulasten in zyklischer Folge nacheinander übertragen: zwischen zwei Codewörtern eines Fernsprechsignales werden Codewörter anderer Fernsprechsignale in zeitlicher Folge aneinandergereiht. So entsteht ein PCM- Zeitmultiplexsignal. Beim PCM 30 System werden pro 125 µs Pulsrahmen 32 Kanalzeitschlitze bereitgestellt.

Digitale Vermittlungsstellen schalten Verbindungen durch, indem sie 8- bit- PCM Codewörter verschiedener Fernsprechsignale (Kanäle) entsprechend den Verbindungswünschen neu ordnen. In einer Sekunde werden pro Verbindungsrichtung 8000 Codewörter weitervermittelt. In den Vermittlungsstellen ergeben sich daraus aufeinanderfolgende 125 µsec-Perioden, in denen jedes Codewort eine bestimmte Zeitlage zugeordnet bekommt. Anstelle von PCM-Codewörtern kann die Vermittlungsstelle auch Oktetts anderer Signale durchschalten. Diese Möglichkeit ist die Voraussetzung für die Integration anderer Dienste im digitalen Fernsprechnetz. Die zwei prinzipiellen Möglichkeiten für den Vermittlungsvorgang sind das Raumlagenvielfach und das Zeitlagenvielfach (Siemens 1980; Baxter 1981).

Das **Raumlagenvielfach:** Nach diesem Prinzip kann jedes 8-bit-Codewort einer beliebigen Zubringerleitung (Multiplexleitung) zu jeder beliebigen Abnehmerleitung (Multiplexleitung) vermittelt werden, ohne daß die Zeitlagen der einzelnen Codewörter verändert werden. Eine Vermittlung im Raumlagenvielfach ist blockierungsfrei, wenn die Anzahl der Abnehmerleitungen gleich oder größer der Anzahl der Zubringerleitungen ist. Unter voller Erreichbarkeit versteht man, daß jedes ankommende Codewort zu jeder Abnehmerleitung vermittelt werden kann.

Das **Zeitlagenvielfach:** Bei der Vermittlung im Zeitlagenvielfach kann jedes auf genau einer Multiplexleitung ankommende 8- bit- Codewort zu jeder beliebigen Zeitlage genau einer abgehenden Multiplexleitung vermittelt werden. Das entspricht der vollen Erreichbarkeit einer Vermittlung im Raumlagenvielfach. Beim Zeitlagenvielfach werden die ankommenden Codewörter entweder in den Informationsspeicher zyklisch eingeschrieben und entsprechend den Vermittlungswünschen ausgelesen, oder sie werden bereits beim Einspeichern entsprechend den Vermittlungswünschen sortiert, sodaß sie zyklisch ausgelesen werden können. Bei dieser Art der Vermittlung bedeutet blockierungsfrei, daß alle ankommenden 8- bit- Codewörter weitervermittelt werden können.

Das **Raum-Zeitlagenvielfach:** Das Raum-Zeitlagenvielfach arbeitet wie das Zeitlagenvielfach aber mit einer größeren Geschwindigkeit. Dabei werden Codewörter von mehreren ankommenden Multiplexleitungen zu jeder Zeitlage von mehreren abgehenden Multiplexleitungen vermittelt. Die Codewörter der ankommenden Multiplexleitungen werden zusammengefaßt und mit der mehrfachen Bitrate zum Informationsspeicher geführt. Nach dem Vermittlungsvorgang teilt ein Demultiplexer die einzelnen Codewörter wieder auf die entsprechenden Abnehmerleitungen mit der ursprünglichen Bitrate auf.

Signalisierung: Die vermittlungstechnische Information, die zum Aufbauen und Auslösen von Verbindungen notwendig ist, wird von Steuersignalen übertragen. Sie stellen die Verbindung zwischen Steuerungsebene und Vermittlungsebene her. Die verschiedenen vereinbarten Signale bilden mit den dazugehörigen Prozeduren das Signalisierungssystem. Wird für die Übertragung der Signalisierungsinformation der gleiche Kanal benutzt, auf dem die Nutzinformationssignale übertragen werden, so handelt es sich um eine Inbandsignalisierung. Im Gegensatz dazu wird bei der Outbandsignalisierung einem Kanal ein eigener Signalisierungskanal zugeordnet. Von einem zentralen Signalisierungskanal spricht man, wenn ein Signalisierungskanal mehreren Verbindungen zugeordnet ist. Im Zusammenhang mit der digitalen Übertragung werden die Begriffe Inslot- und Outslot-Signalisierung verwendet.

7.4 Datenkommunikation und Dienstintegration in Nebenstellenanlagen

Nebenstellenanlagen, die fähig sind Sprache und Daten gleichzeitig zu übertragen, werden schon seit einiger Zeit in den USA angeboten; auch in Europa bieten mehr und mehr Hersteller solche Anlagen an. Als Alternative und(oder) als Variante von lokalen Computernetzen gewinnen sie immer mehr an Bedeutung. Sie eignen sich zwar nicht für schnelle Rechner- zu- Rechner Verbindungen, sind aber dort, wo Übertragungsgeschwindigkeiten bis 64 kbit/sec ausreichen, wirtschaftlich und leistungsfähig.

Betrachtet man z.B. ein Bürogebäude, so befindet sich beinahe an jedem Arbeitsplatz ein Telefon, das bereits mit einer Nebenstellenanlage verbunden ist. Bei abwechselnder oder gleichzeitiger Benutzung des Telefonanschlusses für den Sprach- und Datenverkehr ist somit eine fast uneingeschränkte interne Kommunikation möglich. Weiters ist eine Kommunikation nach außen unter Miteinbeziehung neuer öffentlicher Dienste (Telefax, Bildschirmtext) gegeben. Zur Zeit sieht es noch so aus, daß bis zu 90% der Anwendungen von Nebenstellenanlagen im Sprechverkehr liegen. Der Wunsch, mit Nebenstellenanlagen Daten zu übertragen, nimmt aber ständig zu.

Probleme, die bei der Kommunikation in Nebenstellenanlagen auftreten, sind die Umwandlung der verschiedenen Informationsformen in eine einheitliche übertragbare und vermittelbare Form, die Anpassung verschiedener Geschwindigkeiten (z.B. asynchrone Daten 300 bit/sec, 9600 bit/sec; synchrone Daten und Paketdaten 48000 bit/sec; digitale Sprachübertragung 64000 bit/sec), Anpassung der Schnittstellen (auf Teilnehmerseite: X.20, X.20 bis, X.21, X.21 bis, X.25, auf Netzseite: X.70, X.71), die Übertragung der Steuersignale zwischen Endgeräten und Vereinbarungen über den Verbindungsaufbau. Es gibt verschiedene Möglichkeiten, den

Datenverkehr in Nebenstellenanlagen abzuwickeln, wobei man grundsätzlich unterscheiden muß zwischen Anlagen, die für den Sprachverkehr ausgelegt sind und Anlagen, die für integrierte Sprach- und Datenübertragung konzipiert wurden. Zusätzlich gibt es noch die speziellen Daten- Nebenstellenanlagen.

Datenübertragung mit traditionellen Fernsprechnebenstellenanlagen der ersten Generation

Die traditionelle Nebenstellenanlagentechnik stellt dem Benutzer einen analogen vollduplex Sprachkanal zur Verfügung, der für die Übertragung von Sprache ausgelegt ist. Zur Übertragung digitaler Datenströme auf herkömmlichen Wählverbindungen werden Modems verwendet, welche die seriellen digitalen Daten innerhalb des Frequenzbandes für die Telefonie (0,3 - 3,4 kHz) in akustische Signale umwandeln. Die beiden Zustände „0" und „1" werden in verschiedenen Tonfrequenzen übertragen. Gebräuchliche Datenraten variieren zwischen 300 bit/sec und 4800 bit/sec. Modems finden auch in Zukunft ein breites Anwendungsfeld, da sie mit analogen Fernsprechkanälen kompatibel sind. Die Vermittlung einer Verbindung erfolgt, indem die analogen Telefonsignale über Koppelpunkte vermittelt werden.

Datenübertragung mit Nebenstellenanlagen der zweiten Generation

Dazu gehören moderne Anlagen mit speicherprogrammierter Steuerung (SPC), die für die Sprachkommunikation entworfen und für Datenkommunikation erweitert worden sind. Als Beispiele werden in der Literatur unter anderem die analoge Nebenstellenanlage „DIMENSION" von AT & T, die digitale Anlage „SL1" von Northern Telecom und das System „CBX" von ROLM Corp. genannt. Das System „DIMENSION" basiert auf einem analogen Vermittlungsnetz, das pulsamplitudenmodulierte (PAM-) Signale in Zeitmultiplextechnik vermittelt. Bei der Übertragung digitaler Daten werden die logischen Werte „0" und „1" in definierten PAM-Signalniveaus dargestellt. Pro Sekunde werden 16200 Signalwerte übertragen; trotzdem ist im Vollduplexbetrieb nur eine maximale Datenrate von 9600 bit/s erreichbar, da einige spezielle Signale für die Übertragung der Schnittstellensteuersignale benützt werden (EIA RS-232 Steuersignale). Die

Schnittstelle zwischen System und Datenendgerät bildet ein eigenes dafür gebautes Gerät das sogenannte „Dateninterface" (DI). An der Vermittlung wird eine eigene Datenanschlußschaltung benötigt. Der Telefonapparat ist für Datenrufe nicht unbedingt notwendig. Datenübertragungsanforderungen, die von Rechnern ausgehen, werden über Schnittstellen mit einer automatischen Wähleinheit (Automatic Calling Unit: ACU) abgewickelt. Die Datenvermittlung mit dem System „DIMENSION" erfordert einen separaten Anschluß.

Das System „SL1" verwendet für den Datenverkehr einen zusätzlichen Schnittstellenbaustein (Add on Data Modul: ADM), der die Übertragung zwischen den Datenendgeräten (DEG-Schnittstelle EIA RS-232) erst ermöglicht. Das ADM ist mit einem Telefongerät verbunden, das für jeden Datenaustausch erforderlich ist. Auf der Vermittlungsseite wird für jedes Datenendgerät eine eigene Anschlußkarte angefügt, somit benötigt jedes DEG einen vollständigen Sprachanschluß.

ROLM Corp. verwirklichte eine einzigartige Lösung für die Datenkommunikation in ihrer Nebenstellenanlage „CBX". Die Grundidee basiert auf den Eigenschaften der Zeitmultiplexkanäle einer PCM-Anlage und wird als „Submultiplexing"-Technik bezeichnet. Im Gegensatz zu anderen Versuchen, die für eine Datenverbindung einen ganzen Sprachanschluß vorsehen, teilen sich bei dieser Technik viele gleichzeitige Datenverbindungen (die Anzahl ist abhängig von der Datenrate) einen Sprachanschluß. Von den 384 Zeitkanälen der Nebenstellenanlage werden für eine Sprechverbindung zwei Kanäle benötigt: für jede Richtung einer. Einige braucht man für die Hörtonübertragung und für Kommando- und Statussignale. Die Kapazität für einen Sprachanschluß beträgt 96 kbit/sec vollduplex. Schließt man die Hardware für die Datenkommunikation an, wird jeder Zeitkanal, der normalerweise für die Sprachkonversation verwendet wird, weiter in Kanäle unterteilt. Diese müssen noch eine genügend große Kapazität haben, um eine bestimmte Anzahl gleichzeitiger Datenverbindungen mit unterschiedlichen Datenraten zu ermöglichen. Die maximale Datenrate für eine Verbindung beträgt 19200 bit/sec. Wird ein Sprachanschluß vollständig für den Datenverkehr benutzt, sind beispielsweise 40 Datenverbindungen zu je 2400 bit/sec oder 5 Verbindungen zu je 19200 bit/sec erreichbar.

Integrierte Sprach- und Datenübertragung mit Nebenstellenanlagen der dritten Generation

Anlagen der dritten Generation können Sprache und Daten gleichzeitig auf einer Doppelader übertragen, oder sie verwenden eine zusätzliche Doppelader, wobei jedoch vermittlungsseitig nur ein Anschluß verwendet wird. Das Grundprinzip der meisten Anlagen dieser Generation basiert auf der PCM- Übertragungs- und Vermittlungstechnik. In der Sekunde werden 8000 Sprachproben (Abtastwerte) als 8-bit-Codeworte auf einer Zweidrahtleitung in jeder Richtung übertragen. Dazu stehen transparente Kanäle mit einer Bitrate von 64 kbit/sec zur Verfügung, die zwischen den verschiedenen Teilnehmern Oktetts mit Nutzinformation übermitteln. Die Interpretation der gesendeten und empfangenen Oktetts (Folgen von Oktetts) liegt allein bei den Endgeräten, die natürlich bestimmte Verabredungen einhalten müssen.

Digitale Nebenstellenanlagen können, wie die in Zukunft geplanten digitalen Orts- und Fernmeldenetze, beliebige Informationsformen übermitteln. Sie gewinnen mit der geplanten Einführung von ISDN im öffentlichen Bereich sehr an Bedeutung. Im privaten Bereich kann diese Einführung jedoch sicherlich rascher vollzogen werden.

Der Einsatz eines digitalen Systems (transparente Kanäle von Teilnehmerendgerät zu Teilnehmerendgerät) bringt eindeutige Vorteile: Die Kosten für die Modems entfallen, die Übertragungsgeschwindigkeit wird größer und gleichzeitig wird die Übertragungsqualität verbessert. Außerdem ist der Anschluß eines Datenverarbeitungsgerätes ohne zusätzliche Verkabelung und Hardware möglich. Im Idealfall erfolgt die Sprach- und Datenübertragung gleichzeitig über eine Zweidrahtleitung, die nur einen Anschluß der Anlage benötigt. Die Datenübertragung kann dann einfach als zusätzliches Leistungsmerkmal angesehen werden, das keine Mehrkosten verursacht, da bereits ein zweiadriger Anschluß fürs Telefon installiert ist.

7.5 ISDN-PBX: Integrated Services Digital Networks für den Privatbereich

Die Komunikationslandschaft ist gegenwärtig gekennzeichnet durch eine Netzvielfalt. Der Einsatz verschiedener Kommunikationsnetze bedeutet in der Regel einen hohen Aufwand für Entwicklung, Technik, Planung und Betrieb. Es ergeben sich hohe Fixkosten für die Anschlüsse, wenn die Anzahl der Teilnehmer eines eigenständigen Netzes gering ist. Es ist offensichtlich, daß die Fixkosten unter den Teilnehmern aufgeteilt werden müssen. Im deutschen Fernsprechnetz beträgt z.B. die durchschnittliche Anschlußlänge eines Teilnehmers 2,3 km (bei 6000 Vermittlungsstellen), während sie im noch schlechter ausgebauten Datennetz etwa 50 km beträgt (bei 20 Vermittlungsstellen). Daraus läßt sich leicht ableiten, daß die Anschlußkosten an das Fernsprechnetz wesentlich geringer sind als an das Datennetz. Das Nebeneinander mehrerer Spezialnetze hat neben ökonomischen und Aufwands- Nachteilen auch noch andere. Es ergibt sich z.B. eine hohe Empfindlichkeit gegen Laststöße, da in der Regel keine gegenseitige Aushilfe in der Verkehrsabwicklung der Netze erfolgen kann. Deshalb ist es verständlich, daß man weltweit nach Möglichkeiten sucht möglichst viele Kommunikationsdienste in einem einheitlichen Netz anzubieten. Für die zukünftige Entwicklung der Kommunikationsnetze werden Service Integrierte Digitale Netze (ISDN) daher eine große Bedeutung erlangen, da sie ein sehr breites Funktionenspektrum umfassen und wirtschaftlichen Betrieb versprechen. Im Gelbbuch des CCITT (CCITT 1980) findet man in der Empfehlung G.702 eine Definition von ISDN:

> *„ISDN ist ein integriertes digitales Netz (IDN), wobei dieselben digitalen Vermittlungseinrichtungen und Übertragungspfade zur Herstellung von Verbindungen für verschiedene Dienste (z.B. Telefonie, Daten) verwendet werden."*

Auch für IDN wird in der gleichen Quelle eine Definition geboten:

„IDN ist ein Netz, worin zum Zwecke der Übertragung digitaler Signale eines Dienstes (z.B. Telefonie) die Verbindungen mittels digitaler Vermittlung aufgebaut werden (digitale Übertragung und digitale Vermittlung).“

CCITT ist die für ISDN zuständige internationale Standardisierungsorganisation. Sie hat für die Einführung von ISDN folgende Rahmenvorstellungen erarbeitet:

1. Das ISDN entwickelt sich aus dem (digitalen) Fernsprechnetz.
2. Das ISDN ist gekennzeichnet durch
   - eine transparent übermittelte Bitrate von 64 kbit/s zwischen Teilnehmereinrichtungen,
   - einen Basisanschluß, bestehend aus zwei 64 kbit/s-Nutzkanälen und einem 16 kbit/s-Signalisierungskanal (D-Kanal), sowie durch
   - möglichst wenige Schnittstellen, die aber international genormt sind.
3. Über die universelle ISDN-Teilnehmerschnittstelle erhält der Benutzer Zugang zu verschiedenen Kommunikationsdiensten.
4. Der ISDN-Basisanschluß sieht eine einheitliche Rufnummer für alle in Frage kommenden Kommunikationsdienste vor.
5. ISDN soll so angelegt werden, daß auch eine spätere Integration von Breitbanddiensten, die eine höhere Bitrate als 64 kbit/s erfordern, möglich ist.

Besonders hervorzuheben ist der Aspekt der Entwicklung aus dem Fernsprechnetz. Seit Jahrzehnten entfällt der überwiegende Anteil der Investitionen für Kommunikationsnetze auf die Teilnehmeranschlußleitung. Sie stellen einen ganz beträchtlichen Anteil des Anlagevermögens von Kommunikationsnetzen dar. Es liegt deshalb nahe, den vorhandenen Vorrat an verlegten Leitungen auch in zukünftigen Systemen zu verwenden und durch leistungsfähigere Technik besser auszulasten.

Als Universal-Kommunikationsnetz für Sprache, Daten, Text und Bild werden erste ISDN-Systeme in der Bundesrepublik Deutschland 1988 zur Verfügung stehen. Im Privatbereich, als Nebenstellenanlagen, sind sie jedoch bereits verfügbar: Siemens hat Ende 1984 das System „HICOM“ vorgestellt, Philips bietet mit

„Sopho-S" und SEL mit „System 12 B" ISDN Nebenstellenanlagen an (Lemme 1985).

In Abb. 7.7. ist eine typische Netzstruktur dargestellt, wie sie in naher Zukunft in verschiedenen Bürobereichen vorzufinden sein wird. Eine dienstintegrierte ISDN-PBX mit Durchschaltvermittlung verbindet die sternförmig angeschlossenen Endeinrichtungen (Sprach-, Text-, Bild- und Datenterminals) untereinander bzw. mit den öffentlichen Netzen (Fernsprechnetz, ISDN, Datex-L, Datex-P). Die Teilnehmer-Endeinrichtungen können dienstspezifische Endgeräte und Multifunktionsgeräte sein, welche über die bestehenden Anschlußleitungen (aus PBX Anlagen) und entsprechende Anpassungseinrichtungen angeschlossen werden können (2 Basiskanäle B je 64 kbit/s, 1 Signalisierungskanal D mit 16 kbit/s). Mit solch einer (2 B+D)-Struktur können gleichzeitig zwei Verbindungen unterhalten und Signalisierungen zum Steuerdatenaustausch durchgeführt werden. Über Gateways kann eine Kopplung zu LANs hergestellt werden.

Von zentraler Bedeutung für Kommunikationssysteme ist der Begriff „Dienst". Im CCITT wurde zunächst eine lange Liste möglicher Dienste zusammengestellt, die mittels ISDN angeboten werden könnte. Sehr bald stellte sich jedoch die Erkenntnis ein, daß diese Liste nie fertig wäre und zukünftige neue definierte Dienste unter Umständen komplexe und schwer überschaubare Eingriffe in bereits bestehende Systeme zur Folge haben könnten. Daher wurde eine Systematik gesucht und gefunden, die auf dem OSI 7-Schichtenmodell basiert. Man unterscheidet zwischen:

Transportdiensten
Basis-Kommunikationsdiensten und
Diensten mit Zusatzleistungen

Transportdienste basieren auf 64 kbit/s Kanälen. Denkbare Dienste sind vermittelte Verbindungen für den Einsatz privater Endgeräte für Teletex oder die Datenfernverarbeitung. Diese Dienste beschränken sich auf die Schichten 1-3 des OSI-Modelles.

Bei Basis-Kommunikationsdiensten werden geschlossene Kommunikationslösungen angeboten. Alle Komponenten, die für die Dienstleistung erforderlich sind, werden dem Kunden zur Verfügung gestellt (Netz und kompatible Endgeräte). Beispiele sind

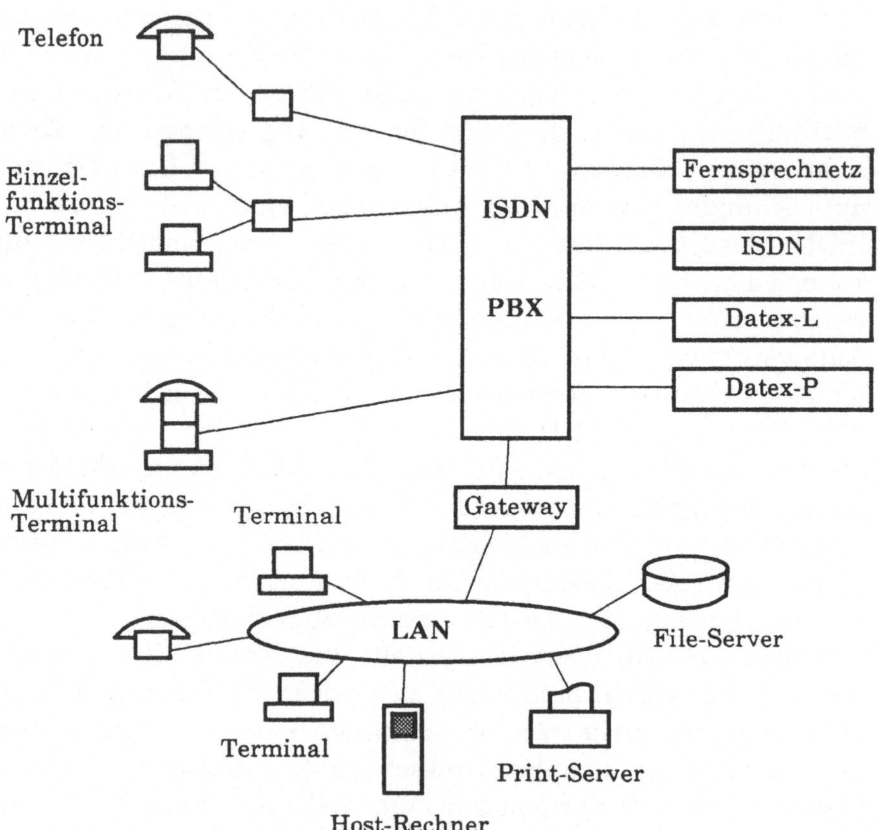

Abb. 7.7 Kopplung von Teilnetzen aus Bürobereich und Datenverarbeitungsbereich

Telefon und Telex. Die Schichten 1-6 des OSI Modelles werden durch diese Dienste erfaßt.

Dienste mit Zusatzleistungen bieten beispielsweise den Schutz vor unerlaubtem Zugriff (zu Datenbanken) oder die Verschlüsselung von Daten an. Typisches Beispiel ist Bildschirmtext. Alle sieben Schichten des OSI Modelles werden durch diese Dienste erfaßt.

Die Unterteilung in Dienste ermöglicht eine klare Trennung zwischen Netz und Endgeräten. Die wirklich dienstspezifischen Eigenschaften werden durch die Endgeräte tangiert (ob es sich beispielsweise um Sprachsignale, Faksimile- oder Datensignale handelt) und sind für die Übermittlung (d.h. für das Netz) nicht von zentraler Bedeutung. Normen und Empfehlungen zu ISDN werden von der CCITT in der I- Serie der Studienkommission XVIII und der Q-Serie aus der Studienkommisstion XI ausgearbeitet. Besonders in der Bundesrepublik Deutschland und in der Schweiz gibt es eine fundierte Diskussion über die Einführung von ISDN. Eine Fülle von ausgezeichneten Fachartikeln ist daher verfügbar (Pfyffer 1983; Schön 1984; Irmer 1983).

Für den Aufbau leistungsfähiger Informationssysteme sind Kommunikationsnetze von zentraler Wichtigkeit. Neben ISDN werden jedoch künftig sicherlich auch andere spezielle Netze bestehen können - vor allem solche für Daten- und Bewegbild-Kommunikation. Letztere können für Telekonferenzen große Bedeutung erlangen. Langfristig könnten diese jedoch zu einem einheitlichen Breitband- ISDN integriert werden. ISDN bietet ein ausgewogenes erweiterungsfähiges Konzept: Gegen Ende dieses Jahrzehntes, wenn Glasfaserkabel und optische Systeme wirtschaftlich konkurrenzfähig werden, kann das ISDN durch Breitbandeinrichtungen derart erweitert werden, daß eine Integration aller schmal- und breitbandigen Nutzungsformen (Fernsprechen, Daten-, Text- und Festbildkommunikation, Bildfernsprechen und Telekonferenz) möglich ist. Wie ISDN, erfordert auch ein Breitband- ISDN, eine umfassende nationale und internationale Standardisierung, um zukunftsträchtige und wettbewerbsfähige, vermittelte Breitbandnetze zu schaffen. Hierzu sind aber entsprechende Forschungsarbeiten und vor allem Pilotversuche erforderlich. Zur Förderung dieser technischen Entwicklung hat die Deutsche Bundespost zunächst BIGFON-Versuchsnetze (Breitbandiges Integriertes Glasfaser Ortsnetz) in sieben deutschen Städten realisiert. Dort ist es erstmals möglich, über eine einzige Teilnehmeranschlußleitung sowohl alle heute bekannten Formen schmal- und breitbandiger Individualkommunikation, einschließlich Bildfernsprechen als auch breitbandige Verteilkommunikationsformen (Fernseh- und Tonrundfunk), integriert anzubieten. Die Erprobungsphase wird bis 1986 dauern. Die wesentlichen Entwicklungsschritte vom analogen Fernsprechnetz zum dienstintegrierten Universalnetz, wie sie die Deutsche Bundespost erwartet, sind in Abb. 7.8 dargestellt.

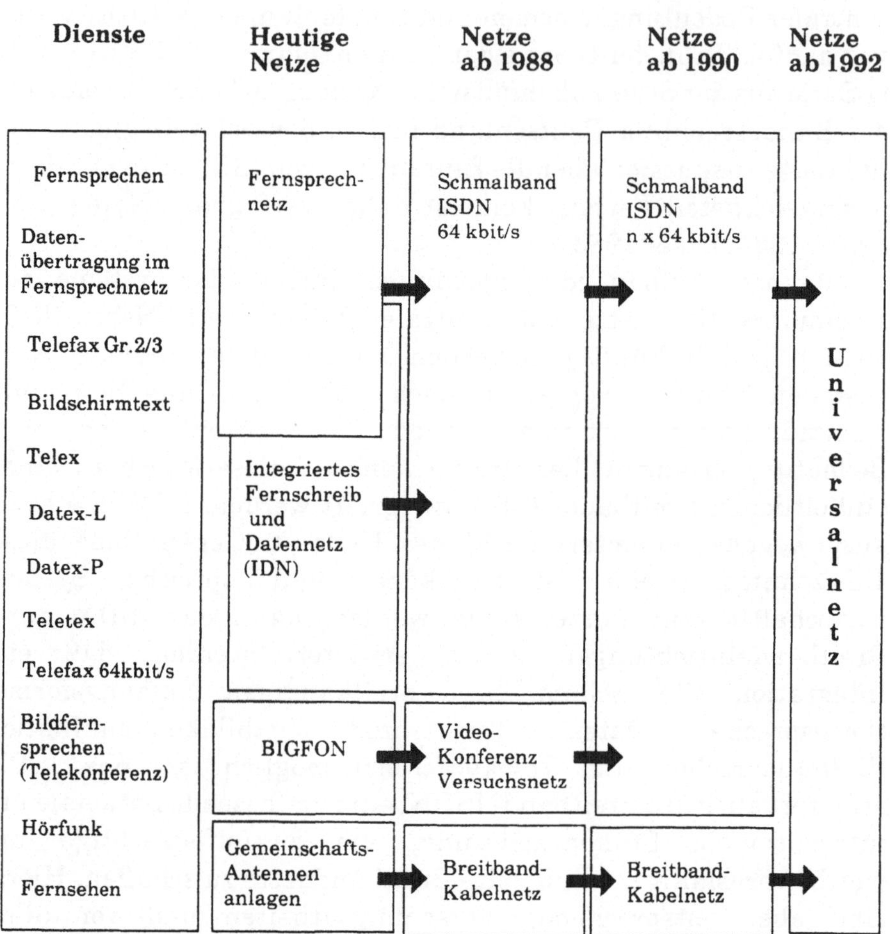

Abb. 7.8. Die wesentlichen Entwicklungsschritte vom analogen Fernsprechnetz zum dienstintegrierten Universalnetz aus der Sicht der Deutschen Bundespost

8. Lokale PC-Netze

Die Entwicklung von Ethernet bei Xerox hat sehr deutlich gezeigt, daß Personal Computers (PCs) eine wichtige Rolle bei der Entwicklung von lokalen Computernetzen gespielt haben. PCs und leistungsfähige „intelligente" Arbeitsplatzstationen (Workstations) haben sich, wie von Xerox erwartet, in den letzten Jahren zu einem bedeutenden Wirtschaftszweig der Informationstechnik entwickelt. Die Natur der Datenübertragung bei Workstations und PCs ist grundsätzlich eine andere als bei „dummen" Terminals. Während bei letzteren eine große Zahl kurzer Datenblöcke übertragen wird, ist bei PCs und Workstations die Kommunikation durch eine eher kleine Zahl relativ langer Datenblöcke (File-Transfer) gekennzeichnet. Lokale Netze erlauben es, diese Datenblöcke mit sehr hoher Geschwindigkeit und somit in vertretbar kurzen Zeiten zu übertragen. Mit der steigenden Verbreitung von Personal Computern am Arbeitsplatz wird bei vielen Anwendern die Notwendigkeit immer stärker, diese miteinander kommunizieren zu lassen. Der Austausch von Daten zwischen kompatiblen Systemen ist zwar durch Hin- und Hertragen von Disketten oder durch „einfache" V.24 Verbindungen auch möglich, wird jedoch ab einer gewissen Anzahl von PCs problematisch. Abhilfe kann der Einsatz von lokalen Computernetzen schaffen.

Marktuntersuchungen zur Entwicklung des PC-Marktes prophezeien für die nahe Zukunft den durch LANs vernetzten PCs ein beachtliches Wachstum (Abb. 8.1). Hierfür gibt es verschiedene Erklärungen. Eine wesentliche ist, daß sich mit vernetzten PCs kostengünstige, flexible, zuverlässige und leistungsfähige Informationssysteme aufbauen lassen, da PCs ein wesentlich besseres Preis-Leistungsverhältnis als Minicomputer und Großrechner haben. LANs ermöglichen es überdies, die Vorteile von Einzelplatz PC-Systemen (Verwenden der „persönlichen" Software und

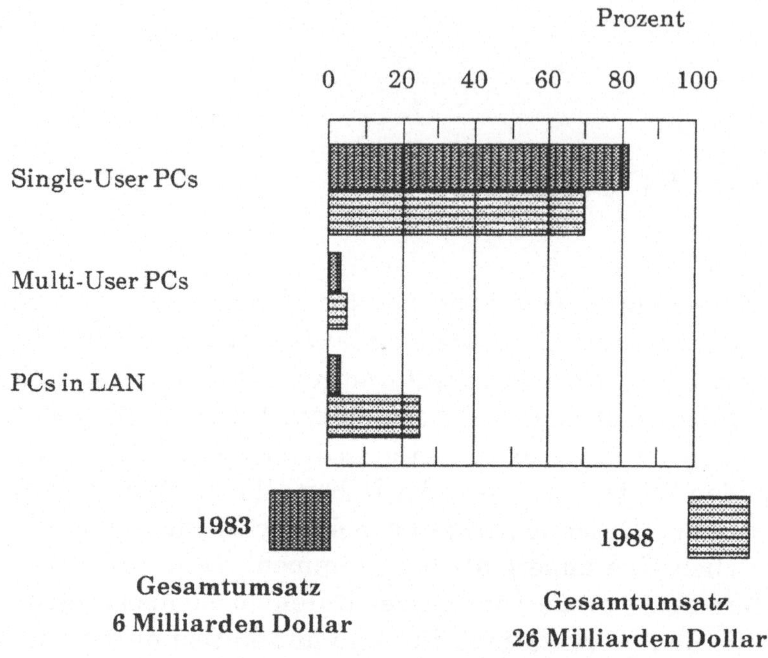

Abb. 8.1. Entwicklungsprognose bei Personal Computer (nach Hohol 1984)

peripheren Geräte) mit neuen Vorteilen zu vereinen, die die Vernetzung mit sich bringt: Mitbenutzung kostenintensiver Hochleistungs-Peripheriegeräte (Laserdrucker), Electronic Mail, verteilte Datenbanken und andere mehr. Anwendern und PC Herstellern stellt sich daher nicht so sehr die Frage: „LAN - ja oder nein?", sondern vielmehr die Fragen, „Welches LAN-Konzept, welche Architektur, Dienste, Topologie, Medium etc.".

Die verschiedenen LANs, wie sie heute am Markt angeboten werden, lassen sich in drei unterschiedliche Klassen einteilen:

1. PC-LANs
2. General Purpose LANs
2. Herstellerspezifische LANs

Die Unterscheidung in diese drei Klassen ist nicht eindeutig durchführbar, erweist sich jedoch als zweckmäßig in bezug auf eine Klassifizierung von LANs nach deren Preis-Leistungsverhältnissen. PC-LANs und General Purpose LANs sind zumeist offene Netze, d.h. sie orientieren sich an frei zugänglichen, in allen Details publizierten Spezifikationen. **Offene Netze** erlauben es in der Regel, Geräte, Software und Dienste von verschiedenen Anbietern zu kaufen, die zu einem harmonischen Ganzen zusammenwirken können. Offene Netze haben einen breiten Markt auf dem Wettbewerb herrscht. Das wirkt sich sehr günstig auf die Preise aus. Die Offenlegung aller Details erlaubt auch eine breite Kooperation von Herstellern, Softwarehäusern und Forschungseinrichtungen. Während bei den General Purpose LANs das Leistungsverhalten zumeist im Vordergrund der Betrachtung steht, ist bei PC-LANs vor allem der Preis eine wichtige Kenngröße. PC-LANs werden daher auch als „low cost" LANs bezeichnet. Die Anschaffungskosten für ein PC-LAN sollten in einem vernünftigen Verhältnis zu den Beschaffungskosten für einen PC stehen (20 % kann man als angemessen betrachten).

Herstellerspezifische LANs sind meist **geschlosseneNetze**, die im Gegensatz zu offenen Systemen durch Patente und andere Rechte nur bestimmten Herstellern zugänglich sind. Viele Hersteller sind davon überzeugt, die beste Technologie etc. zu besitzen und möchten die Kunden für „Turnkey Systeme" (alles aus seinem Hause) überzeugen. Dadurch ergeben sich strategische Abhängigkeiten und langfristig auch finanzielle Nachteile.

Geschlossene Netze (Systeme) bringen für den Kunden jedoch insbesondere bei der Systemwartung Vorteile, da klare Zuständigkeiten herrschen, die bei mixed Hardware und Software nicht gegeben sind. Ein weiterer Vorteil ist der, daß für geschlossene Netze zumeist bereits leistungsfähige Netzwerkmanagement-Konzepte angeboten werden. Für offene Netze fehlen diese noch weitgehend.

Sehr deutlich hat sich bei der Entwicklung der PC-LANs gezeigt, daß der Markt nicht in erster Linie einer für Hardware- oder Softwareprodukte ist, sondern für Systemprodukte, für Systemlösungen. Der Anwender ist durch die Komplexität der Netzwerk-Hardware und Netzwerk-Software eher überfordert, er kann sich nicht um alle technischen Details selbst kümmern. Er muß sich auf die anwendungs- und die leistungsbezogenen Aspekte konzentrieren, ihn interessiert vor allem ein funktionsfähiges, zuverlässiges und leistungsfähiges Gesamtsystem. Der PC-LAN Markt ist daher nicht in erster Linie durch übermittlungstechnische Hardware- und Softwareprodukte gekennzeichnet, sondern durch low-cost Informationssysteme, wie sie in Abb. 3.3 (Kapitel 3.2) abgebildet sind: Auf der Basis von PCs werden benutzernahe Workstations und Hintergrundsysteme (wie File-Server, Print-Server) über PC-Bus-kompatible Netzwerk- Zugriffssteuerungen angeboten. Dieser Markt ist für die Anbieter eine überaus große Herausforderung. Gegenwärtig werden etw 70% des Marktes von nur sechs Firmen abgedeckt: Ungermann-Bass, Sytek, 3Com, Corvus, Interlan und Bridge.

Eine zentrale Bedeutung bei PC-Netzen kommt den Hintergrundsystemen, den Servern zu. Ein Server ist in der Regel ein PC oder eine spezielle „Black Box", die bei Bedarf bestimmte Funktionen für Netzwerk-Kunden ausführt. Typische Beispiele sind File-Server, Druck-Server, Kommunikationsserver usw. Wichtige Fragen für den Einsatz eines lokalen Netzes für PCs sind:

- Hardwareunabhängigkeit auf allen PC und Netzwerkebenen
- Flexibilität der Netzwerkarchitektur mit mehreren Servern innerhalb eines Netzes
- gemeinsame Nutzung von Peripheriegeräten
- verteilte Intelligenz und „Distributed Processing"
- Datensicherheit
- Transparenz für die exisitierende Anwendersoftware

Bei PC-LANs ist eine Fülle inkompatibler verschiedenartiger aber durchaus leistungsfähiger Netzwerk-Hardware verfügbar. Die Mehrzahl der derzeit erhältlichen LANs orientieren sich auf der Data Link Ebene an CSMA/CD und an Token Protokollen. Ethernet ist das populärste CSMA/CD Protokoll. Mit 10 Mbit/s Datenübertragungsrate auf dem Bus hat es sich im Bürobereich und im technisch-wissenschaftlichen Bereich zur Verbindung von Minicomputern besonders stark etabliert. DEC, INTEL, XEROX, Interlan, 3 Com und Ungermann-Bass sind die bekanntesten Hersteller entsprechender Produkte. Für die Bus-Zugriffssteuerung sind VLSI Chips verfügbar, was sich vorteilhaft auf die Kosten

Relative Kosten für drei CSMA/CD-Produkte

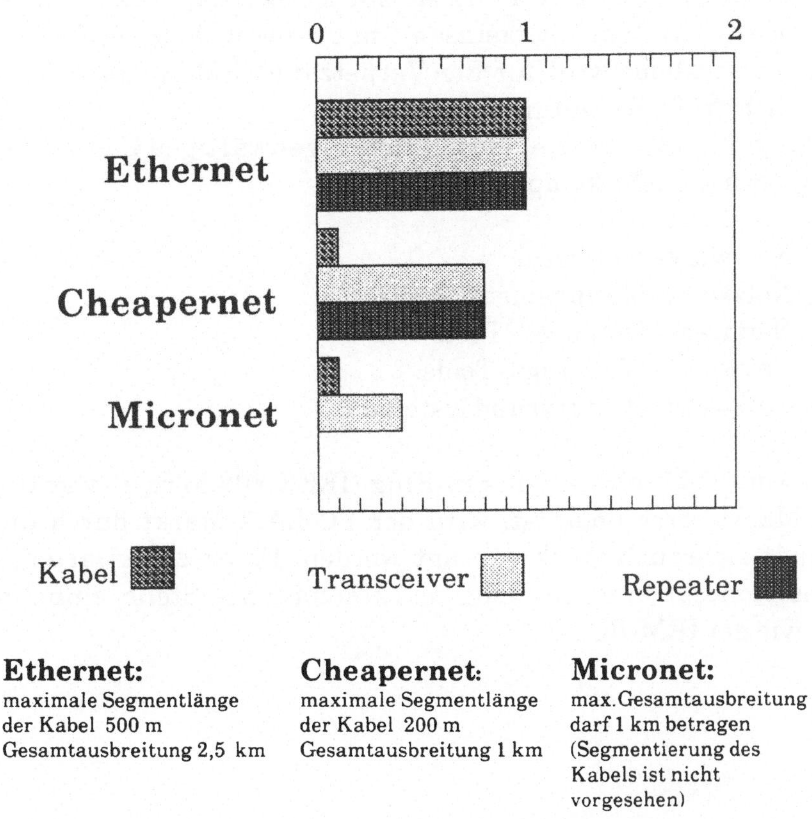

Abb. 8.2. Gegenüberstellung relativer Anschlußkosten für Ethernet, Cheapernet und Micronet

auswirkt. Das für das original Ethernet vorgesehene Koaxialkabel ist jedoch sehr teuer, weshalb es nicht für PC-LANs geeignet ist. Es gibt jedoch low-cost Versionen. Cheapernet arbeitet mit derselben Datenübertragungsrate, jedoch auf einem billigeren Koaxialkabel, wie es aus dem Kabelfernsehbereich bekannt ist. Micronet arbeitet mit 1 Mbit/s. Bei den Kosten pro Anschluß ist nicht nur der Preis für das Kabel zu berücksichtigen, sondern auch der für andere installationstechnische Details, wie Repeater und Transceiver. In

Abb. 8.2 sind die relativen Kosten für die drei angeführten CSMA/CD Produkte gegenübergestellt.

Auf der Basis des Arcnet-Chips, der sehr früh verfügbar war, gibt es ebenfalls eine Reihe von PC Token-Bus Systemen. Der Token-Passing-Ring wurde von IBM stark forciert. Das von IBM angebotene System (gemeinsam mit einem ausgereiften Verkabelungssystem) wird für die Vernetzung IBM-kompatibler PCs sicherlich große Bedeutung erlangen.

Mangelhaft bei PC LANs sind zum gegenwärtigen Zeitpunkt vor allem noch die sehr komplexen Bereiche

- Netzwerk- Software,
- Netzwerk- Management- Tools,
- Netzwerk- Diagnose- Tools und
- Netzwerk- Wartungs -Tools.
- Netzwerk- Hintergrundsysteme

Obwohl IBM mit dem Token-Ring (IEEE 802.5) relativ spät auf dem Markt erschienen ist, wird der PC-LAN Markt durch dieses Produkt sicherlich stark geprägt werden. Es ist zu erwarten, das dieses Konzept eine ähnliche marktdominante Stelle einnehmen wird wie der IBM-PC.

9. LAN- Planungs- und -Bewertungsaspekte

Bei Investitionen im Computer- und Kommunikationsbereich sind die Anwender in den letzten Jahren vorsichtiger, qualitätsbewußter und vor allem kostenbewußter geworden. Der Planungs- und Vorbereitungsphase wird mehr und mehr Aufmerksamkeit geschenkt, um bei Investitionen eine zukunftssichere, kostengünstige und hinreichend leistungsfähige Auswahl zu gewährleisten. Bei Planung und/oder Entwicklung eines lokalen Computernetzes stehen eine Fülle von architektonischen und technologischen Alternativen zur Verfügung. Welche Topologie, welches physikalische Kommunikationsmedium bzw. Zugriffsverfahren konkret zu wählen ist, hängt von Planungs- und Bewertungsaspekten ab, die sich aus den Anforderungen einer Anwendung, aber auch der Struktur einer Organisation, in die das Netz eingebettet werden soll, ergeben. In Form von Entwurfs- und Bewertungskriterien lassen sich diese in fünf Gruppen zusammenfassen

a) transportcharakteristische Kriterien
b) leistungsbezogene Kriterien
c) qualitätsbezogene Kriterien
d) kostenbezogene Kriterien
e) strategische Kriterien

Eine gründliche Analyse der Anforderungen an ein lokales Computernetz ist im Planungsstadium sehr wesentlich. Dies geht insbesondere aus der Betrachtung der beiden so wesentlichen Aspekte

- **Freiheit bei der Auswahl von Entwurfsalternativen und -parametern**

Kosten für die Korrektur von Entwurfsfehlentscheidungen

im Verlaufe der Netzwerkentstehungsphasen hervor (Abb. 9.1). In den frühen Entstehungsphasen kann man aus dem Vollen der Entwurfsalternativen schöpfen. Mit fortschreitender Entwicklungszeit (-phase) muß man sich fixieren, einengen. Wenn sich eine früher gemachte Entscheidung als nicht optimal oder fehlerhaft herausstellt, muß sie unter teilweise enormen Kosteneinsatz korrigiert werden. Umso später diese Korrektur erfolgt, desto teurer kommt sie in der Regel.

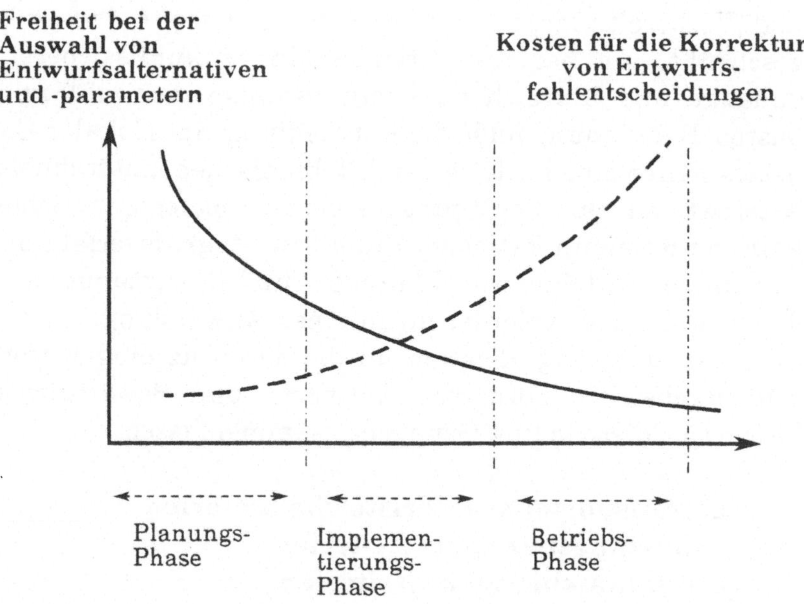

Abb. 9.1. Systemanalyse und Systemtechnik in der Planungsphase: sinnvoll, notwendig und kostensparend

9.1 Anforderungen an lokale Netze

Transportcharakteristische Kriterien

Fairness: Haben alle Stationen die gleiche Chance bei der Zuteilung von Kommunikationsressourcen, oder werden durch Art der Adressierung bzw. die topologische Plazierung im Netz gewisse bevorzugt behandelt (bedient)?

Priorität für Übertragung: Hierunter versteht man die Möglichkeit, bestimmte Informationen vorrangig zu übertragen.

Flexibilität: Der Anschluß neuer und das Abhängen bestehender Teilnehmer soll möglichst einfach erfolgen können, das „Übersiedeln" von Teilnehmern soll möglich sein.

Expansionsfähigkeit: Ausbaufähig in bezug auf Anzahl der Teilnehmer und auf neue Dienste bzw. Anwendungen.

Anschlußzahl: Die maximale Anzahl anschließbarer Teilnehmer soll nicht das Wachstum einer Organisation begrenzen.

Verbindungsgrad: Welche Verbindungen sollen unter den Teilnehmern möglich sein (jeder mit jedem etc.)?

Erreichbarkeit: Hierunter wird die Möglichkeit verstanden, geschlossene Benutzergruppen bilden zu können.

Datenraten (Kanalkapazität): Maximale Datenrate für die Kommunikation von zwei Stationen. Hierbei ist die Datenrate am Teilnehmer-Anschlußpunkt und am Mediums-Zugriffspunkt zu unterscheiden. Für den Anwender ist in erster Linie erstere von Wichtigkeit. Diesbezüglich kann es wichtig und wünschenswert sein, Stationen unterschiedlicher Datenrate kommunizieren zu lassen.

Transparenz: Die Codierung der übertragenen Nachrichten soll so erfolgen, daß sich daraus keine Beschränkungen in bezug auf die übertragbaren Bitfolgen ergeben. d.h., die Übertragungssteuerung darf nicht durch die übertragenen Nutzdaten gestört werden.

Leistungsbezogene Kriterien

Durchsatz: Darunter versteht man die effektive Nutzdatenrate für einen an einem lokalen Netz angeschlossenen Teilnehmer.

Auslastung: Die Auslastung ist das Verhältnis von Belastung zur Leistung (angebotener Verkehr zu Durchsatz). Sie wird als dimensionslose Verhältniszahl angegeben. 1 Erlang (Erl) entspricht der Auslastung von 100%.

Zugriffssverzögerung: Die Zeitspanne vom Anfallen einer zu übertragenden Information (einer höheren Schicht) bis zur erfolgreichen Übertragung (Quittierung über den Erfolg bzw. Mißerfolg der Übertragung).

Verweilzeit: Die Verweilzeit in einem LAN ist die Zeit die eine Nachricht bei der Übermittlung in diesem verbringt (Zugriffsverzögerung plus Übertragungszeit)

Verhalten bei Überlast: Vorübergehende, kurzzeitige Überlastungen sollen rasch abgebaut werden können. Künftige Bedürfnisse sollen (müssen) leistungsmäßig bewältigt werden können.

Qualitätsbezogene Kriterien (Reliability, Availability, Serviceability- RAS)

Zuverlässigkeit: Ein lokales Netz muß zuverlässig sein. Versagen einer Komponente soll nicht den Zusammenbruch des Netzes bewirken. Ein defektes Endgerät darf den normalen Betrieb nicht stören. Die Zuverlässigkeit wird durch die Art und Weise der Wartung wesentlich beeinflußt. Wichtige Kenngrößen für die Zuverlässigkeit ist die MTBF (Mean Time Between Failure).

Wartbarkeit: Fehler müssen schnell lokalisierbar und einfach behebbar sein. Eine wichtige Kenngröße für die Wartbarkeit ist die MTTR (Mean Time To Repair).

Verfügbarkeit: Das Netz soll verfügbar sein, wenn es gebraucht wird. Lange Wartezeiten sind nicht zumutbar.

Zulässige Fehlerrate: Für die Anwendungen muß das Netz fehlerfreie Datenübertragung sicherstellen. Unter der Restfehlerrate einer Schicht versteht man die nicht erkannten Fehler, die unentdeckt an höhere Schichten weitergereicht werden

(Behebung bzw. Erkennung von Fehlern muß durch Protokolle höherer Schichten sichergestellt sein).

Datensicherheit: Daten müssen sicher übertragen werden können, d.h. mißbräuchliches Abhören oder Verändern darf nicht erfolgen (privacy,secrecy).

Benutzerfreundlichkeit: Die Benutzung und Handhabung der angebotenen Dienste soll einfach möglich sein. Durch Help-Funktionen soll eine Benutzerführung möglichst bedarfsbezogen abrufbar sein.

Kostenbezogene Kriterien und strategische Kriterien

Die **Anschaffungskosten, Erweiterungskosten** pro Anschluß, die **Betriebskosten** und die **Wartungskosten** für das Netz sollten in einem vertretbaren Rahmen sein in bezug auf die Gesamtkosten der vernetzten Einheiten. Die anteiligen Kosten für den Anschluß eines Teilnehmers sollten geringer sein als die für das Gerät selbst (bei PC- Netzen nur etwa 20%). Zu den strategisch wichtigen Gesichtspunkten einer Firma kann es unter anderen gehören, daß sie sich bei verschiedenen Entwicklungen gänzlich an einem Hersteller orientiert. Das sichert vor allem vor Kompatibilitätsproblemen und bietet auch sonst gewisse Vorteile.

9.2 Leistungsverhalten aus übermittlungstechnischer Sicht

Das Leistungsverhalten lokaler Computernetze, deren Übermittlungsleistung, ist in erster Linie von den informationstechnischen (Datenrate und Fehlerrate, Teilnehmeranschlußzahl) und physikalischen (Leitungslänge) Kenngrößen des Mediums, aber auch in erheblichem Maße von der Netzzugriffssteuerungstechnik und dem durch die Schichtung der Kommunikationsprotokolle erzeugten Overhead abhängig. Der Leistungsbewertung von lokalen Computernetzen wird in der Planungsphase, aber auch während des laufenden Betriebes große Bedeutung beigemessen. Einige Gründe hierfür sind:

- **das Leistungsverhalten alternativer Netze quantitativ gegenüberstellen zu können,**

- **das Leistungsverhalten den Kosten gegenüberzustellen,**
- **das Leistungsverhalten bezüglich denkbarer Erweiterungen zu kennen,**
- **Netzwerkparameter in bezug auf bestimmte Leistungskriterien zu optimieren,**
- **das Leistungsverhalten von Netzen in Relation zum erforderlichen Overhead zu stellen.**

Lokale Computernetze können auf einer abstrakten Ebene als Bedienungssysteme betrachtet werden. Da nur eine begrenzte Anzahl von Bedienungsmöglichkeiten (an den Zugriffspunkten) und nur eine begrenzte Bedienungskapazität (ergibt sich aus Datenrate und Netzzugriffsverfahren) besteht, kann nicht jede auftretende Bedienungsanforderung (Übermittlung einer Nachricht) sofort bedient werden. Aufgrund dieser Tatsache entstehen häufig Warteschlangen oder, anders ausgedrückt, Verzögerungen bei der Erledigung der Bedienungsanforderungen. Natürlich besteht die objektive Notwendigkeit, daß das Warten nicht einen unermeßlichen Umfang annimmt. Durch Steigerung der Bedienungskapazität, d.h. durch Erhöhen der Datenrate oder durch Auswahl eines effektiveren, leistungsfähigeren Netzzugriffsverfahrens, werden in der Regel die Wartezeiten verkürzbar sein. Dies hat jedoch seinen Preis und man wird daher stets bestrebt sein, einen guten Mittelweg zu finden: gewisse Wartezeiten nimmt man in Kauf, um Aufwand (Kosten) einzusparen. Der Mittelweg (oder auch der optimale Weg) wird abgesteckt durch gewisse Kriterien, die als wichtig erachtet werden: Leistungsbewertungskriterien. Eine Fülle solcher Kriterien können angeführt werden. Je nach Gesichtspunkt der Betrachtung werden diese unterschiedlich gewichtet. Während ein Benützer an möglichst kurzen Wartezeiten interessiert sein wird, ist ein Systemmanager vorerst an optimalen Auslastungen der Ressourcen interessiert. Der Entwickler eines Netzes wird wieder andere Aspekte in den Vordergrund seiner Betrachtung stellen (technische Machbarkeit, Aufwand). Drei Klassen von Leistungskriterien sind also zu unterscheiden:

- **benutzerorientierte Leistungskriterien**
- **managementorientierte Leistungskriterien**

- **entwurfsorientierte Leistungskriterien**

Alle drei Klassen von Kriterien sind für lokale Computernetze wie auch für andere Netze von Bedeutung. Es existieren verschiedene Verfahren sie zu bewerten:

- **Faustformeln**
- **Bedienungsmodelle**
- **Simulationsmodelle**
- **experimentelle Meßmethoden basierend auf Kommunikationsmonitoren**

Faustformeln sind die einfachsten, aber auch unzuverlässigsten Verfahren. Sie sind stark simplifizierend oder entwickeln sich aus Erfahrungswerten im Laufe der Zeit und sind zumeist durch einfache theoretische Überlegungen abgesichert (Interpolation, Extrapolation). Die Technik der lokalen Computernetze ist noch zu jung, sodaß derartige Faustformeln nur beschränkt verfügbar sind. Auf abstrakter Ebene kann man lokale Computernetze als Bedienungssysteme betrachten bzw. durch **Bedienungsmodelle** modellieren. Für die Analyse von Bedieungssystemen stellt die Warteschlangentheorie (Kleinrock 1976) und die Wahrscheinlichkeitstheorie wertvolle mathematische Hilfsmittel zur Verfügung. Indem die Größe und die Komplexität von Netzen sowie die Vielfalt der unterschiedlichen Dienste, die sie bereitstellen, jedoch immer noch zunehmen, wird die Beurteilung des Leistungsverhaltens von lokalen Computernetzen durch Bedienungsmodelle (analytische Techniken) zunehmend schwieriger. In solchen Situationen gewinnt die Simulation mit Hilfe von **Simulationsmodellen** zunehmend an Bedeutung. Sie erlauben eine sehr detaillierte, wirklichkeitsnahe Analyse (Kellermayr 1984a, 1984b). **Experimentelle auf Messung basierende Methoden** sind sicherlich die exaktesten Verfahren, das Leistungsverhalten von Systemen unter realen Bedingungen zu bewerten. Sie setzen jedoch voraus, daß solche Systeme bereits verfügbar sind, was im Planungsstadium insbesondere bei so modernen Technologien wie lokalen Computernetzen nicht gegeben sein muß. Bedienungsmodelle und Simulationsmethoden können hingegen auch bereits im frühen Planungsstadium eingesetzt werden.

Eine einfache Bewertung des Leistungsverhaltens von lokalen Computernetzen ist mit den beiden wichtigen Parametern: **Datenrate C** (Kanalkapazität) des physikalischen Mediums und durchschnittliche **Signal-Ausbreitungszeit** t_A zwischen zwei Stationen möglich. Die Signal-Ausbreitungszeit spiegelt die Länge des Mediums wider, und im Falle eines Ringes auch die Anzahl der eingefügten Stationen und deren Verzögerungscharakteristik. Das Produkt Datenrate mal Signal-Ausbreitungszeit ($\mathbf{C \times t_A}$) ist eine für das Leistungsverhalten wesentliche Kenngröße, es entspricht gewissermaßen der Länge des physikalischen Mediums in Bit (die Anzahl der Bits, die zu einem beliebigen Zeitpunkt maximal zwischen zwei Stationen zur Übertragung vorliegen können). Das Verhältnis a, zwischen dieser Länge und der Länge l der typischen Pakete, die im Netz übertragen werden, ist eine wichtige Kenngröße fürdie Auslastung von Netzen:

$$\mathbf{a = (C \times t_A) / l}$$

Wie sich leicht zeigen läßt, gilt $a = t_A / t_Ü$ ($t_Ü$... Übertragungszeit). a bewegt sich für lokale Netze typisch im Bereich zwischen 0,01 und 0,1 und stellt eine obere Grenze für die Auslastung U (Utilization) dar. Für ideale Zugriffsverfahren gilt

$$\mathbf{U = 1 / (1 + a)}$$

In Abb. 9.2 ist die Auswirkung von a auf das Leistungsverhalten eines Netzes graphisch dargestellt. Im idealen Fall ist a=0 und die Auslastung 100%. Indem die Verkehrslast G erhöht wird, bleibt der (normierte) Durchsatz S gleich der angebotenen (normierten) Verkehrslast, bis die maximale Kapazität beansprucht wird (S=G=1). Für weiteres Erhöhen von G bleibt S konstant gleich 1 (wenn jeweils nur eine Nachricht auf dem Medium übermittelt werden darf). Für positive Werte von a ergibt sich eine Sättigung für den Durchsatz S=1/(1+a). Die obere Schranke für die Auslastung eines lokalen Netzes ist daher 1/(1+a), unabhängig vom Netzzugriffsverfahren. Dies gilt jedoch nur unter der Annahme, daß das Medium zu jedem Zeitpunkt nur für eine Übertragung verwendet wird.

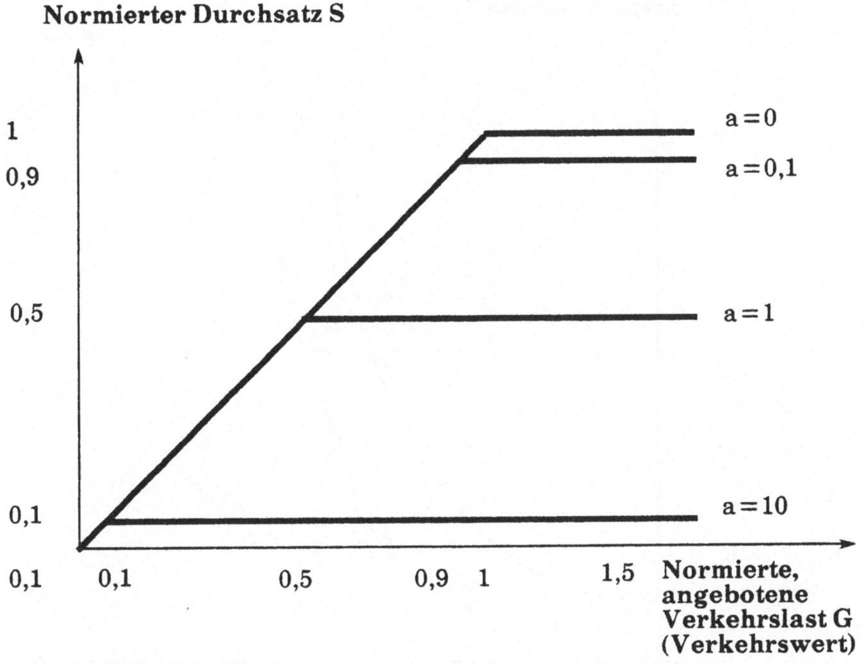

Abb. 9.2. Durchsatz in Abhängigkeit von a und angebotene Verkehrslast

Es gibt eine Fülle von Studien zur Untersuchung des Leistungsverhaltens verschiedener Zugriffsverfahren und verschiedener lokaler Netze. Für potentielle Anwender sind insbesondere vergleichende Studien wichtig und hilfreich. Diesbezüglich gibt es jedoch eher wenige systematische Untersuchungen, da man hierbei sehr vorsichtig sein muß. Neben den grundlegenden Protokollmechanismen und Topologie-Eigenheiten, bestimmen vor allen auch die konkret gewählten Protokoll-Parameter das Leistungsverhalten eines lokalen Netzes. Das ist also eine Fülle von Gesichtspunkten die jeweils nur unter bestimmten konkreten Fragestellungen aussagekräftig ins Kalkül gezogen werden können.

Eine sehr systematische Arbeit, in der das Leistungsverhalten von einem CSMA/ CD Bus mit dem eines Newhall-Ringes (Token-

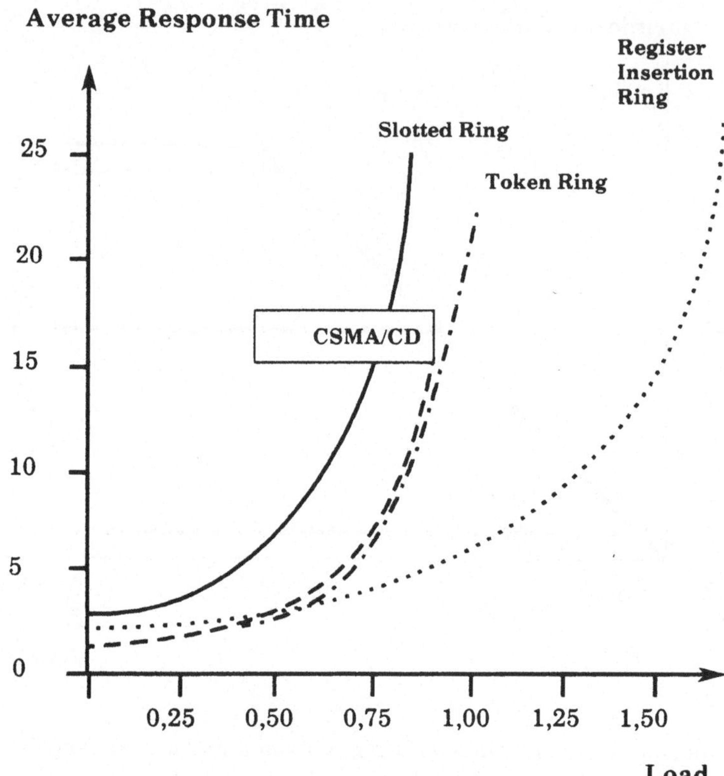

Abb. 9.3. Average Response Time verschiedener Ring-Protokolle im Vergleich mit einem CSMA/CD-Bus (in Anlehnung an Liu 1982)

Ring), eines Pierce Ringes (Slotted Ring) und eines Delay Insertion Ringes (Register Insertion Ring) verglichen wurde, stammt von Liu (Liu 1982). Diese Arbeit basiert auf analytischen Modellen. In Abb.9.3 sind einige Ergebnisse zusammengefaßt (vereinfacht). Sie basieren auf folgenden Annahmen: 30 Stationen, a=0,005, die Pakete werden beim Register Insertion Ring von der Senke, beim Token und beim Slotted Ring von der Quelle entfernt. Abb.9.3 zeigt, daß der Slotted Ring das schlechteste Leistungsverhalten in bezug auf die Average Response Time aufweist, und daß der Register Insertion Ring eine Verkehrslast größer 1 bewältigen kann. Das ist der Fall, da bei diesem Protokoll mehrere Pakete zu jedem

1 Mbit/s Transmission Rate, 2 km Cable Length

50 Stations, 1- Bit Latency per Station in Rings

Exponentially Distributed Packet Length (Mean: 1000 Bit)

24 Bit Header

Mean Transfer Time/ Mean Packet - Transmission Time

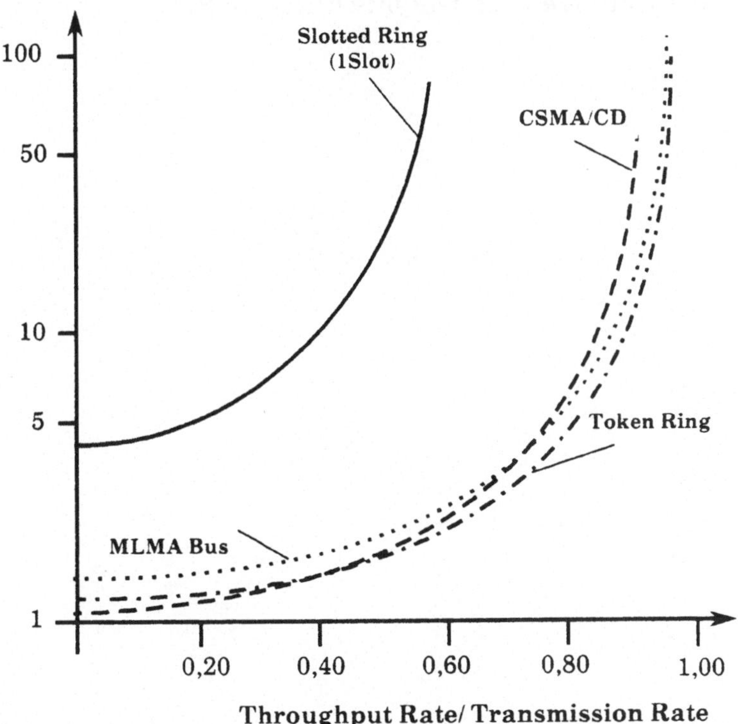

25

Abb. 9.4. Transfer Delay-Throughput-Charakteristik von CSMA/CD Bus, MLMA Bus, Token Ring und Slotted Ring (in Anlehnung an Bux 1981)

Zeitpunkt übertragen werden können. CSMA/CD hat insbesondere bei geringer Last die besten Werte.

Sehr umfassende Leistungsstudien und -vergleiche lokaler Netze wurden von W. Bux, vom IBM Forschungslabor Zürich durchgeführt. Ebenfalls auf analytischer Basis hat er (Bux 1981) das Token-Ring Verfahren mit dem eines Slotted Ring, eines CSMA/CD

Bus und eines Multi Level Multi Access Bus (MLMA Bus) verglichen Abb.9.4). Aus dieser Studie geht sehr deutlich hervor, daß insbesondere für geringe Last CSMA/CD bezüglich der Verzögerungscharakteristik gegenüber dem Token-Ring zu bevorzugen ist. Für größere Last hingegen ist der Token-Ring besser. Es ist auch deutlich zu ersehen, daß der Token-Ring besser abschneidet als der Slotted Ring. Gründe hierfür sind der Overhead bei den relativ kleinen Paketen im Slotted Ring und der Zeitbedarf für das Weiterreichen leerer Schlitze im Ring.

10. Lokale Computernetze und die Büroautomation

Lokale Computernetze ermöglichen es, all die computerunterstützten Arbeitsplätze im „Büro der Zukunft" untereinander, mit dem Rechenzentrum und/oder mit den produktionstechnischen Einrichtungen eines Betriebes zu verknüpfen. Wie aber sieht eine optimale Netzinfrastruktur, Netzarchitektur, Netztopologie usw. aus? Soll man auf das zukünftige ISDN-Netz warten und sich inzwischen mit Fernsprechnebenstellenanlagen behelfen? Oder soll man sich auf ein heute bereits am Markt angebotenes herstellerspezifisches Computernetz festlegen? Aber für welches aus dem umfangreichen Spektrum der angebotenen Systeme soll man sich entscheiden?

Eine Fülle von Fragen. Antworten auf diese erfordern sorgfältige Überlegungen, die strategische, organisatorische und technische Aspekte ins Kalkül ziehen müssen. Die Entscheidung, welches System den Anforderungen der innerbetrieblichen Kommunikation am besten gerecht wird, ist unternehmenspolitisch von großer Tragweite. In jedem Falle bedeutet sie eine langfristige Festlegung und zieht Investitionen für Netzressourcen, Endgeräte und Software in beträchtlicher Höhe nach sich.

Die entscheidungsrelevanten Beurteilungskriterien müssen sorgfältig erhoben werden und kommen nicht nur aus dem reinen Kommunikationsbereich, sondern vor allem auch aus dem konkreten Anwendungsbereich. Für die Planung eines lokalen Copmputernetzes für die Büroautomation ist es erforderlich, den Bürobereich als den Wirkungskreis der Büroautomation als integrales Ganzes zu betrachten. In der Folge werden daher einige wesentliche Aspekte der Büroautomation allgemein behandelt. Daran anschließend wird das Bürosystem 5800 der Firma Siemens besprochen, um an einem konkreten Beispiel den Stand der Technik aufzuzeigen.

10.1 Die Automation der Arbeit im Büro

Es gibt verschiedene Begriffsfestlegungen bzw. Definitionen von „Büroarbeit", keine kann jedoch als allgemein befriedigend bzw. allumfassend angesehen werden. Allen Definitionsversuchen gemeinsam sind teilbegriffliche Beiträge und Begriffsumschreibungen wie: Arbeit in geschlossenen Räumen, sitzende Tätigkeit, Information und Kommunikation (Morgenbrod 1982). Schlechthin versteht man darunter das „Hantieren" mit Informationen sowie mit planenden und verwaltenden Vorgängen (in Anlehnung an van Dyck 1984). Büroautomation soll dieses „Hantieren" durch leistungsfähige informationstechnische Komponenten und Systeme unterstützen. Seit einiger Zeit werden unter dem Begriff Büroautomation und unter dem Schlagwort das „Büro der Zukunft", Werkzeuge sowie Konzepte vorgestellt, deren Zielsetzung die Produktivitäts-, Effizienz- und Qualitätssteigerung der Büro-, Verwaltungs- und Planungsarbeit ist. Produktivität, Effizienz und Qualität dieser Arbeiten lassen sich unter anderem durch folgende Aspekte erfassen:

- Anzahl der Informationen bzw. Vorgänge je Tag und Mitarbeiter
- Falschinformationen bzw. Fehlentscheidungen (Informations- und Entscheidungsqualität)
- Berücksichtigte Informationsbreite bei Vorgängen

Es gibt eine Fülle von Anhaltspunkten für den Bedarf einer Produktivitätssteigerung der Büroarbeit. In den 70-er Jahren wurde pro Fabrikarbeiter durchschnittlich US$ 24.000.- investiert (Datapoint 1981). Als Folge davon ist die Produktivität des durchschnittlichen Fabrikarbeiters im selben Zeitraum um 84% gestiegen. Durch moderne Produktionstechnologien (Industrieroboter, flexible Fertigungszellen u.a.m.) läßt sich die Produktivität im Produktionsbereich noch erheblich weiter steigern. Ein kritisches Gebiet der Produktivität liegt jedoch im Bürobereich. Während derselben zehn Jahre wurden pro

Mitarbeiter im Büro durchschnittlich nur US$ 3.000,- investiert, um auch dort die Leistung zu steigern. Die Produktivität im Büro (das ist inzwischen der Arbeitsplatz der Hälfte aller Mitarbeiter in den meisten industrialisierten Ländern) hat sich jedoch in den 70-er Jahren nur um etwa 3 % erhöht. Daraus wird offensichtlich, daß ein Großteil des Effizienz- und Produktivitätssteigerungspotentials weitgehend noch nicht genützt wurde. Daher gibt es seit längerer Zeit eine Fülle von Aktivitäten im Zusammenhang mit der Büroautomation. Umfangreiche Analysen des Kostenanfalls bei der Arbeit im Büro existieren (Bair 1978; Teger 1983).

Die wohl wichtigste Frage in bezug auf die Büroautomation ist „Welche Vorteile bringt Büroautomation?". Verschiedene Vorteile werden genannt, z.B. eine Reduktion der geistigen Arbeit, eine Verbesserung der Qualität der Arbeit, verbesserte Arbeitsbedingungen und andere mehr. Bei einer näheren Betrachtung von Pilotinstallationen fallen Unzulänglichkeiten auf. Vielfach wurden gesteckte Ziele nicht erreicht, ja es stellten sich gegenteilige Wirkungen ein. Anstelle von Vorteilen ergaben sich Nachteile. Für die Zukunft gilt es daher, Fehler zu vermeiden, die vor Jahren (sowohl von Hersteller- als auch von Anwenderseite) bei der Einführung solcher Systeme gemacht wurden. Vorteile der Büroautomation sollen und können vor allem in drei Bereichen liegen: **Leistungsfähigkeit**, **Zuverlässigkeit** und **Kontinuität**. Sie werden sich jedoch nur einstellen, wenn die entsprechenden Systeme den Anforderungen optimal angepaßt sind. Der Leistungsumfang, die Leistungsfähigkeit der Systeme muß an bestehenden und zukünftigen Aufgaben orientiert sein und eine plan- und berechenbare Zuverlässigkeit aufweisen sowie einer Sicherung der Kontinuität der Büroarbeit dienen. Insbesondere die letztgenannten Faktoren sind sehr wesentlich, gegenwärtig jedoch noch vielfach problematisch.

Um Vorteile zu erwirken, sind Investitionen erforderlich, und um diese zu rechtfertigen, ist ein „Return of Investment" anzustreben. Eine zweite wichtige Frage ist daher, in welchen Bereichen der Büroarbeit können die größten quantitativen Vorteile realisiert werden. Die gegenwärtige Marktsituation signalisiert, daß die elektronische Textverarbeitung ein solcher Bereich ist. Ein großer Anteil der Kosten für Sekretariatsarbeit läuft, wie aus Abb. 10.1 ersichtlich ist, für Schreibarbeiten auf. Diese durch technische

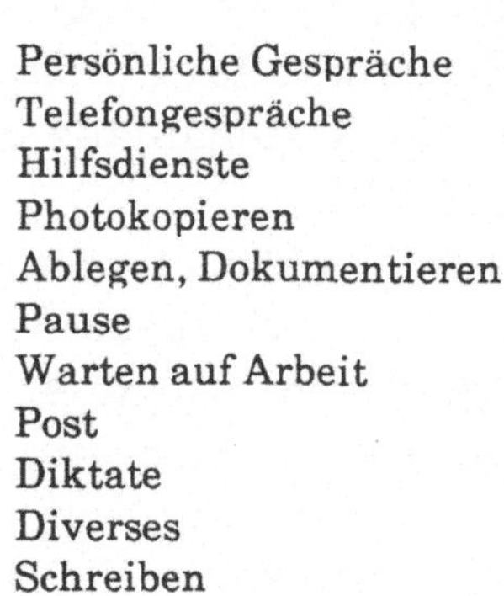

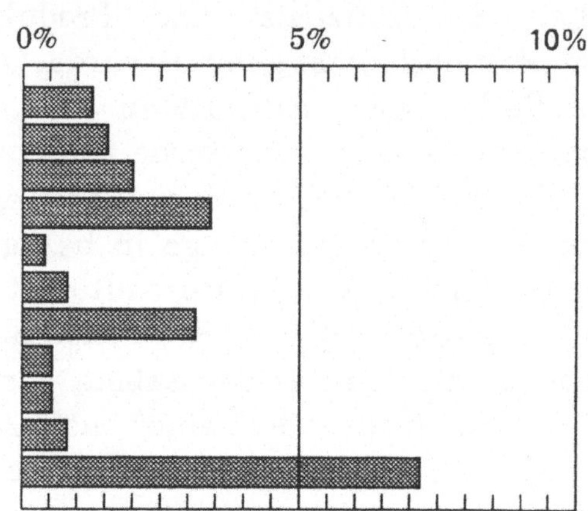

Abb. 10.1. Aufteilung der Sekretariatsarbeitskosten auf anfallende Tätigkeiten (nach Bair 1978)

Systeme zu unterstüzen (elektronische Textverarbeitung) ist daher naheliegend. Aufgrund der Verfügbarkeit leistungsfähiger Mikroprozessoren und kostengünstiger Speicherbausteine hat sich daher Ende der 70-er Jahre die elektronische Textverarbeitung zu einem bedeutenden Wirtschaftzweig entwickelt. In bezug auf die in Büros anfallenden Gesamtkosten (siehe Abb. 10.2) sind die Kosten für Schreibarbeit jedoch nur sehr gering. Um die Bürokosten wirkungsvoll in den Griff zu bekommen, sind daher auch Automatisierungsbestrebungen auf anderen Gebieten erforderlich. Hierbei kommt insbesondere der Kommunikation eine große Bedeutung zu (siehe Abb. 10.3).

Neben der Sprachkommunikation (persönliche Gespräche, Telefongespräche) und der herkömmlichen materiellen Übermittlung von Schriftstücken (Schreib- bzw. Printkommunkation) gewinnt die elektronische Übermittlung von Sprache, Texten, Bildern und Daten zunehmend an Bedeutung. Bei allen Kommunikationsarten kann man unterscheiden zwischen Individualkommunikation und Massen-

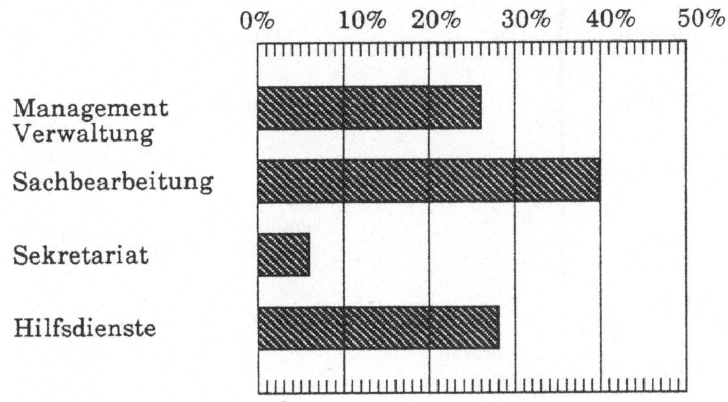

Abb. 10.2. Kostenaufteilung im Büro (nach Bair 1978)

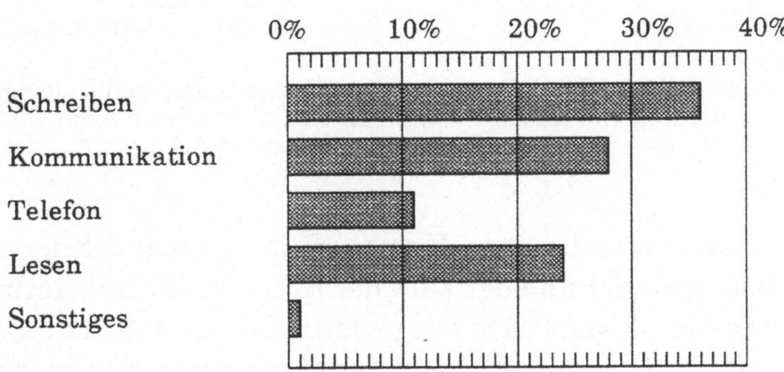

Abb. 10.3. Zeitverteilung typischer Benutzer von Büro-Informationssystemen (nach Bair 1978)

kommunikation. Im ersten Fall ist ein Vermittlungsvorgang erforderlich. Bei der Massenkommunikation ist eine Verteilung durchzuführen. Für die verschiedenen Kommunikationsarten ergeben sich zum Teil sehr große Unterschiede in der Übermittlungsdauer. In

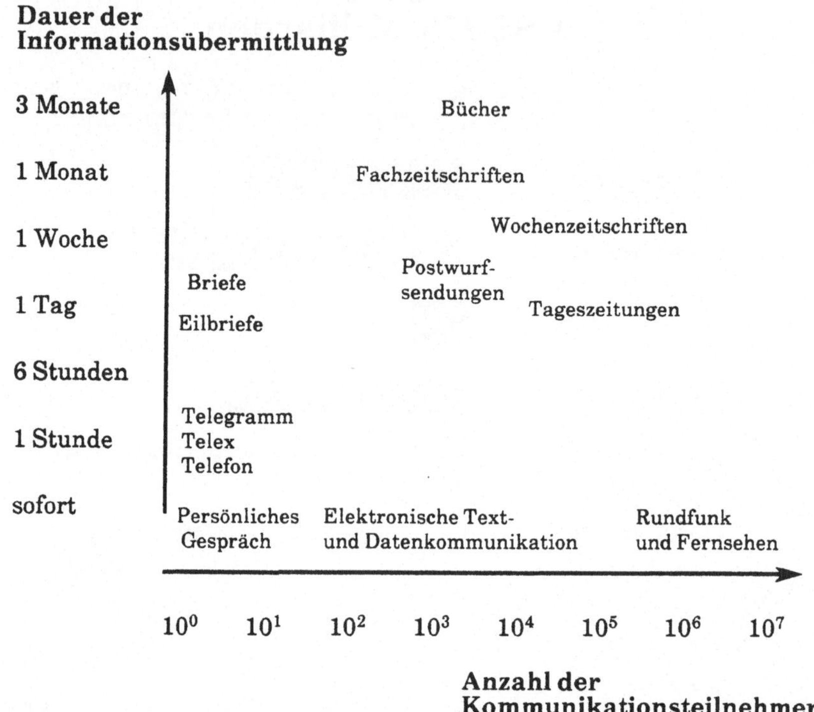

Abb. 10.4. Anzahl der Kommunikationsteilnehmer und Dauer für die Übermittlung von Informationen, die in aufbereiteter Form vorliegen (in Anlehnung an Kaiser 1981)

Abb. 10.4 sind verschiedene Kommunikationsarten hinsichtlich der Übermittlungsdauer und der Zahl der Kommunikationsteilnehmer (in Anlehnung an Kaiser 1981) dargestellt. Da für dieProduktivität und Effizienz der Büroarbeit „Zeit" ein wesentlicher bestimmender Faktor ist, wird aus diesem Bild der Vorteil der modernen elektronischen Kommunikationsarten offenkundig.

10.2 Benutzeroberfläche moderner Büro-Informationssysteme

Betrachtet man die historische Entwicklung von Kommunikationssystemen, so fällt sehr deutlich auf, daß die Bedienerfreundlichkeit für die Akzeptanz neuer Systeme immer von großer Wichtigkeit war (Telegraf - Telefon). Bisherige Computersysteme waren in der Bedienung und Handhabung weitgehend auf „computerkundige" Fachleute ausgerichtet, wodurch sich eine Beschränkung der Einsatzmöglichkeiten ergab. Gerade auf dem Gebiet der Bedienung und Handhabung von Computersystemen vollzieht sich gegenwärtig jedoch ein enormer Wandel.

Dem Benutzer stellen sich moderne Büro-Informationssysteme als eine Menge gleichzeitig ablaufender Prozesse, die eine weitgehende einheitliche Bedieneroberfläche haben. Große, hochauflösende Bit-Map-Bildschirme können den Inhalt von ganzen Schreibmaschinenseiten (und mehr) abbilden. Sie arbeiten in einer Rastertechnik, bei der jeder Bildpunkt einzeln ansteuerbar ist. 800 x 1000 Bildpunkte pro Bildschirm (pro DIN-A4-Seite) erlauben die hochqualitative Darstellung von Linien- und Flächengraphiken, sowie von nahezu beliebigen Schriftarten und Schriftgrößen. Zur Heraushebung gekennzeichneter Stellen kann sehr einfach der Bildschirminhalt invers (weiß auf schwarz) dargestellt werden. Auf dem Bildschirm läßt sich symbolisch der Schreibtisch des Benutzers abbilden: Ikone (Bildsymbole) bezeichnen dabei die im Büro vertrauten Gegenstände wie Dokumente, Mappen (Ordner), Aktenschränke, Postkörbe, Drucker, Karteien oder Entwurfswerkzeuge. Der Benutzer kann diese Symbole meist frei nach seinen Wünschen auf dem Bildschirm plazieren und sich so einen individuellen (elektronischen) Schreibtisch einrichten (Abb. 10.5).

Hinter jedem Ikon verbirgt sich eine Vielzahl von Funktionen, die dem Benutzer erst angeboten werden, wenn er das Symbol mit einer Funktionstaste öffnet. Hierzu gewinnt die „Maus", ein handliches Zusatzgerät zur Tastatur, zunehmend an Bedeutung. Mit ihr können auf dem Bildschirm Bildsymbole, Textstellen oder Graphikelemente zur Bearbeitung ausgewählt werden. Die Maus

Foto: Siemens

Abb. 10.5. Bildschirm mit "elektronischem Schreibtisch"

besitzt an der Unterseite eine Rollkugel oder eine optische Einrichtung, die bei Bewegung auf einer Tischfläche einen elektronischen Zeiger auf dem Bildschirm steuert. Weist der Zeiger auf ein gewünschtes Symbol, kann durch Tastendruck auf eine Funktionstaste auf der Oberfläche der Maus dieses angewählt werden.

Für die Bedienung solcher Systeme braucht der Anwender keine Kommandos von teilweise sehr aufwendigen Steuersprachen zu wissen und einzutippen. Er nimmt die Maus, wählt damit das gewünschte Objekt an und wendet darauf einige wenige Grundkommandos an. Will er zum Beispiel einen Brief kopieren, zeigt er auf dessen Bildsymbol und drückt eine Funktionstaste „kopieren". Ein wichtiges Prinzip ist, daß einheitliche Kommandos für verschiedene Prozesse gelten: Ob es sich um einen Brief, einen Ordner, einen Textabschnitt oder ein Graphikelement handelt, das Kommando für Kopieren bleibt stets dasselbe. Selbst das Versenden von Post wird durch Auswählen des Dokuments und Kopieren auf das Bildsymbol des Postausgangs eingeleitet.

Die Interaktion solcher Systeme mit dem Benutzer erfolgt weitgehend über Fenster. Jedes Fenster gehört genau zu einem Prozeß (ein Prozeß kann jedoch mehrere Fenster besitzen). Der Benutzer kann jederzeit von einem Fenster (einer Benutzerschnittstelle) zu einem anderen wechseln, indem er mit der Maus in das entsprechende Fenster zeigt und dieses selektiert. Prozesse können im wesentlichen drei Zustände einnehmen:

aktiv	Fenster geöffnet
ikonisiert	Fenster als Symbol am Bildschirm vorhanden
inaktiv	Fenster geschlossen, nicht sichtbar

Jeder Prozeß wartet laufend auf Benutzeraktivitäten, wie Selektion von Teilen der Fensterinhalte oder Aktivierung eines zulässigen Kommandos. Zulässige Kommandos sind üblicherweise in einem Menü zusammengefaßt, das entweder bereits im Fenster angezeigt ist (Pull-Down-Menü) oder durch Betätigung einer Menütaste für ein selektiertes Fenster zur Anzeige gebracht werden kann. Ein solches, erst auf Bedarf erscheinendes Menü, wird als Pop-Up-Menü bezeichnet. Jedes Pop-Up-Menü bezieht sich immer nur auf die Umgebung, die zuvor mit der Maus selektiert wurde und zeigt nur die für diese Umgebung zulässigen Kommandos an. Vom Benutzer selektierte Kommandos oder Bereiche werden ihm vom System meist durch dunkle Hinterlegung sichtbar gemacht.

Als richtungsweisendes System dieser Art von Bürosystemen kann das Xerox Star System betrachtet werden, welches sich mittlerweile in das Xerox Networksystem NS 8000 entwickelt hat. Diese von Xerox im Palo Alto Research Center (PARC) in Kalifornien begonnene Entwicklung ist nicht ohne Wirkung auf andere Fimen geblieben. Ein Teil der ursprünglichen Entwickler hat Xerox verlassen, um in anderen Firmen und anderen Umgebungen ähnliche Produkte zu entwickeln. Bekannte Produkte mit ähnlicher Benutzeroberfläche sind

Perq von Three Rivers Computer Corporation
SUN von Sun Microsystems
Lilith von Prof. Wirth, ETH Zürich
Lisa und Macintosh von Apple Computer Corporation

Eine besonders enge Kooperation ist Siemens mit Xerox eingegangen. Das Bürosystem 5800 von Siemens ist ein OEM (Original Equipment Manufacturer) Produkt des Xerox NS 8000.

10.3 Anforderungen an Büro- Informationssysteme

Die Büroautomation erfolgt im wesentlichen durch den Einsatz lokaler Büro-Informationssysteme. Solche sind in der Regel modular aus leistungsfähigen Kommunikations- und Informationsverarbeitungssystemen aufgebaut, die wiederum durch entsprechende Software- und Hardwaresysteme implementiert werden. Aufgrund der rasanten technologischen Entwicklungen sind die Schnittstellen zwischen diesen Bereichen gewissermaßen ständig im Fluß. Für die innerbetriebliche Organisation und Automation der Büroarbeit stellen lokale Computernetze eine Basistechnologie dar, die von zentraler Wichtigkeit ist, sowohl für die Leistungsfähigkeit (Produktivität), die Zuverlässigkeit (Ausfallssicherheit), als auch für die Zukunftssicherheit (Kontinuität der technologischen Entwicklung) moderner Büro-Informationssysteme. Es ist jedoch nicht angebracht, lokale Computernetze als isolierten Aspekt der Büroautomation zu betrachten, welcher für sich allein studiert, entwickelt und angewendet werden kann. Effektive lokale Informationssysteme kann man nur erreichen, wenn man die Entwicklung auf den vielen Gebieten wie Sprachkommunikation, Textverarbeitung, Computerbildverarbeitung, Computergraphik, Intelligente Fotokopierer, Faksimile Geräte, Entwurfsautomation (CAD- Computer Aided Design, CAE- Computer Aided Engineering) integrativ erfaßt.

Jedes Büro, unabhängig von Größe, Branche und Anzahl der Mitarbeiter beschäftigt sich mit

Bildern (Gedruckten Formblättern, Diagrammen, Plänen, Technischen Zeichnungen, Tabellen, Unterschriften)
Texten (in Form von Briefen, Aktenvermerken, Presseaussendungen, Gebrauchsanweisungen)
Daten (für Buchführung, Lohnabrechnung, Materialwirtschaft, Produktion, Verkauf)
Sprache (für Telefongespräche, persönliche Gespräche, Ansprachen)

Bild-, Text-, Daten- und Sprachinformationen sind also die wesentlichen Rohstoffe der Büroarbeit, die von Kommunikationssystemen im Büro sicher, effektiv und kostengünstig erfaßt, weitergegeben und verwaltet werden müssen. Parameter für die Beschreibung des Informationsaustausches sind vor allem folgende:

- Informationsmenge, in Dokumenten, Zeichen, Bit oder Signalen, die eine Informationsquelle anliefert und erhält
- mittlerer, zeitlicher Abstand, in welchem Informationen angeliefert bzw. ausgesendet werden
- Tolerable Verzögerung für die Übermittlung aus technischer und anwendungsspezifischer Sicht
- Störverhalten, Toleranz (wie kritisch wirken sich Übertragungsfehler auf die Informationsqualität aus)

Als wesentliche, allgemeine Anforderungen an ein Büro-Informationssystem werden in der Literatur vielfach folgende angeführt:

Brauchbarkeit, Funktionalität: Ein Büro-Informationssystem muß als „Werkzeugkasten" einen ausreichenden Vorrat an Funktionen für die Büroarbeit anbieten.

Gestaltbarkeit, Flexibilität: Der individuelle Umgang mit den Werkzeugen eines Büro- Informationsystems muß gestaltbar sein. Als ganzes muß es den (in der Regel wandelnden) Strukturen und Aufgabenstellungen der Büroorganisation, in die es eingebettet ist, angepaßt werden können.

Erweiterbarkeit: Die Architektur eines Büro-Informationssystems sollte eine Erweiterung um neue Funktionen oder

Werkzeuge und eine Anpassung an technologische Wandlungen sowie an wachsende Organisationen zulassen (offenes Gesamtsystem).

Multimedialität: Informationen kommen im Büro in verschiedenen Darstellungsformen vor: freier Text, Formular, Graphik/Bild, Sprache. Ein Büro- Informationssystem sollte nach Möglichkeit den Umgang mit diesen Darstellungsformen in integrierter Weise informationstechnisch unterstützen.

Leistungsfähigkeit, Zuverlässigkeit: Akzeptable Anwortzeiten für den in der Büroarbeit vorwiegend interaktiven Betrieb und genügend Platz zum Abspeichern von Informationen sind wesentliche Grundforderungen. Datenbestände müssen vor Verlust geschützt sein, für die Gesamtanlage hat der Schutz vor einem kompletten Systemausfall einen hohen Stellenwert (Katastrophenschutz).

Datenschutz: In Büro-Informationssystemen gibt es eine Fülle privater, unternehmenspolitischer oder aus rechtlichen bzw. organisatorischen Gründen schützenswerter Informationen. Diese müssen durch geeignete Maßnahmen vor nicht- autorisiertem Zugriff gesichert werden.

Nachvollziehbarkeit, Authentifikation: Mit der Manipulation verbindlicher Informationen (Verträge, Aufträge, Bestellungen usw.) erhebt sich die Forderung, Vorgänge, die über das System abgewickelt werden, nachvollziehbar zu gestalten, sowie kritische Operationen nur den dafür authorisierten Personen zu ermöglichen.

Arbeitsqualität: Die Einführung von modernen Büro-Informationssystemen ändert die Arbeitsbedingungen im Büro. Dies betrifft einerseits die eingesetzten technischen Hilfsmittel, andererseits die Organisation und Kontrollmöglichkeiten von Arbeitsabläufen sowie die sozialen Kontakte in der Arbeitswelt und die beruflichen Entwicklungsmöglichkeiten von Beschäftigten. Neben der Vermeidung gesundheitlicher Risken beim Einsatz moderner Informationstechniken ist zu fordern, daß solche Systeme nicht nur die Produktivität steigern, sondern auch die Qualität der Arbeitsbedingungen zumindest nicht verschlechtern.

Als wesentliche Grundkomponenten moderner Büro-Informationssysteme sind folgende anzuführen: Textverarbeitung, elektronische Post, elektronische Ablage, Kalender, Rechnerfunktionen, Graphik, Kommunikation

Textverarbeitung: Die Textverarbeitung ist zentraler Bestandteil eines jeden Büro- Informationssystems. Textverarbeitungssysteme unterstützen die Benutzer bei der Erstellung von Texten und Dokumenten. Dies gilt primär für Sekretariatsarbeitskräfte, bei denen ein erheblicher Teil der Arbeitszeit auf die Bearbeitung von Schriftstücken entfällt. Große Beachtung ist auf einfache Bedienbarkeit zu legen, da hierdurch eine schnelle Akzeptanz erreicht werden kann. Komfortable Textverarbeitungssysteme führen dazu, daß vermehrt Sachbearbeiter täglich anfallende Schriftstücke selbst erstellen. Eine gute Textverarbeitung sollte sich auszeichnen durch: automatische Umbruchfunktion, vollautomatische Silbentrennung, Rechenfunktionen, umfangreiche Adreßdateien, einfache Bedienbarkeit. Automatische Umbruchfunktionen in Zusammenhang mit vollautomatischer Silbentrennung ermöglichen die Eingabe von Texten als Fließtext ohne Beachtung des rechten Randes: die Zeilenschaltung und der Randausgleich erfolgen automatisch.

Elektronische Post: Mittels elektronischer Post werden alle Benutzer eines Büro-Informationssystems in die Lage versetzt, Texte, Bilder und Dokumente elektronisch zu versenden. Dabei ist es wichtig, die entsprechenden Funktionen in Analogien zu bestehenden Organisationsformen möglichst benutzerfreundlich auszulegen. Dies kann z.B. durch elektronische Ein- und Ausgabekörbe erfolgen. Die zu versendenden Nachrichten sollten in jedem Fall mit dem gleichen Texteditor erstellt werden, den der Benutzer bereits aus der Textverarbeitung kennt. Interessante Möglichkeiten der elektronischen Post sind z.B. die Verteilung auszusendender Nachrichten oder die Weiterleitung von empfangenen Dokumenten an vordefinierte Verteilerlisten. Auch können auf einfache Art eingehende Anfragen unmittelbar beantwortet werden.

Elektronische Ablage: Alle im Bereich der Textverarbeitung erstellten Texte und Dokumente sowie gesendete und empfangene Nachrichten aus dem Bereich der elektronischen Post können in elektronischen Ablagen gespeichert werden. Solche Ablagen können nach einer Vielzahl von Kriterien organisiert werden.

Neben privaten Ablagen können Dokumente auch auf Wunsch in Sekretariatsablagen oder in eine Zentralablage eingebracht werden. Über Ablagemasken können Verfasser, Erstellungsdatum, Ablageart, Ablagebetreff und andere Kurzinformationen gespeichert werden. Ein wesentlicher Vorteil elektronischer Ablagen besteht darin, daß die Suche von abgelegten Dokumenten sehr effizient erfolgen kann (computerunterstützt). Um ein Dokument in einer elektronischen Ablage wiederzufinden, ist es ausreichend, in einer Suchmaske Felder auszufüllen, deren Inhalt dem Benutzer zum Zeitpunkt des Suchens bekannt sind oder wesentlich erscheinen. Das kann z.B. der Name eines Verfassers oder auch nur der ungefähre Zeitpunkt der Erstellung eines Dokumentes sein. Mit Hilfe solcher Suchmerkmale erstellt der Rechner innerhalb kürzester Zeit eine Kurzübersicht aller Dokumente, auf die diese Suchkriterien zutreffen. Über die erhaltenen Kurzbezeichnungen kann ein gewünschtes Dokument direkt oder durch Eingabe weiterer Suchkriterien gezielt gefunden werden.

Kalender: Diese Komponente bietet Benutzern von Büro-Informationssystemen die Möglichkeit des rechnergestützten Kalendermanagement. Neben der üblichen Festlegung von Terminen ergibt sich die Möglichkeit, Vorgänge mit Hilfe des Terminkalenders auf Wiedervorlage zu bringen. Außerdem kann sehr einfach ein Überblick über die an bestimmten Tagen durchzuführenden Arbeiten gewonnen werden. Die Organisation von Besprechungen läßt sich mit Kalenderfunktionen sehr vereinfachen, indem ein optimales Besprechungsdatum automatisch aus den elektronischen Terminkalendern aller Besprechungsteilnehmer ermittelt wird. Über die elektronische Post kann ein Terminvorschlag allen Beteiligten in den Eingabekorb gelegt werden. Erst nach entsprechender Bestätigung des Termines durch alle Beteiligten wird dieser endgültig in den Terminkalendern eingetragen.

Rechnerfunktionen: Die Funktionen wissenschaftlicher und/oder kaufmännischer Taschenrechner sollen über entsprechende Menütasten praktisch jederzeit abgerufen werden können. Große Bedeutung gewinnen auch sogenannte Tabellenkalkulationsprogramme, wie sie typischerweise für Angebote, Reiserechnungen, Finanzanalysen und Planungsrechnungen erforderlich und nützlich sind. Insbesondere für Anwendungen aus dem Ingenieurbereich besteht auch die Möglichkeit, häufig erforderliche Rechenformeln bzw. Analyse- und Synthesealgorithmen direkt aufzurufen und zu exekutieren.

Graphik: Ganz wesentlich für leistungsfähige Büro-Informationssysteme sind verschiedenste Möglichkeiten zur Erstellung von Graphiken. Im Managementbereich für die Erarbeitung sogenannter Business Graphiken oder elektronischer Freihandzeichnungen (Organigramme, Ablaufpläne usw.) im ingenieurtechnischen Bereich für die Unterstützung der Konstruktion: Computer Aided Design - CAD.

Kommunikation: Für Büro-Informationssysteme ist es von großer Wichtigkeit, einer möglichst großen Anzahl von Benutzern zugänglich zu sein. Sehr wichtig ist diesbezüglich auch die Ausbaumöglichkeit sowohl in Richtung auf die Anzahl der anschließbaren Teilnehmerendgeräte als auch in Richtung des Aufbaues eines flächendeckenden Dienstleistungsnetzes. Hier ist besonders auf die Kompatibilität und die Integrationsmöglichkeit von Kommunikationssystemen, Betriebssystemen und Anwendersoftware zu achten. Der von der ISO verfochtenen Philosophie der offenen Systemvernetzung kommt in bezug auf diese Aspekte große Bedeutung zu.

10.4 Das Bürosystem 5800 der Firma Siemens

Das Bürosystem 5800 der Firma Siemens ist ein modulares, verteiltes System für Informationsmanagement und Kommunikation im Büro. Es ist ein OEM-Produkt, welches auf dem Networksystem-NS 8000 der Firma Xerox basiert, und ermöglicht den unterschiedlichsten angeschlossenen Arbeitsplatzstationen die Zusammenarbeit untereinander und die Nutzung gemeinsamer Einrichtungen und Dienste. Folgende Systemkomponenten stehen heute zur Verfügung: Arbeitsplatzsystem 5815, Drucksystem 5835, Ablageeinheit 5845, Kommunikationseinheit 5875 mit Netzzugangserweiterung 58750.

Alle diese Komponenten sind mit Prozessor, Arbeitsspeicher und dienstspezifischen Zusätzen ausgerüstet. Das Bürosystem 5800 stellt den Teilnehmern derzeit folgende Dienste zur Verfügung:

- Standard-Ablageservice einschließlich Adreßverwaltung
- Postservice
- Standard-Druckservice
- Standard-Kommunikationsservice
- Busnetz-Koppelservice
- Interaktiver Terminalservice

10.4.1 Die Komponenten des Bürosystems 5800

Arbeitsplatzsystem 5815: Das Arbeitsplatzsystem 5815 (Abb. 10.6) besteht aus einem großen, hochauflösenden Bildschirm, der den Inhalt von zwei Schreibmaschinenseiten gleichzeitig nebeneinander abbilden kann. Er arbeitet in Bit-Map-Rastertechnik mit 809x1024 (828.416) Bildpunkten. Für die Eingabe stehen Tastatur und Maus bereit. Die Standardleistungsmerkmale sind:
- Einrichten von elektronischen Schreibtischen
- Textbearbeitung
- Textgestaltung mit unterschiedlichen Schriftarten und -größen
- Mischen von Text, Graphik und Daten
- Rechenfunktionen
- Sondertastaturen
- Formularbearbeitung
- lokale Ablagefunktionen
- Tabellenverarbeitung
- Schulung und Information

Drucksystem 5835: Drucksysteme dienen den angeschlossenen Teilnehmern zur Druckausgabe hoher Qualität. Der Büro-Laserdrucker druckt in der Minute bis zu 12 Seiten im Format DIN A4. Zwei Vorratsbehälter fassen je 250 Blatt normales Kopierpapier (80 g/m2) oder für das Kopieren geeignete Projektionsfolien.

Ablageeinheit 5845: Ablageeinheiten werden im Bürosystem 5800 als elektronische Archive von allen angeschlossenen Teilnehmern gemeinsam genutzt. Die Ablage ist im System mehrstufig hierarchisch organisiert (Abb. 10.7).

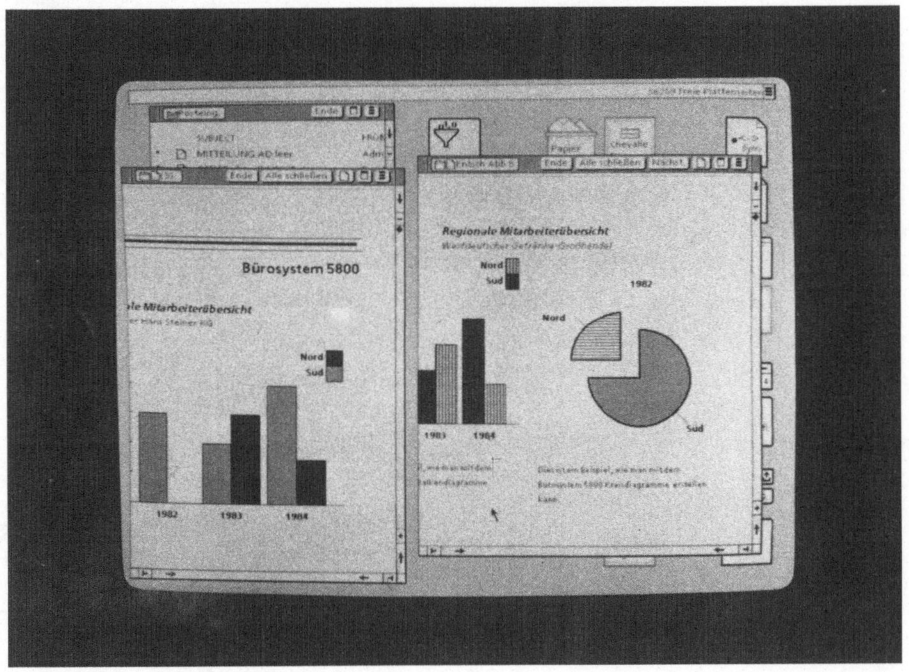

Foto: Siemens

Abb. 10.6. Arbeitsplatzsystem 5815

- Dokumente und Dateien stellen die unterste Stufe der Ablagehierarchie dar. Sie können vom Benutzer frei benannt und bearbeitet werden.
- Mappen (oder Ordner, Hängeordner usw.) können Dokumente, Dateien oder auch andere Mappen enthalten. Die Namen der Mappen können frei gewählt werden und dürfen mehrfach vorkommen.
- Aktenschränke werden vom Systemverwalter auf der Ablageeinheit eingerichtet. Er kann für jeden eingetragenen Benutzer oder für Gruppen von Benutzern einen oder mehrere Aktenschränke einrichten. Er vergibt dabei Namen und Zugriffsberechtigungen. Zu den Aktenschränken gibt es ein Verzeichnis. Es enthält eine Liste der Aktenschränke und ihre Zuordnung zu den Eigentümern. Benutzer haben auf das Verzeichnis keinen Änderungszugriff.

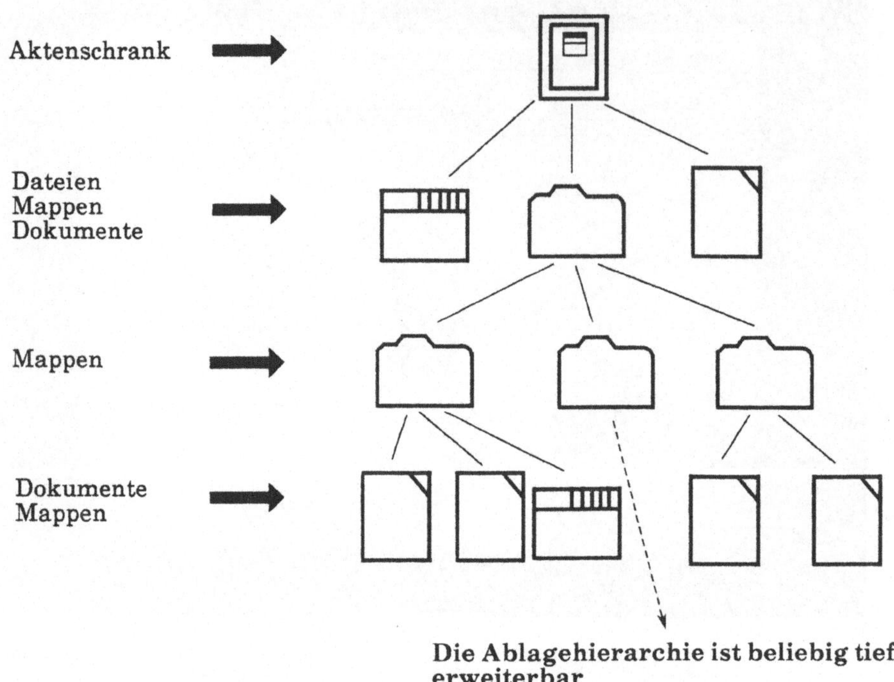

Abb. 10.7. Möglichkeiten der Ablage im Bürosystem 5800

Kommunikationseinheit 5875: Eine Kommunikationseinheit wird immer dann eingesetzt, wenn es erforderlich ist

- mehrere Bürosysteme 5800 miteinander zu koppeln
- Übergänge zu öffentliche Netzen und Kommunikationsdiensten zu schaffen
- Arbeitsplatzsysteme mit Datenverarbeitungsanlagen zu verbinden
- andere lokale Netze anzuschließen oder
- Terminals, die keinen Direktanschluß an das Bürosystem besitzen, die Nutzung entsprechender Dienste zu ermöglichen

10.4.2 EMS-Busnetz

Das EMS-Busnetz ist ein Ethernet und besitzt durch seine Struktur gerade die für den Einsatz in Bürosystemen wichtigen Eigenschaften:

- Unempfindlichkeit des Gesamtsystems gegen Ausfall einzelner Geräte
- einfache und schnelle Erweiterung während des laufenden Betriebes ist möglich
- unkomplizierter Aufbau

Das Zugriffsverfahren räumt jeder angeschlossenen Station gleiche Senderechte ein und stellt sicher, daß auch bei relativ hoher Netzauslastung kurze Zugriffszeiten eingehalten werden. Das EMS Busnetz besteht aus Kabelsegmenten, die entsprechend der Ethernet Spezifikation bis zu 500 m lang sein dürfen und am Ende mit einer Abschlußimpedanz versehen sein müssen. Mehrere Segmente lassen sich über Verstärker zu einem größeren Busnetz verbinden. Die direkte Kabelverbindung zwischen zwei angeschlossenen Stationen beträgt maximal 2,5 km. Für größere Entfernungen sind Kommunikationseinheiten erforderlich. Die Stationen werden über Busnetz-Anschlußmodule an das Koaxialkabel angeschlossen. Ein Kabelsegment kann bis zu 100, ein Busnetz bis zu 1024 Anschlüsse besitzen. Ein Busnetz-Anschlußkabel darf maximal 50m lang sein.

Ethernet umfaßt die Schichten 1 bis 2 des ISO 7-Schichtenmodelles. Für ein Bürokommunikationssystem sind jedoch auch Protokolle der oberen Ebenen erforderlich. Aufsetzend auf Ethernet hat Xerox das Xerox Network System (XNS) entwickelt. Wie das ISO 7-Schichtenmodell ist XNS zwar auch geschichtet, jedoch unterscheiden sich beide Modelle in der Art der Schichtung. Insbesondere gibt es im XNS keine dem Session Layer (Ebene 5) äquivalente Schicht. Auf der Anwendungsebene werden folgende Dienste angeboten: Authentication, Clearinghouse, Filing,

Mailing, Printing, Terminal Access. Die Protokolle dieser Ebene sind für diese Dienste spezifisch entwickelt worden.

Auf der Ebene 3 wird durch das Internet-Datagram-Protokoll (IDP) die Verbindung für mehrere XNS-LANs durch einen verbindungslosen Vermittlungsdienst unterstüzt. Aufsetzend auf diesen wird auf der Transportschicht über das Packet-Exchange-Protocol (PEP) ein transaktionsorientierter und über das Sequenced-Packet-Protocol (SPP) ein verbindungsorientierter Transportdienst unterstützt (unter einem transaktionsorientierten versteht man einen verbindungslosen Transportdienst). Für die Ebene 6 werden durch das Courier und das Bulk Data Transfer Protokoll die erforderlichen standardisierten Formate der Anforderungs- und Antwortnachrichten, sowie die netzwerkinternen Datentypen festgelegt.

Die XNS Protokolle haben sich sehr bewährt und werden auch bereits von mehreren Zweitherstellern angeboten (DEC, Interlan, Bridge, Fusion etc.).

10.4.3 Dienstleistungen im EMS Busnetz

Die im Bürosystem 5800 installierten Dienstleistungen können von den jeweils dazu berechtigten Teilnehmern genutzt werden.

Adreßservice: Das Adreßservice ist Voraussetzung für alle anderen Dienstleistungen. Es besitzt nicht nur alle notwendigen Eintragungen über sämtliche Teilnehmer und deren Berechtigungen, sondern auch über die im Busnetz installierten Geräte und Dienstleistungen. Folgende Funktionen werden vom Adreßservice wahrgenommen:

- Prüfen des Namens und des Paßwortes beim Anmelden eines Teilnehmers am Busnetz
- Kontrolle der Zugriffsberechtigung auf Aktenschränke und Postfächer
- Feststellen der Zugriffsberechtigung auf Aktenschränke und Postfächer
- Feststellen, ob der Benutzer Systemverwaltertätigkeiten ausführen darf

- Bereithalten des Kataloges für das Einrichten von elektronischen Schreibtischen am Arbeitsplatzsystem
- Zuordnen symbolischer Namen und Adressen zu den im Busnetz installierten Geräten und Systemen
- Umsetzen von Kurzadressen in vollständige symbolische Adressen
- Versorgen der übrigen Dienstleistungen mit den für die Kommunikation notwendigen Informationen

Standard-Ablageservice: Das Standard-Ablageservice unterstützt die Teilnehmer am EMS-Busnetz durch folgende Funktionen:
- Empfang der zu speichernden Dokumente, Dateien und Mappen
- Ablegen in elektronische Aktenschränke
- Aktualisieren der zentralen Inhaltsverzeichnisse der Aktenschränke
- Verwaltung des freien Speicherplatzes auf der Ablageeinheit
- Ausgabe angeforderter Dokumente, Dateien und Mappen an den Auftraggeber

Standard-Druckservice: Das Druckservice
- stellt verschiedene Schriftarten und Schriftgrößen für den Druck der Dokumente zur Verfügung
- druckt Text und Graphik auf dem Laserdrucker so, wie sie am Bildschirm des Arbeitsplatzsystems dargestellt sind, nur in wesentlich höherer Auflösung
- verarbeitet Dokumente im Hoch- oder Querformat (DIN A4 und ähnliche Formate)
- liefert die verlangte Anzahl Kopien in der richtigen Sortierung
- gibt jedem Druckauftrag bei Bedarf ein Deckblatt mit der Adresse des Auftraggebers und weiteren wichtigen Hinweisen.

Postservice: Das Versenden von Dokumenten, Dateien oder ganzen Mappen an alle zugelassenen Teilnehmer wird vom Postservice übernommen. Der Systemverwalter legt für jeden Teilnehmer ein Postfach an, das in der Speicherhierarchie den Rang einer Mappe hat und in der Ablageeinheit geführt wird. Sein Name muß innerhalb eines Busnetzes eindeutig sein. Zusätzlich erhält der Benutzer die Berechtigung zum Versenden von elektronischer Post dadurch, daß ihm über den Katalog ein Postausgangskorb zur Verfügung gestellt wird. Das Postservice

- nimmt den Versandauftrag in einem Postversand-Fenster entgegen, in das als Zieladressen symbolische Namen eingetragen werden
- stellt Dokumente, Dateien oder Mappen einem oder mehreren Empfängern, oder auch ganzen Verteilern, zu
- verwaltet Verteiler und persönliche Postfächer
- informiert die Benutzer am Bildschirm über eingegangene Post
- liefert auf Verlangen eine gegliederte Übersicht über den Inhalt des Eingangskorbes mit allen interessierenden Daten wie Absender, Sendedatum und weitere Empfänger
- läßt den Teilnehmer die im Eingangskorb liegende Post lesen, ohne daß er sie herauszunehmen braucht
- bietet die Möglichkeit, die Post zur weiteren Bearbeitung aus dem Posteingangskorb herauszunehmen
- erlaubt es dem Benutzer, sein Postfach wie eine Mappe zu verwenden, wenn er Dokumente, Dateien oder Mappen dorthin überträgt oder kopiert
- unterstützt Formular-Antwortschreiben und das Weiterleiten von Post

Busnetz-Koppelservice: Dieses Service erlaubt die Kopplung verschiedener EMS-Busnetze über beliebige Entfernungen. Als Verbindung zwischen diesen Netzen werden Standleitungen, Fernsprechwählleitungen oder private (Vierdraht-) Leitungen verwendet. Die Übertragungsgeschwindigkeit kann bis zu 56 kbit/s betragen. Aus der Sicht des Teilnehmers an einem lokalen EMS-Busnetz erbringt das Koppelservice folgende Leistungen:

- Verbindung mit jedem beliebigen Busnetz, das mit den gleichen Kommunikationsprotokollen wie das EMS-Busnetz arbeitet.
- Die gemeinsamen Einrichtungen der anderen Busnetze wie Ablage- und Druckservice können genau so benutzt werden wie die eigenen.

- Ein Benutzer kann seinen elektronischen Schreibtisch on-line in ein anderes EMS-Busnetz übertragen.
- Automatische Zuordnung der symbolischen Adressen zu den physikalischen Adressen der angesprochenen Geräte oder Systeme in Zusammenarbeit mit dem Adreßservice.

Interaktives Terminalservice (Dialogterminalservice): Das Dialogterminalservice ermöglicht Benutzern dialogfähiger Terminals die Teilnahme am Postservice des Bürosystems 5800.

10.5 Computerleistung für das technische Büro

Der Einsatz von Computersystemen im administrativen Bereich eines Unternehmens ist mittlerweile zur Selbstverständlichkeit geworden. Im allgemeinen Bürobereich, aber auch im Bereich des technischen Büros existieren gegenwärtig, nach anfänglich zögender Einführung, vorwiegend Insellösungen. Die zunehmende Komplexität der Planungs- und Entwicklungsaufgaben, die stets steigenden Anforderungen auf die Durchlaufzeiten von Produktentwicklungen, zwingen jedoch im technischen Büro, ebenso wie im allgemeinen Büro, zur Einführung leistungsfähiger Informationssysteme. Computerunterstütztes Entwerfen, Berechnen, Konstruieren und Planen sind Technologien, deren Einsatz vor allem für Fertigungsbetriebe zunehmend an Bedeutung gewinnen. CAD (Computer Aided Design) und CAE (Computer Aided Engineering) sind vieldiskutierte Begriffe, leistungsfähige Systeme werden bereits angeboten. Als Insellösungen bringen derartige Systeme jedoch nur geringe Teilerfolge. Zu groß ist der Aufwand, Ergebnisse aus dem einen System als Input in ein anderes zu übernehmen. Ihre Integration über kompatible Datenstrukturen und leistungsfähige Kommunikationsnetze, wie LANs, ist von großer Wichtigkeit und erlaubt den Aufbau geschlossener Informationswirkkreise zwischen Management, Planung und Produktion: CAD/CAM, CIM, CAI sind die Schlüsselbegriffe (siehe Kapitel 2). CAD/CAM sind gegenwärtig besonders beachtete Begriffe. Dies läßt sich leicht erklären, wenn man die prozentuale Verteilung der wesentlichen Produktentwicklungsphasen in verschiedenen Fertigungsprozessen eines

Unternehmens betrachtet. Daraus (Abb. 10.8) kann man unschwer feststellen, daß der wesentliche Zeitaufwand für Konstruktion und Fertigung aufgewendet wird. Eine effiziente Unterstützung dieser Phasen durch moderne computerunterstützte Werkzeuge (CAD und CAM) ist daher für den wirtschaftlichen Erfolg von Unternehmungen jeder Größenordnung von zentraler Bedeutung.

	KONSTRUKTION	TEST	FERTIGUNGS-PLANUNG	FERTIGUNG
Einzel-fertigung	47%	2%	14%	37%
Misch-fertigung	47%	12%	14%	27%
Serien-fertigung	44%	25%	10%	21%

Abb. 10.8. Prozentuale Verteilung der wesentlichen Produktentwicklungszeiten (nach Edlinger 1982)

Während für das Computer Aided Engineering in erster Linie Computerrechenleistung effizient am Arbeitsplatz erforderlich ist (umfangreiche Berechnungen und Simulationen), ist im Konstruktionsbereich die komfortable Erzeugung, Speicherung und Manipulation von Objekten in ihrer bildlichen Darstellung von zentraler Wichtigkeit: Computergraphik.

Bei Planung, Entwicklung und Konstruktion sind umfangreiche technische Dokumente anzufertigen: Handbücher, Bedienungsanleitungen, technische Spezifikationen, Berichte und Wartungsunterlagen. Diese bestehen in der Regel aus Texten mit erklärenden Zeichnungen, Skizzen, Diagrammen oder anderen Graphiken. Texte und Graphiken ergänzen sich dabei gegenseitig und gehören meist untrennbar zusammen.

Die Arbeit im technischen Büro ist gekennzeichnet durch interaktive Prozesse. Nachdem eine Konstruktion erstellt wurde, muß sie geprüft und gegebenenfalls geändert werden. Diese interaktive Arbeitsweise stellt besondere Anforderungen an Hilfsmittel und Werkzeuge (benutzerfreundliche Handhabung, rasche Reaktionszeiten), derer sich ein Techniker bedienen will.

Für die Vernetzung heterogener Systeme im technischen und im Bürobereich fehlen noch breit anerkannte Standards. Boeing hat daher als bedeutender Anwender von leistungsfähigen computerunterstützten Büro- und Planungssystemen, in Anlehnung an das MAP-Projekt von General Motors (Manufacturing Automation Protocols) und aufbauend auf das ISO 7-Schichtenmodell, ein Multi-Vendor-Projekt für die Erarbeitung von Standards für Kommunikationsprotokolle im technischen und im Bürobereich gestartet: **TOP - Technical and Office Protocols**. Die erste Version (1.0) der TOP Specification wurde im November 1985 aufgelegt (Farowich 1986; Boeing 1985).

11. Lokale Computernetze für Automatisierungs- und Haustechnik

11.1 Automatisierungstechnik - Leittechnik

Die technische Entwicklung in vielen Bereichen ist dadurch gekennzeichnet, Vorgänge möglichst effektiv, zuverlässig und kostengünstig durchzuführen. Im Zuge dieser Entwicklung wurden immer mehr selbständig arbeitende Einrichtungen zur Erfassung von Meßwerten, zur Überwachung, Steuerung und Regelung von Prozessen entwickelt und eingesetzt. Dies führte zur Entstehung weitgehend eigenständiger Fachgebiete wie Meßtechnik, Instrumentierungstechnik, Steuerungstechnik und Regelungstechnik. Gegenwärtig ist zu beobachten, wie diese Fachgebiete wieder zusammenwachsen und zu Teilgebieten der Automatisierungstechnik (Prozeßautomatisierung, Leittechnik) werden. Dieses neue Fachgebiet läßt sich bezüglich der betrachteten Prozesse und bezüglich der verwendeten informationstechnischen Geräte und Prinzipien sowie bezüglich der behandelten Aufgaben als Weiterführung und Verallgemeinerung der herkömmlichen Steuerungs- und Regelungstechnik auffassen (Lauber 1975). Kommunikationssystemen, insbesondere lokalen Computernetzen, kommt in der Automatisierungstechnik eine große Bedeutung zu.

In Anlehnung an den in DIN 19222 festgelegten Begriff „leiten" wäre als korrektere Bezeichnung für die Automatisierungstechnik der Begriff „Leittechnik" angebracht. Leiten wird durch diese Norm als Gesamtheit der Maßnahmen definiert, die einen im Sinne festgelegter Ziele gewünschten Ablauf eines Prozesses bewirken. Entsprechend dieser Norm werden innerhalb eines Gesamtprozesses Leiteinrichtungen insgesamt jene Aufgaben übertragen, die den bestimmungsgmäßen Prozeßablauf garantieren und trotz

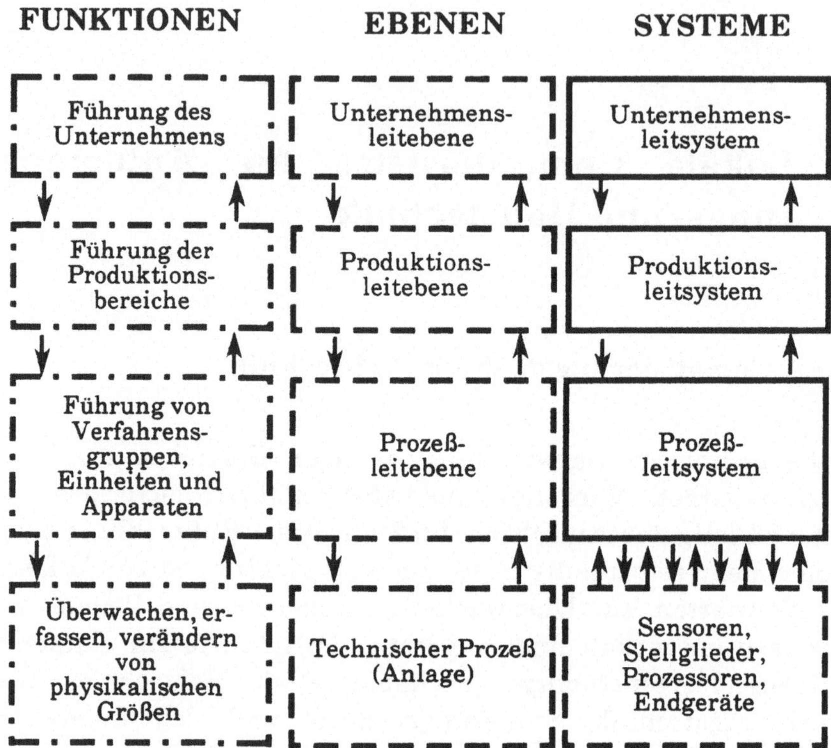

Abb. 11.1. Hierarchische Strukturierung des Informationshaushaltes eines Unternehmens

einwirkender Störungen einen sicheren Betrieb erlauben. Leiteinrichtungen im Sinne von DIN 19222 verstehen sich als abgegrenzte Anordnungen von aufeinander einwirkenden Teilsystemen. Sie koordinieren Daten und Signalfluß zwischen Betreiber und Prozeß und lösen die wesentlichen Aufgaben wie durchführen, sichern, schützen und optimieren. Leitsysteme sind also von zentraler Bedeutung für den ordentlichen Informationshaushalt eines Unternehmens. Dieser läßt sich in hierarchische Ebenen unterteilen, die den unterschiedlichen Entscheidungs- und Ausführungsebenen eines Unternehmens entsprechen (Abb. 11.1). Die den verschiedenen Funktionen zugeordneten Aufgabengebiete sind durch unterschiedliche Informations- und Kommunikationsanforderungen charakterisiert und müssen bzw. können durch entsprechende technische Systeme unterstützt werden.

Der Bedarf des Anwenders, zukunftssichere, leicht erweiterbare flexible Informationssysteme zu erhalten, ist in der Automatisierungstechnik ebenso wichtig wie in der Büroautomation. Die Kosten der Systemkomponenten und der Leitungsverlegung, der leichte Anschluß von neuen Teilnehmern und das Störverhalten (Einstreuungen von Generatoren, Motoren, Thyristorsätzen usw.) spielen eine ausschlaggebende Rolle. Die Kosten der Systemkomponenten hängen weitgehend von der Breite des Marktes für den sie entwickelt werden, ab. Für standardisierte Systeme gibt es in der Regel einen breiten Markt, da Standards zumeist als Folge auf einen zwingenden Bedarf in Kooperation mehrerer Firmen, Anwender- bzw. Standardisierungsinstitutionen entwickelt werden.

11.2 Manufacturing Automation Protocols - MAP

Von den USA ausgehend, wird derzeit unter Voranstellung von Anwenderinteressen ein bedeutsamer internationaler Standardisierungsversuch für den Bereich der lokalen Computernetze in der Automatisierungstechnik unternommen. Unter der Federführung und ausgehend von der Initiative von General Motors wird ein Standard für **„Manufacturing Automation Protocols - MAP"** (GM-MAP) erarbeitet. Übergeordnetes Ziel ist es, Kosten und Aufwand bei der Fabrikautomation zu senken. General Motors hat 1986 vierzigtausend speicherprogrammierte Steuerungen (SPS) von verschiedenen Herstellern im Einsatz. Nur 15 % davon sind in der Lage, mit anderen Geräten zu kommunizieren. Für die Realisierung flexibler Automatisierungssysteme hin zu Konzepten wie CIM (Computer Integrated Manufactoring) und CAI (Computer Aided Industry) ist diese Kommunikationsfähigkeit jedoch von zentraler Wichtigkeit. Wenn bei gegenwärtigen Systemen Kommunikationsfähigkeit verlangt wird, ist sie in der Regel umständlich und vor allem konstenintensiv. Bis zu 50 % der Gesamtkosten bei Automatisierungssystemen müssen derzeit aufgrund spezieller Verkabelungssysteme, Hardware und Software für Kommunikationseinrichtungen aufgewendet werden. Da bis 1989 hohe

Steigerungsraten für den SPS-Einsatz prognostiziert wurden und darüber hinaus bei GM zunehmend mehr intelligente Geräte, wie Roboter und Rechner, eingesetzt werden, die untereinander vernetzt sein müssen, entstand der Bedarf und Wunsch, ein Kommuniktionssystem zu entwickeln, welches auf einem hohen Leistungsniveau kostengünstig die Kommunikation zwischen Systemen gleicher und unterschiedlicher Hersteller erlaubt: MAP.

Die Strategie von MAP besteht darin, aus der Vielzahl der bestehenden Kommunikationsstandards eine Auswahl zu treffen, und die noch fehlenden Vereinbarungen zu definieren und festzuschreiben. Das ISO 7-Schichtenmodell dient als Grundlage der gesamten Arbeit. Innerhalb der Fertigungsbereiche soll die Basis für einheitliche Kommunikation zwischen unterschiedlichen Rechnern und anderen intelligenten Automatisierungseinrichtungen in einer wirtschaftlichen und konsequenten Form ermöglicht werden. Hierzu wurden für die Ebene 7 des ISO 7-Schichtenmodelles anwendungsbezogene Funktionen ermittelt und festgelegt. Die Resultate wurden als „Manufacturing Message Format Standard" (MMFS) veröffentlicht. Bei der Auswahl eines lokalen Netzes (auf den unteren Ebenen) wurden existierende Standards auf ihre Eignung hin untersucht und ausgewählt. Als endgültige MAP-Spezifikation wird eine Referenzliste angestrebt, welche für die MAP relevanten Untermengen der verfügbaren Kommunikationsstandards enthält. Die derzeitige Spezifikation präsentiert sich wie folgt:

- **Die physikalische Schicht** stützt sich auf der Breitbandtechnik ab und entspricht der Spezifikation IEEE 802.4, und zwar mit einer Übertragungsrate von 5 bzw. 10 Mbit/s, einer Kanalbandbreite von 6 MHz und einer Kabelbandbreite von 300 MHz.
- **Die Sicherungs- oder Verbindungsschicht** garantiert den Buszugriff in einer kalkulierbaren Zeit nach dem Token-Prinzip entsprechend IEEE 802.4. Als Verbindungsprotokoll wurde der verbindungslose Dienst nach IEEE 802.2, Klasse 1, gewählt.
- Als **Netzwerkprotokoll** wurde das ISO-Internet-Protokoll ausgewählt, welches ebenfalls verbindungslos arbeitet (ISO DP 8473).

- Für die **Transportschicht** fiel die Wahl auf das verbindungsorientierte Protokoll ISO IS 8072/8073, dessen Klasse 4 einschließlich Fehlererkennung und -behebung implementiert wurde.
- Teilweise implementiert ist auch die **Kommunikationssteuerschicht**, und zwar als Subset des Standards ISO IS 8326/8327.
- Die **Darstellungsschicht** ist noch leer.
- In der **Anwenderschicht** sind das MMFS, FTAM nach ISO DP 8571, und Teile des ISO CASE-Kernels (ISO DIS 8649/3, 8050/3) mit GM-Festlegungen implementiert. MMFS (Manufacturing Message Format Standard) bildet die gemeinsame Anwendersprache im Netzwerk, FTAM (Filetransfer Access and Management) ermöglicht den Filetransfer zwischen den Kommunikationspartnern und CASE (Common Application Service Elements) stellt im wesentlichen zwei Dienstleistungen in der Verarbeitungsschicht für Anwenderprogramme zur Verfügung. Diese dienen der Generierung und der Kontrolle zusammenhängender Anwenderteilprogramme, die innerhalb des Netzwerkes verteilt ablaufen.

Entgegen bisher geübten Firmenpraktiken wurde das MAP-Projekt nicht im Alleingang durchgeführt, sondern frühzeitig auf eine breite Basis gestellt. Hersteller und Anwender von Rechnern und Automatisierungssystemen wurden mit eingebunden. Ebenfalls frühzeitig wurden Anforderungen aus der Praxis berücksichtigt und mit den nationalen US- und den internationalen Normungsgremien zusammengearbeitet. GMs MAP Aktivitäten wurden 1980 gestartet. Nachdem bereits im Jahre 1981 die wesentlichen Ziele und Eigenschaften von MAP abgesteckt waren, wurde ein 5 stufiger Implementierungsplan für dieses überaus komplexe Projekt aufgestellt. Das vollständige MAP-Netz ist bis 1988 geplant und sieht den Anschluß von PCs, Robotern und CNC-Steuerungen sowie unterschiedliche Rechner und Terminals vor. Hintergrund für diesen Stufenplan war die Erwartung, daß die Entwicklung eines derart komplexen Projektes einige Jahre in Anspruch nehmen wird, und daß aufgrund mangelnder Erfahrung mit derart komplexen Systemen mit Reibungsverlusten zu rechnen ist.

11.3 Kommunikationsanforderungen in der Automatisierungstechnik

Die Automatisierung in der Prozeß-, Produktions- und Fertigungstechnik hat in den späten 50-er und frühen 60-er Jahren mit der Einführung numerischer Steuerungen neue leistungsfähige Werkzeuge erhalten. Mit der zunehmenden Verfügbarkeit von elektronischen Bauelementen und von Prozeßrechnern verschiedenster Preis- und Leistungsklassen sowie mit der gestiegenen Zuverlässigkeit der damit aufgebauten Leit- bzw. Automatisierungssysteme hat sich die Automatisierungstechnik parallel zu den Fortschritten auf anderen Gebieten wie z.B. der Mikroelektronik, der Rechnertechnologie, der Meßtechnik, der Antriebstechnik und der Kommunikationstechnik stürmisch weiterentwickelt. Für leistungsfähige Gesamtsysteme ist das integrative Zusammenwirken der Erkenntnisse und Produkte aus all diesen Bereichen von Bedeutung. Konzentrierten sich anfangs die Automatisierungsaktivitäten primär auf einzelne Maschinen, sind zwischenzeitlich ganze Anlagen und vollständige Fabriken Ziel und Gegenstand der Automatisierungsbestrebungen. Das Schlagwort heißt „Die Fabrik der Zukunft".

Bei modernen Automatisierungssystemen spielt die Datenkommunikation eine immer bedeutendere Rolle. Aus diesem Grund wurden in den letzten Jahren eine Anzahl unterschiedlicher Kommunikationssysteme entwickelt. Mangels leistungsfähiger zufriedenstellender genormter Standardsysteme haben verschiedene Firmen ihre eigenen Architekturen und Systeme entwickelt. Dies hat dazu geführt, daß gegenwärtig eine Fülle inkompatibler Systeme existieren, die Entwicklung breit anerkannter Standards wird jedoch zügig vorangetrieben. Besonders zwei (drei) Kommunikationskonzepte haben in der Automatisierungstechnik breite Beachtung erlangt: der IEC-Bus und der PDV-Bus (Proway).

Das bisher wohl bekannteste und am meisten verbreitete Kommunikationssystem der Meß-, Instrumentierungs- und Automatisierungstechnik ist der bitparallele IEC-625-Bus. Heute gibt es weit über hundert Instrumentehersteller, die IEC-Bus-kompatible Geräte auf dem Markt anbieten. Im Laufe der Zeit haben sich leider leicht unterschiedliche Namen für den IEC-625-Bus eingebürgert. Der Grund liegt darin, daß lange Zeit in verschiedenen Ländern parallele Standardisierungsbemühungen liefen. In Amerika ist er unter HP-IB (Hewlett Packard Interface Bus) GPIB (General Purpose Interface Bus) und IEEE 488/75 Bus, in Deutschland unter DKE 66.22 (entsprechend dem hierfür zuständigen Normungsprojekt) bekannt. Nach Verabschiedung der internationalen Norm erhielt das entsprechende Normpapier die für alle Länder gültige Bezeichnung IEC- 625-1, woraus die international gültige Kurzbezeichnung IEC 625 folgte. Da der IEC-Bus ein bitparalleler Bus ist, wird er nicht zu den lokalen Netzen gezählt, obwohl er ein lokales Datenkommunikationsnetz bildet. PDV-Bus und Proway wurden in Kapitel 6.3 bereits besprochen.

In Automatisierungssystemen gibt es eine große Anzahl von verschiedenen Kommunikationsbedürfnissen, die sich etwa wie folgt klassifizieren lassen:

- Meßdatenerfassung
- Betriebsdatenerfassung
- Botschaftensysteme (Text- und Gaphikkommunikation für Bedienungs-, Wartungs- und Führungspersonal)
- Sicherheitsanlagen (Fernsehüberwachung)
- verteiltes Steuerungs- und Regelungssystem
- Verbund zur gemeinsamen Benutzung von Rechnern und Endgeräten (Funktionsverbund, Lastverbund,...)
- Datenverbund (verteilte Datenbanken)

Es ist noch nicht klar absehbar, ob in Zukunft viele dieser Aufgaben über ein gemeinsames Netz, oder über mit Gateways verkoppelten parallelen Netzen, betrieben werden. Wegen der oft sehr speziellen Anforderungen diverser Applikationen aber auch weil es mittelfristig erforderlich sein wird, bereits bestehende Netzkonzepte zu integrieren, ist die letztere Variante eher wahrscheinlich.

Die Aufgaben von Leitsystemen: regeln, steuern, überwachen, führen, rechnen, protokollieren, bedienen und beobachten werden in autonomen Systemen durch die Kombination bzw. die Kooperation geeigneter Funktionsbausteine gelöst. Die Kombination, die

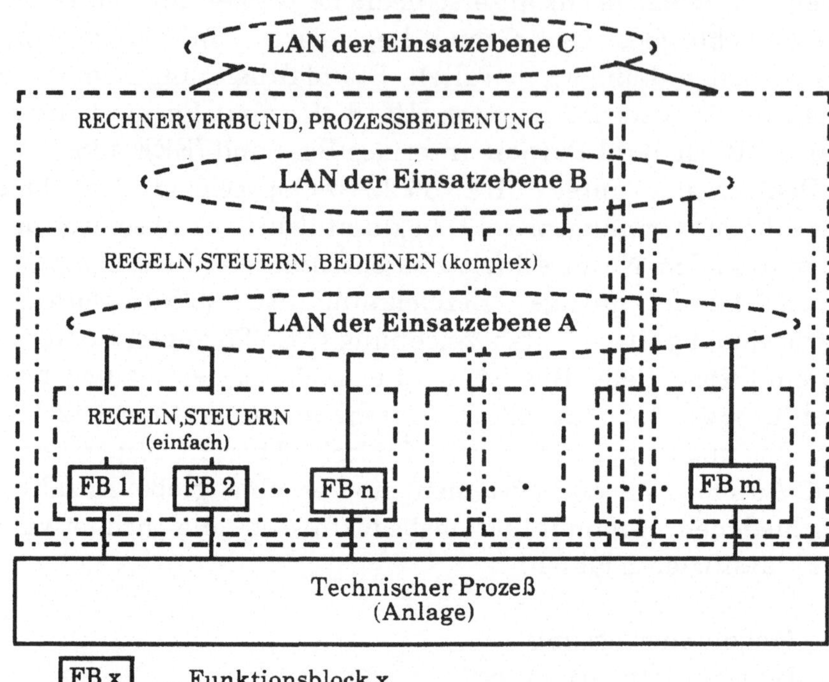

Abb. 11.2. Informationsverbundsystem für die Integration verschiedener Leitebenen eines Betriebes

Kooperation erfordert Kommunikation. In Abb. 11.2 ist eine komplexes Informationsverbundsystem für die Integration der verschiedenen Leitebenen dargestellt. Auf den niedrigeren Ebenen ist das Kommunikationsaufkommen sehr hoch, da in der Regel die meisten Verkoppelungen von Funktionsbausteinen wie Regler, Stellglieder usw. über das LAN der Einsatzebene A zu erfolgen haben. Mit steigender Ebene (Steigen entspricht einer Zunahme der Komplexität der Leitsysteme) erfolgen mehr und mehr innere Leitsystem-Funktionskopplungen, sodaß der externe Kommunikationsbedarf über die LANs der steigenden Einsatzebene entsprechend geringer wird.

LANs der Einsatzebene A haben die primäre Zielsetzung, den Umfang der Verkabelung zu übertragender analoger und binärer Prozeßsignale zu reduzieren und zuverlässig zu gestalten. In der

Einsatzebene B dient das LAN zur Kopplung leistungsfähiger (intelligenter) Steuergeräte, Anzeigeeinrichtungen usw., zur Lösung von Bedien- und Beobachtungsfunktionen von Maschinen und Anlagenteilen. Die höheren Einsatzebenen dienen dem Verbund von größeren Funktionseinheiten in Form eines Rechnerverbundes.

LANs in der Automatisierungstechnik (insbesondere auf den unteren Einsatzebenen) sind gekennzeichnet durch die Echtzeitanforderungen. Für die Kommunikation in der Automatisierungstechnik lassen sich die Nachrichten in vier Klassen unterschiedlicher Echtzeitanforderungen unterteilen (in Anlehnung an Janetzky 1982).

Datenklasse 1: Hohe Echtzeitansprüche, der Maximalwert der Verweilzeit einer Nachricht dieser Klasse im LAN muß unter 10 ms sein. Typisches Beispiel von Nachrichten dieser Klasse sind Alarme. Das Verkehrsaufkommen ist sporadisch.

Datenklasse 2: Der Maximalwert der Verweilzeit einer Nachricht dieser Klasse im LAN ist mit 100 ms beschränkt, das Verkehrsaufkommen ist zyklisch oder sporadisch. Beispiele sind Datentransfer für direkt-digitale Regelung, Steuerung und Überwachung.

Datenklasse 3: Eine Sekunde maximale Verweilzeit bei sporadischen oder zyklischen Verkehrsaufkommen: Datentransfer bei Bedienung und Beobachtung von Geräten und Anlagen.

Datenklasse 4: 10 Sekunden maximale Verweilzeit bei sporadischen oder zyklischen Verkehrsaufkommen: Datentransfer für System-Management, Diagnose, Wartung, Statistik etc.

11.4 Haustechnik - Gebäudeautomatisierung

Als Spezialfall der Automatisierungstechnik kann man die Gebäudeautomation (Haustechnik) betrachten. Die technischen Anlagen in einem Gebäude bestehen unter anderem aus folgenden Anlageteilen (Lauber 1975): Heizungsanlage, Lüftungsanlage, Sanitäre Anlage, Stromversorgungsanlage, Aufzugsanlage, Beleuchtungsanlage, Feuermeldeanlage, Video-Überwachungsanlage. Bei der herkömmlichen Einzelgerätetechnik werden diese

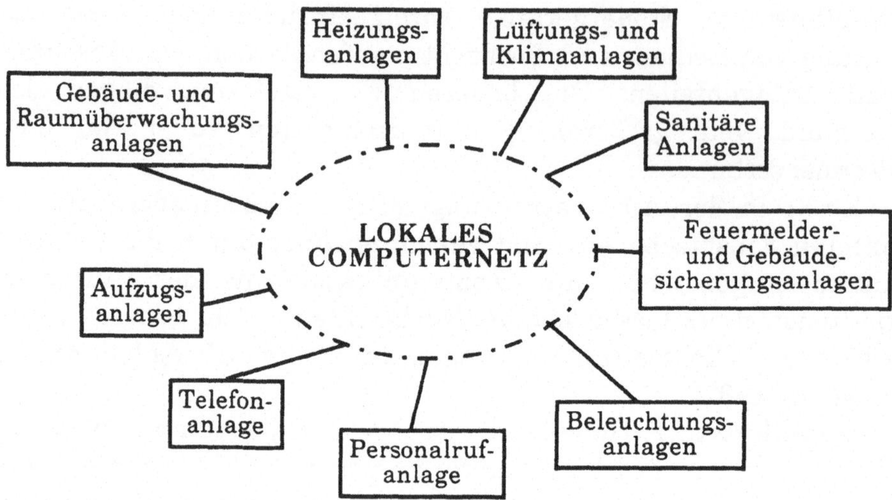

Abb. 11.3. Vernetzung der Anlagenteile zur Gebäudeautomatisierung durch ein lokales Computernetz

Anlageteile jeweils mit eigenen Anzeige-, Überwachungs-, Steuerungs-, Bedienungs- und Regelgeräten ausgerüstet. Durch das Vordringen der Digitaltechnik in die verschiedenen Bereiche der Haustechnik lassen sich diese Anlagenteile zunehmend digitalisieren (Prozeßrechner, Mikroprozessoren). Eine Vernetzung durch LANs (Abb. 11.3) ist daher möglich. Dadurch ergeben sich eine Fülle von Vorteilen: Bediengeräte lassen sich mehrfach nutzen, Meßwerte der Heizungsanlage können direkt als Sollwerte in die Klimaanlage übertragen werden und anderes mehr. Andere im Gebäudebereich wichtige Anlagenteile wie Telefonanlage, Personalrufanlage, Gebäude und Raumüberwachung (Video) können ebenfalls in diese LANs integriert werden.

12. Normung und Standardisierung

Dieses Kapitel bietet einen Überblick über die für die Normung und Standardisierung bei lokalen Computernetzen zuständigen Institutionen und Gremien. Da in lokalen Computernetzen, wie in Computernetzen allgemein, Geräte unterschiedlicher Hersteller, Technologie und Anwendungsschwerpunkte zusammenarbeiten sollen, kommt ihrer Normung und Standardisierung große Bedeutung zu. Die Erarbeitung von Normen und Standards ist für Hersteller und Anwender gleichermaßen von Bedeutung. Folgende Gründe können angeführt werden:

- Verringerung der Entwicklungskosten und Entwicklungszeiten
- Ermöglichung nationaler und internationaler Kooperation
- Reduzierung der Herstellungskosten durch mögliche Massenproduktion und Erarbeiten von Standardkomponenten
- größerer Freiraum, um unterschiedliche Gerätetypen miteinander zu verbinden und kommunizieren zu lassen

Die Normungsarbeit im Bereich der Computernetze ist durch die besondere Qualität gekennzeichnet, daß teilweise Dinge genormt werden, die noch nicht erprobt oder getestet sind. In den zuständigen Gremien wird daher großer Wert auf Methodologien sowie auf Forschungs- und Entwicklungsarbeit gelegt. Für die Entwicklung von Produkten hat Normung vor allem große Bedeutung für jene Phasen, die im Vorfeld des Wettbewerbes und in der systemtechnischen Entwicklung liegen.

Ganz allgemein versteht man unter Normung die planmäßige, durch die interessierten Kreise gemeinschaftlich durchgeführte Vereinheitlichung von materiellen und immateriellen Gegenständen zum Nutzen der Allgemeinheit (DIN 820). Je nach

Betrachtung des Begriffes „Allgemeinheit" ergeben sich hierarchische Wirkungsebenen für die Normung: Werk, Land, Region, Welt. Die Erstellung einer Norm und deren vorgesehene Nutzung erwartet man jeweils in der gleichen Wirkungsebene.

Auf internationaler Ebene (Wirkungsbereich die ganze Welt) ist die **International Organization for Standardization (ISO)** für die Normungsarbeit zuständig. Sie erarbeitet Normen, von denen erwartet wird, daß sie von den nationalen Normungsgremien als nationale Normen übernommen werden. Für die Computer- und Kommunikationstechnik hat das ISO 7-Schichtenmodell für die offene Systemvernetzung besondere Beachtung erlangt. Die internationale Normungsarbeit, in deren Rahmen dieses Modell entstand, wurde 1977 bei der ISO mit der Gründung des Subcommittee 16 („Open Systems Interconnection") im Technical Committee 97 (Information Processing Systems) - ISO/TC 97/SC 16 - aufgenommen. Zielsetzung war es, die Voraussetzung dafür zu ebnen, daß Datenendeinrichtungen unterschiedlicher Hersteller miteinander kommunizieren können. Interesse daran hatten und haben sowohl Hersteller, Anwender und Betreiber von Computer- und Kommunikationssystemen. Computerunterstützte Informationsdienste, die in einzelnen Büros, Fertigungsstätten und privaten Haushalten zunehmend an Bedeutung gewinnen, haben nur dann Aussicht auf eine weite Verbreitung und wirtschaftlich sinnvollen Einsatz, wenn sie auf allgemein akzeptierten Normen und Standards der Informationsverarbeitung und der Kommunikation beruhen.

ISO/TC 97 - Information Processing Systems - ist in Subcommittees (SC) und Working Groups (WG) untergliedert. 1983 wurde bei TC 97 eine Phase der Neuorganisation eingeleitet. Der Aufgabenbereich von ISO/TC 97 ist demnach "die Normung auf dem Gebiet der Informationsverarbeitungssysteme einschließlich Begriffen, Arbeitsplatzrechner und Büromaschinen." Für lokale Computernetze interessante ISO Anschlüsse:

ISO/TC 97/SC 6: Data Communications and Information Exchange between Systems

ISO/TC 97/SC 6/WG 1	Data Link Layer
ISO/TC 97/SC 6/WG 2	Network Layer
ISO/TC 97/SC 6/WG 3	Physical Layer
ISO/TC 97/SC 6/WG 4	Transport Layer
ISO/TC 97/SC 6/WG 5	Architecture of layers 1-4
ISO/TC 97/SC 13	Interconnection of equipment
ISO/TC 97/SC 13/WG 1	Process interfaces for computer systems
ISO/TC 97/SC 13/WG 2	Interface Standards Administration
ISO/TC 97/SC 13/WG 3	Lower-level interface functional requirements and lower-level interfaces
ISO/TC 97/SC 18	Text and office systems
ISO/TC 97/SC 18/WG 1	User requirements
ISO/TC 97/SC 18/WG 2	Symbols and terminology
ISO/TC 97/SC 18/WG 3	Text structure
ISO/TC 97/SC 18/WG 4	Procedures for text interchange
ISO/TC 97/SC 18/WG 5	Text preparation and presentation
ISO/TC 97/SC 18/WG 6	Text preparation and interchance equipment
ISO/TC 97/SC 21	Information Retrieval, Transfer and Management for OSI
ISO/TC 97/SC 21/WG 1	OSI Architecture
ISO/TC 97/SC 21/WG 2	Computer Graphics
ISO/TC 97/SC 21/WG 3	Database
ISO/TC 97/SC 21/WG 4	OSI Management
ISO/TC 97/SC 21/WG 5	Spezific application services
ISO/TC 97/SC 21/WG 6	OSI session, presentation and common application services

Intensiv tätig auf dem Gebiete der Kommunikation offener Systeme ist auch das **CCITT (Comité Consultatif International Télégraphique et Téléphonique)**, ein ständiger beratender Ausschuß der **International Telecommunications Union (ITU)**. Das CCITT gibt Empfehlungen heraus, die oft dadurch zu de facto Normen werden, daß sie unmittelbar in die Dienstleistungsangebote der Postverwaltungen übernommen werden. CCITT und ISO arbeiten auf dem Gebiet der offenen Systeme eng zusammen (was in der Vergangenheit nicht immer der Fall war). CCITT führt seine Arbeit in Studienperioden von 4 Jahren Dauer durch. Fragen, die zu Beginn einer Studienperiode verabschiedet werden, werden von Studienkommissionen (Study Groups) bearbeitet. Das Ergebnis der Arbeit wird am Ende einer Studienperiode als Vorschlag für eine CCITT-Empfehlung der Vollversammlung vorgelegt und gegebenenfalls von ihr verabschiedet. Beispiele von Studiengruppen:

CCITT Study Group VII:	Datenübermittlungsnetze (X.21, X.25, X.29 sowie S.70 werden hier bearbeitet)
CCITT Study Group XI:	Fernsprechvermittlung und Signalisierung (ISDN)
CCITT Study Group XVII	Datenübermittlung über das Fernsprechnetz (Empfehlungen der V- Serie werden hier bearbeitet)
CCITT Study Group XVIII	Digitale Netze (ISDN, PCM)

Die **Internationale Elektrotechnische Kommission (IEC)** befaßt sich seit geraumer Zeit mit der Kommunikationsnormung für die Systeme der Labor- und Prozeßleittechnik. Die hiermit beschäftigten Ausschüsse sind in der nachfolgend angeführten Weise organisiert.

IEC/TC 65	Industrial-Process-Measurement and Control
IEC/SC 65 C	Digital Data Communications for Measurement and Control Systems
IEC/SC 65 /WG 1	Message Data Formats for Information transferred on Process and Control Data Highways
IEC/SC 65 C/WG 3	Programmable Measuring Apparatures
IEC/SC 65 C/WG 6	Industrial- Process Computer Inter-Subsystem Communication (PROWAY)

Eine regionale Unterorganisation von CCITT auf europäischer Ebene ist **CEPT (Conférence Européen des Administrations des Postes et Télécommunications)**, die Konferenz der europäischen Fernmeldeverwaltungen. Sie bringt die europäischen Interessen in die Arbeit des CCITT ein.

ECMA (European Computer Manufacturer Association) ist das gemeinsame Gremium der europäischen Computerhersteller und eine Interessensvereinigung dieser. Die von ihr erarbeiteten Standards sind gedacht als Vorarbeit, als realisierbare Vorschläge, für die internationale Normung. Mit Fragen im Zusammenhang von lokalen Computernetzen beschäftigen sich folgende Technical Committees:

ECMA- TC 23	Open Systems Interconnection
ECMA- TC 24	Communications Protocols
ECMA- TC 25	Data Networks

Das **CEN (Comité Européen de Normalisation)** ist eine selbständige europäische Normenorganisation, die sich zur Aufgabe gestellt hat, die einzelnen aus den internationalen Normen abgeleiteten nationalen europäischen Normen zu harmonisieren.

IEEE, das amerikanische **Institut of Electrical and Electronic Engineers** ist zwar wie die ECMA kein Normungsinstitut, hat sich aber bisher wohl am intensivsten mit Fragen der Standardisierung von lokalen Computernetzen auseinandergesetzt. Die LAN-Thematik wird in dem Projekt 802 beraten, das in 6 Working Groups (WGs) und zwei Technical Advisory Groups (TAGs) gegliedert ist:

IEEE-WG 802.1	Architecture and High Level Interface
IEEE-WG 802.2	Logical Link Control
IEEE-WG 802.3	CSMA/CD- Bus
IEEE-WG 802.4	Token- Passing- Bus
IEEE-WG 802.5	Token- Passing- Ring
IEEE-WG 802.6	Metropolitan Area Network
IEEE-TAG 802.7	Broadband
IEEE-TAG 802.8	Fiber Optics

Die nationale Normungsarbeit in Österreich wird vom **Österreichischen Normeninstitut** geleistet. Es ist untergliedert in Fachnormenausschüsse (FNA). Für Informationstechnik, insbesondere Datenkommunikation sind folgende Arbeitsgemeinschaften wesentlich:

FNA 001 Informationsverarbeitung
FNA 001- AG 1 Terminologie
FNA 001- AG 6 Datenübertragung

In der Bundesrepublik findet die Normungsarbeit im **DIN/NI (Deutsches Institut für Normung, Normenausschuß Informationsverarbeitung)** statt. Der Normungsausschuß Informationsverarbeitung gehört zu den größten Normenausschüssen des DIN und steht hinsichtlich der Dynamik des Normenwerkes (295 Normungsvorhaben bei 188 bestehenden Normen) an der Spitze des DIN. Die Aufgabe des NI ist die Normung auf dem Gebiet der Informationsverarbeitung mit Hilfe digitaler und analoger Rechensysteme im Hinblick auf die Kommunikation zwischen Mensch und Maschine, zwischen den Maschinen und zwischen den Menschen sowie Normung auf dem Gebiet der Büromaschinen, einschließlich entsprechender Geräte und Einrichtungen der Informationstechnik. NI gliedert sich in drei Fachbereiche, die wiederum aus Arbeits- und Unterausschüssen bestehen. Für lokale Computernetze sind die folgenden von Bedeutung:

DIN/NI/FBI	Fachbereich Informationsverarbeitung
DIN/NI/FBI/AA6	Datenübertragung, -übermittlung
DIN/NI/FBI/UA 6.1	Schnittstellen
DIN/NI/FBI/UA 6.2	Übertragungsfunktionen der Datenendeinrichtungen
DIN/NI/FBI/UA 6.3	Netzarchitektur und -protokolle
DIN/NI/FBI/UA 6.4	Transportschicht, Dienste und Protokolle
DIN/NI/FBI/AA 16	Offene Kommunikationssysteme der Informationsverarbeitung (im Gleichgang mit der ISO/TC 97 Neuorganisation aufgelöst - die Arbeiten werden künftig im AA 21 und AA 22 fortgeführt werden)
DIN/NI/FBI/UA 16.1	Architektur Offener Kommunikationssysteme

DIN/NI/FBI/AK 16.1.1	Formale Beschreibungstechnik für OSI Dienste und Protokolle
DIN/NI/FBI/UA 16.2	Anwendungsorientierte Kommunikationsdienste und Protokolle
DIN/NI/FBI/AK 16.2.1	Virtuelles Terminal, Dienste und Protokolle
DIN/NI/FBI/AK 16.2.2	Datenübermittlung, Zugriff und Verwaltung
DIN/NI/FBI/AK 16.2.3	Auftragsübermittlung und Manipulation
DIN/NI/FBI/AK 16.2.4	Darstellungsschicht, Dienste und Protokolle
DIN/NI/FBI/AK 16.3.2	Kommunikationssteuerungsschicht, Dienste und Protokolle

DIN/NI/FBüma	Fachbereich Büromaschinen
DIN/NI/FBüma/AA 18	Textverarbeitung und -kommunikation
DIN/NI/FBüma/UA 18.1	Text und Graphik
DIN/NI/FBüma/AK U	Benutzeranforderungen
DIN/NI/FBüma/AA 19	Maschinen zur Textverarbeitung und -kommunikation

Die Normungsarbeit auf dem Gebiete der industriellen Automation wird im DIN vom Normenausschuß Maschinenbau (NAM) im Fachbereich „Industrielle Automation" durchgeführt, in der ISO vom Technical Committee 184 (TC 184) „Industrial Automation".

Der DIN Normenausschuß Informationstechnik erarbeitet hauptsächlich Normen für den (System- und) Software-Bereich. Für die Hardware- Normung ist in der BRD überwiegend die **Deutsche Elektrotechnische Kommission (DKE)** im DIN und in der VDE zuständig. Die **Nachrichtentechnische Gesellschaft (NTG)** leistet als wissenschaftliche Gesellschaft für die Normung auf nachrichtentechnischem Gebiet Unterstützung für die DKE und damit für DIN und VDE. Organisationsstruktur bei der DKE (soweit sie für LANs von Bedeutung ist):

DKE/FB 9	Fachbereich Messen-Steuern-Regeln

DKE/FB 9/K 33	Kommission 933: Kommunikationssysteme der Meß- und Prozeßtechnik
DKE/FB 9/UK 33.1	Meßgeräte-Schnittstellen (IEC-Bus)
DKE/FB 9/UK 33.3	Prozeßbus
DKE/FB 9/AK 33.3.1	Nachrichtenformate
DKE/FB 9/AK 33.3.2	Feldbus

In ähnlicher Weise, wie DIN/NI sehr stark an ISO/TC 97, ist DKE/FB 9 sehr eng an der Organisation von IEC/TC 65 orientiert.

Die große Bedeutung, die lokale Computernetze für Großanwender Informationstechnischer Systerme haben, führten in den USA zum Multi-Vendor Projekt **MAP (Manufacturing Automation Protokolls)** unter der Federführung von General Motors. Das rasche Vordringen und der große Erfolg von MAP in den USA hat nun auch Vertreter der europäischen Industrie zur Gründung einer „European MAP User Group - EMUG" bewegt. EMUG hat zum Ziel, die europäischen Tendenzen und Prioritäten auf den Einsatz der MAP- Strategie zu lenken, und die europäischen Harmonisierungsbemühungen im Hinblick auf eine einheitliche Vorgehensweise bei der Entwicklung internationaler Kommunikationsspezifikationen aus der Basis von MAP zu fördern. Abb.12.1zeigt die Struktur von EMUG.

Ein wichtiger Grund für die Gründung von EMUG war sicherlich der, Vertretern der europäischen Kommunikationsindustrie raschen Zugang zu amerikanischen und internationalen Normungspapieren zu verschaffen. Ob es möglich sein wird, von Europa aus die MAP-Entwicklung zu beeinflussen, ist mehr als fraglich. In Europa gibt es ein eigenständiges, MAP ähnliches Projekt unter der Leitung der europäische Kommission im Rahmen des ESPRIT- Programm (European Strategic Program for Research and Development in Information Technology): **CNMA- Communication Network for Manufacturing Application.** Während des MAP- Project ausgehend von den unteren Netzschichten die Problematik bearbeitet, setzt man im CNMA- Projekt bei der Anwendungsschicht an. Die besondere Zielsetzung des CNMA Projektes liegt darin, den europäischen Herstellern und Anwendern eine Unterstützung für den so zukunftsträchtigen Markt der flexiblen Automation anzubieten, und eine gewisse

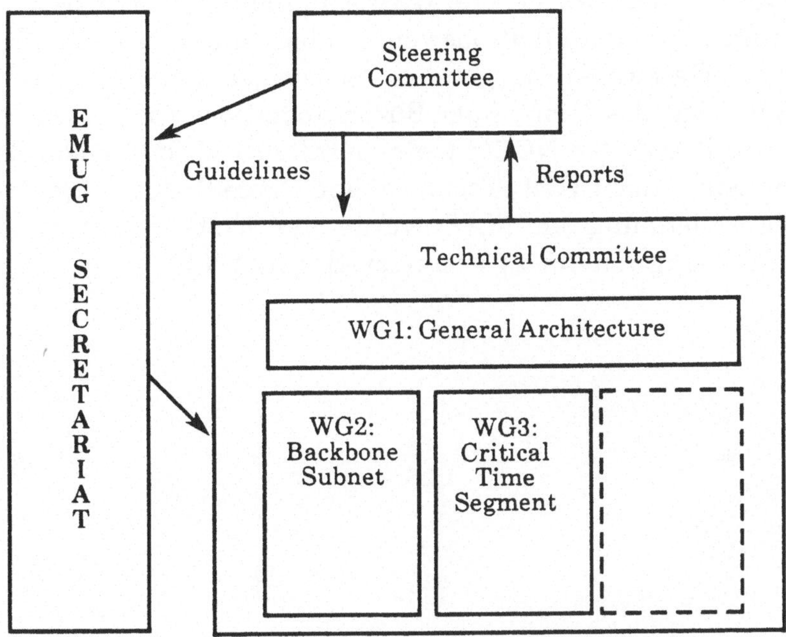

Abb. 12.1. Die Struktur der europäische MAP User Group

Unabhängigkeit von der amerikanischen Industrie und deren Produkte zu erreichen.

Die GM-MAP Aktivitäten gehen zurück auf das Jahr 1980. Eine eher kleine Gruppe von Experten um Mike Kaminski hat das MAP-Konzept erarbeitet. Die wichtigste Problematik hat man nach Vollendung des Entwurfes darin gesehen, die Anwendbarkeit nachzuweisen und eine breite Öffentlichkeit für das Konzept zu gewinnen. Aufgrund seiner Marktbedeutung gelang es GM, mehrere namhafte Hersteller für die Unterstützung des MAP-Konzeptes zu gewinnen (Concord Data Systems, Allen-Bradley, DEC, Gould, HP, IBM, Motorola). Die erste Testinstallation wurde 1984 auf der National Computing Conference (NCC 84) einer breiten Öffentlichkeit vorgeführt. Ein weiterer wichtiger MAP-Meilenstein war die AUTOFACT 1985, eine Fachausstellung in Detroit. Ziel der AUTOFACT-Demonstration war es, die Arbeitsfähigkeit des MAP-Konzeptes auf der Basis bereits existierender

Produkt-Prototypen nach der MAP-Spezifikation 2.1 vorzuführen. Darüber hinaus wurde die MAP-Einbindung in die bereits umfassende „Kommunikationswelt", über entsprechende Koppelglieder (Gateways), vorgeführt. Wichtiger Bereich dieser Einbindung war das Umfeld der Büroautomation. Für diesen Bereich hatte sich seit der NCC 84 ein paralleles Multi-Vendor Projekt unter dem Namen TOP - Technical and Office Protocols - geformt. In enger Anlehnung an MAP wurde das TOP-Projekt unter der Federführung von Boeing gestartet (Boeing 1985).

Literaturverzeichnis

Abramson, N.; 1970:
The Aloha System - Another Alternative for Computer Communications, AFIPS Conference Proceedings, FICC 1970, pp. 281-285

Bair, J. H.; 1978:
Office Automation - Where the Real Payoff May Be, from: Evolutions in Computer Communications, Proceedings of the Fourth International Conference on Computer Communication, ed. by H. Inose, North Holland Publ. Comp., Amsterdam

Baxter, W., T. Mok; 1981:
PCM-codec- und Filter-Bausteine der zweiten Generation, Elektronik, Band 29, Heft 6, Seite 91-99

Besier, B.; 1980:
Der Übergang zum digitalen Ortsnetz, NTZ, Band 33, Heft 10, Seite 646-652

Boeing; 1985:
Boeing:Technical and Office Protocols, TOP, Version 1, December 1985

Boell, H. P.; 1982:
Klassifikation des Marktes für lokale Netze, ÖVD Online, 6, Seite 58-82

Botez,D.,G. J. Herskowitz;1980:
Components for Optical Communications Systems: A Review, Proc. of the IEEE, Vol.68, p.689, 1980

Bruckmann, G.; 1986:
Auf dem Weg in die Informationsgesellschaft, Output, Heft 2, Seite 14

Bux, W.,.; 1981:
Local - Area Subnetworks: A Performance Comparison, IEEE Trans. Commun., Oct. 1981, pp.1465- 1473

Bux, W., F. Closs, K. Kümmerle, H. J. Keller, H. R. Müller; 1983:
Architecture and Design of a Reliable Token-Ring Network, IEEE Journal on Selected Areas in Communications, Vol. SAC-1, No. 5, November 1983. pp. 756-765

Cheong, V. E., R.A. Hirschheim; 1985:
Local Area Networks: Issues, Products and Developments, John Wiley & Sons, New York

Datapoint; 1981:
Zum integrierten elektronischen Büro - Management Leitfaden, Datapoint Corporation

Diebold; 1985:
Bürosysteme - eine Sackgasse? Diebold Management Report, Nr. 1, herausgegeben von Diebold Deutschland GmbH., Seite 1-2

Dickson, G.J., P. de Chazal;1983
Status of CCITT Description Techniques and Application to Protocol Spezification, Proceedings of the IEEE, Vol. 71, No. 12, pp.1346-1355, Dec.1983

DIN/IEC 65 C (CO)3; 1984:
Prozeßdatenbus für dezentrale Prozeßleitsysteme, Teil 1: Allgemeine Beschreibung und funktionelle Anforderungen, Beuth Verlag, Berlin, Entwurf Juli 1984

DIX; 1980:
The Ethernet: A Local Area Network Data Link Layer and Physical Layer Specifications, Digital Equipment Corporation (Maynard, MA), Intel Corporation (Santa Clara, CA), Xerox Corporation (Stamford, CT), Version 1.0, September 30, 1980

Edlinger, E.; 1982:
Generelle Anforderungen an CAD Systeme: Neue Engineering Methoden, in: Huttar, E. (Herausgeber); Austrographics - Graphische Datenverarbeitung, ÖCG- Schriftenreihe, Band 18, Oldenbourg Verlag, Wien München

Farowich, A.; 1986:
Communication in the Technical Office, IEEE Spectrum, April 1986, pp. 63-67

Fiebelkorn, K.; 1980:
Datenübertragung mit Lichtleitern, Regelungstechnische Praxis, 22. Jahrgang, Heft 9, Seite 332-340

Ganzhorn, K.; 1979:
Beziehungen zwischen Informationsverarbeitung und Kommunikation, in: Endres, A., Schünemann, C. (Herausgeber): Informationsverarbeitung und Kommunikation, Oldenbourg Verlag, München Wien, Seite 9-23

Geckeler, S.; 1983:
Physikalische Grundlagen von Lichtwellenleitern, Telecom Report 6, Beiheft "Nachrichtenübertragung mit Licht", Seite 9-14, April 1983

Gee, K. C. E.; 1982:
Local Area Networks, NCC Publications

Göhring, H. G., F. J. Kauffels; 1985:
LANs im Test, Datacom 4, Heft 5, Seite 4-9

Green, P.E.; 1984:
Computer Communications: Milestones and Prophecies, IEEE Communication Magazine, May 1984, Vol. 22, No. 5, pp. 49-63

Herter E., W.Röcker; 1976:
Nachrichtentechnik: Übertragung und Verarbeitung, Carl Hanser Verlag, München Wien

Höring, K., et al.; 1985:
Interne Netzwerke für die Bürokommunikation, R. v. Decker's Verlag, Heidelberg

Hopper, A., St. Temple, R. Williamson; 1986:
Local Area Network Design, Addison-Wesley Publishing Company, Reading, MA

IEEE; 1982:
IEEE Project 802 - Local Area Network Standards, Draft IEEE Standard 802.2, Logical Link Control, Draft D, November 1982

IEEE; 1983:
IEEE Project 802 - Local and Metropolitan Area Network Standard: Draft IEEE Standard 802.1 (Part A), Overview and Architecture, Revision B, June 1983

Irmer, T.; 1983:
Vom Fernsprechnetz zum ISDN, Elektronik, Band 32, Heft, Seite 121-124

ISO; 1982:
Information Processing Systems - Open Systems Interconnection - Basic Reference Model, Draft International Standard ISO/DIS 7498, April 1982

Janetzky, D.; 1982:
Serielle Bussysteme in der Prozeßrechner- und Automatisierungstechnik, in: VDI-Berichte 451, Prozeßrechner (PRAT 1982), Aussprachetag, VDI-Verlag, Düsseldorf, Seite 63-68

Kafka, G.; 1985:
Lokale Netze in der Realisierung, Elektronik, Band 34, Heft 24, Seite 189-194

Kaiser, W., H. Th. Hagemeyer; 1981:
Elektronische Textkommunikation, Informatik Spektrum 4, Seite 201-212

Kauffels, F. J.; 1986:
Personal Computer und Lokale Netzwerke, Markt und Technik

Kellermayr, K.H.; 1984a:
Performance Simulation of an Optical Bus Local Area Network, in: Trappl R. (Ed.): Cybernetics and Systems Research 2, pp. 605-609, Elsevier Science Publishers B.V., Amsterdam

Kellermayr, K.H.; 1984b:
On the Simulation of Local Area Networks: Mutual Performance Interactions of Integrated Services, Systems Analysis Modelling Simulation, Vol.1, Number 5, pp. 399-409

Kleinrock, L; 1976:
Queueing Systems, Vol. II: Computer Applications, John Wiley and Sons, New York

Klir, G.; 1985:
The Emergence of Two-dimensional Science in the Information Society, Systems Research, Vol. 2, No.1, pp. 33-41

Kündig,A.; 1983:
Die technischen und wirtschaftlichen Hintergründe des PTT-Fernmeldeleitbildes, in: H. Mey: Entwicklungsperspektiven des Kommunikationswesens, S.85-119, Universität Bern, 1983

Lauber, R.; 1975:
Prozeßautomatisierung I, Springer-Verlag, Berlin Heidelberg New York

Lemme, H.; 1985:
Drei auf einen Streich: ISDN- Nebenstellenanlagen, Elektronik, Band 34, Heft 8, Seite 13-14

Liu, M. T., Groommes, B.H.Hilal, W., ;1982:
Performance Evaluation of Channel Access Protocols for Local Computer Networks, Proc. COMPCON Fal 1982, pp. 417- 426

Loewen, H., H. Reusch; 1979:
Zeitmultiplex in Nebenstellenanlagen mittlerer Baustufen, NTZ, Band 32, Heft 8, Seite 538-549

Markt und Technik, 1981:
Trends der Systemkosten, Markt und Technik, Nr. 47, 20.11.1981

Markt und Technik,1982:
Erste Schritte zur freien Kommunikation, Markt und Technik, Nr. 5, 5.5.1982

Markt und Technik; 1983:
Komplettes Telefon auf einem Chip, Markt und Technik, Nr. 18, 6. 5. 1983, Seite 56-58

Merlin, P. M.; 1979:
Specification and Validation of Protocols, IEEE Trans. on Communications, Vol. COM-27, No. 11, pp.1671-1680, Nov. 1979

Metcalfe, R.M., D. R. Boggs; 1976:
ETHERNET: Distributed Packet, Switching for Local Computer Networks, Comm.ACM, Vol. 19, July 1976, pp. 395-404

Mielke, H.; 1981:
Halbleiterbauelemente für den Fernsprechbereich, Elektronik, Band 30, Heft 6, Seite 63-70

Roberts, L. G.;1972:
Extension of Packet Communication Technology to a Hand Held Personal Terminal, Proc. SJCC, pp.295-298, 1972

Roberts, L. G.; 1974:
Data by the Packet, IEEE Spectrum, Vol II, February 1974, pp. 46-51

Rudin, H.; 1985:
An Informal Overview of Formal Protocol Specification,. IEEE Communications Magazine, Vol. 23, No. 3, pp.46-52, March 1985

Schulte, O.; 1983:
Wenn Maschinen Menschen lenken, Management Wissen, Heft 12, Seite 22-29

Siebert, H.-P.; 1980:
Elektronik Arbeitsblatt Nr. 131, Elektronik, Band 29, Heft 15, Seite 75-78, Heft 16, Seite 69-72

Siemens; 1985:
ISDN im Büro: HICOM, Sonderausgabe Telecom Report und Siemens Magazin COM

Strole, N. C.; 1983:
A Local Communication Network Based on Interconnected Token- Access-Rings, IBM Journal of Research and Development, Vol. 27, No. 5, Sept. 1983

Tobagi, F.;1974:
Random Access Techniques for Data Transmission over Packet Switched Networks, Ph. D. Dissertation, Comp. Sci. Dep., School of Eng. and Appl. Sci., University of California, Los Angeles, Dec. 1974

van Dyck, F.J.;1984:
Effektive Büroarbeit mit dem Bürosystem EMS 5800, Office, Telecom Report 7, Seite 33-38

Walze, H., et. al; 1980:
Bussysteme für die Prozeßlenkung: PDV-Bus, Sonderdruck aus Elektronik, Nr. 20/79, 21/79, 23/79, 24/79, 25/79, 6/80

Wilkes, M. V. B., D. J. Wheeler; 1979:
The Cambridge Digital Communication Ring: Proceedings of the Local Area Communications Network Symposium, May 1979

Wurzburg, H., S. Kelley; 1984:
PBX-Based LANs: Lower Cost Per Terminal Connection, Computer Design, February 1984, pp. 191-199

Zemanek, H.; 1979:
Abstract Architecture- General Concepts for Systems Design, in: Mowshowitz, A. (Ed.), Abstract Software Specifications, Copenhagen Winter School Proceedings

Zemanek, H.; 1985:
The Role of Abstract Models in Information Processing: A Tribute to Prof. Dr. Heinz Zemanek on the Occasion of His 65th Birthday, Proceedings of an IFIP Working Conference, Jan. 30- Feb. 1., 1985, Technical University Vienna

W. Purgathofer

Graphische Datenverarbeitung

Zweite, verbesserte Auflage

1986. 133 Abbildungen. Etwa 220 Seiten. ISBN 3-211-81954-1
Geheftet DM 59,–, öS 420,–

Dieses Buch deckt offensichtlich einen Bedarf nach einem fundierten Überblick über das Gebiet der graphischen Datenverarbeitung, denn diese neue Auflage wurde nur kurze Zeit nach dem Ersterscheinen des Buches notwendig.
Es erläutert eingehend die Grundbegriffe der GDV-Komponenten, Anwendungen, Ergonomie, graphische Programmierung, mathematische Grundlagen und Algorithmen. Sicher haben auch leichte Lesbarkeit und Verständlichkeit zum Erfolg dieses Werkes beigetragen.

Weitere Bände in Vorbereitung:

V. Risak

Mensch-Maschine-Schnittstelle in Echtzeitsystemen

1986. 37 Abbildungen. Etwa 180 Seiten. ISBN 3-211-81943-6

Mensch-Maschine-Schnittstellen (MMS) gibt es, seit der Mensch Werkzeuge und Maschinen benützt. Das begann einst mit Faustkeil, Pfeil und Bogen und reicht heute bis zur Steuerung komplexer Industrieprozesse und Nachrichtennetze. Von charakteristischen Unterschieden zwischen Mensch und Maschine ausgehend, werden Forderungen an die MMS abgeleitet, und zwar nicht nur für den Normalbetrieb, sondern auch für das Verhalten im Fehlerfall. Der Autor geht auch auf psychologische Fragen ein, die für die Akzeptanz der MMS oft entscheidend sind.
Zur Klarstellung der grundlegenden Problematik der MMS werden nicht nur Schnittstellen zu rechnergesteuerten Systemen behandelt, sondern – am Rande – auch ganz alltägliche MMS, wie z. B. beim Fahrrad, beim Auto oder bei einer Stereoanlage.
Für Praktiker, Studenten und Lehrer, die konstruktions- oder benutzerseitig mit MMS zu tun haben.

E. Piller / A. Weißenbrunner

Software-Schutz

Rechtliche, organisatorische und technische Maßnahmen

1986. Mit zahlreichen Abbildungen. Etwa 180 Seiten. ISBN 3-211-81966-5

Die enorme Zunahme illegaler Software-Benützung und des Software-Diebstahls führte zu einem großen Interesse an wirksamen Software-Schutzmethoden.
In diesem Buch werden praxisorientiert die rechtlichen, organisatorischen und technischen Maßnahmen dargestellt und durch Beispiele illustriert. Der Leser lernt die bekanntesten Schutzmethoden kennen, bewerten und anwenden.
Unter anderem werden behandelt: Urheberrechts- und Patentschutz, Software-Anpassung, Kundendienst, Schutz des Sourcecodes, Paßworttechniken,
Fingerabdruckabtastung, Auswertung der Handschrift,
Chipkarte, Kopierschutz, Software-Verschlüsselung etc.

Preisänderungen vorbehalten

Springer-Verlag Wien New York